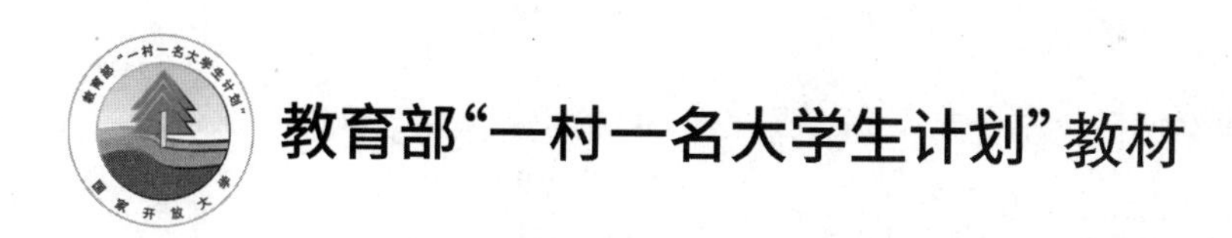

动物常见病防治

任晓明　主编

国家开放大学出版社·北京

图书在版编目（CIP）数据

动物常见病防治 / 任晓明主编. —北京：国家开放大学出版社，2022.1（2023.4 重印）

教育部"一村一名大学生计划"教材

ISBN 978-7-304-11207-3

Ⅰ.①动… Ⅱ.①任… Ⅲ.①动物疾病—常见病—防治—开放教育—教材 Ⅳ.①S85

中国版本图书馆 CIP 数据核字（2021）第 267495 号

教育部"一村一名大学生计划"教材

动物常见病防治

DONGWU CHANGJIANBING FANGZHI

任晓明　主编

出版·发行： 国家开放大学出版社

电话： 营销中心 010-68180820　　总编室 010-68182524

网址： http://www.crtvup.com.cn

地址： 北京市海淀区西四环中路 45 号　　**邮编：** 100039

经销： 新华书店北京发行所

策划编辑： 王　普　　**版式设计：** 何智杰

责任编辑： 许　进　　**责任校对：** 吕昀谿

责任印制： 武　鹏　马　严

印刷： 三河市鹏远艺兴印务有限公司

版本： 2022 年 1 月第 1 版　　2023 年 4 月第 2 次印刷

开本： 787mm×1092mm　1/16　　**印张：** 17.75　　**字数：** 377 千字

书号： ISBN 978-7-304-11207-3

定价： 36.00 元

意见及建议：OUCP_KFJY@ouchn.edu.cn

序 FOREWORD

“一村一名大学生计划”是由教育部组织、中央广播电视大学[1]实施的面向农业、面向农村、面向农民的远程高等教育试验。令人高兴的是计划已开始启动，围绕这一计划的系列教材也已编撰，其中的《种植业基础》等一批教材已付梓。这对整个计划具有标志性意义，我表示热烈的祝贺。

党的十六大报告提出全面建设小康社会的奋斗目标。其中，统筹城乡经济社会发展，建设现代农业，发展农村经济，增加农民收入，是全面建设小康社会的一项重大任务。而要完成这项重大任务，需要科学的发展观，需要坚持实施科教兴国战略和可持续发展战略。随着年初《中共中央　国务院关于促进农民增加收入若干政策的意见》正式公布，昭示着我国农业经济和农村社会又处于一个新的发展阶段。在这种时机面前，如何把农村丰富的人力资源转化为雄厚的人才资源，以适应和加速农业经济和农村社会的新发展，是时代提出的要求，也是一切教育机构和各类学校责无旁贷的历史使命。

中央广播电视大学长期以来坚持面向地方、面向基层、面向农村、面向边远和民族地区，开展多层次、多规格、多功能、多形式办学，培养了大量实用人才，包括农村各类实用人才。现在又承担起教育部“一村一名大学生计划”的实施任务，探索利用现代远程开放教育手段将高等教育资源送到乡村的人才培养模式，为农民提供“学得到、用得好”的实用技术，为农村培养“用得上、留得住”的实用人才，使这些人才能成为农业科学技术应用、农村社会经济发展、农民发家致富创业的带头人。如果这一预期目标能得以逐步实现，就为把高等教育引入农业、农村和农民之中开辟了新途径，展示了新前景，作出了新贡献。

“一村一名大学生计划”系列教材，紧随着《种植业基础》等一批教材

---

① 编辑注：2012 年中央广播电视大学更名为国家开放大学。

出版之后，将会有诸如政策法规、行政管理、经济管理、环境保护、土地规划、小城镇建设、动物生产等门类的三十种教材于九月一日开学前陆续出齐。由于自己学习的专业所限，对农业生产知之甚少，对手头的《种植业基础》等教材，无法在短时间内精心研读，自然不敢妄加评论。但翻阅之余，发现这几种教材文字阐述条理清晰，专业理论深入浅出。此外，这套教材以学习包的形式，配置了精心编制的课程学习指南、课程作业、复习提纲，配备了精致的音像光盘，足见老师和编辑人员的认真态度、巧妙匠心和创新精神。

在"一村一名大学生计划"的第一批教材付梓和系列教材将陆续出版之际，我十分高兴应中央广播电视大学之约，写了上述几段文字，表示对具体实施计划的学校、老师、编辑人员的衷心感谢，也寄托我对实施计划成功的期望。

教育部副部长 吴启迪

2004 年 6 月 30 日

前　言 PREFACE

本书是国家开放大学为教育部“一村一名大学生计划”畜牧兽医专业学习者所开设的专业课主教材，包括家畜内科常见病、家畜外科常见病、家畜产科常见病、畜禽常见传染病、家畜常见寄生虫病及中兽医学基础内容，也可供畜牧兽医实际工作者参考使用。

本书遵循我国高职高专院校兽医专业教学体系、课程设置模式以及新型教材建设指导思想和原则，基本理论以“必需、够用”为度，突出常用技能知识的掌握和训练。编者根据动物医学、畜牧兽医岗位的实际工作需要，以兽医临床防治疾病的基本理论和基本技能为重点，结合近年来动物医学领域的学科发展及技术进步情况进行编写。

通过学习，学生不仅能够掌握兽医临床常见病的基本理论，还能够具备一些动物常见病和群发病的诊疗的基本技能，以保证我国畜牧业健康、持续、稳定地发展，使中国的畜牧业跻身于世界强国之林，其生产的高品质产品还会为丰富和提高人民的生活水平做出贡献。

编写组人员在教材编写的过程中，遵循国家开放大学“动物常见病防治”课程教学大纲要求，参考了多本兽医临床方面的本科和专科教材，并结合自己的临床工作经验和教学体会，力求做到内容的科学和实用。

本书编写人员分别是主编任晓明、副主编张华、编委周双海、李秋明、张涛及薛立喜老师。具体分工如下：任晓明编写前言、绪论和第三章家畜产科常见病；张华编写第二章家畜外科常见病；周双海编写第四章畜禽常见传染病；李秋明编写第五章家畜常见寄生虫病；张涛编写第六章中兽医学基础；薛立喜编写第一章家畜内科常见病。实验指导由六位编者共同编写。全书由任晓明统稿和审校。

在本书的编写过程中，国家开放大学赵燕飞老师全程策划，重点指导，提供了巨大的帮助，为教材的编写、出版付出了心血，在此表示深深的谢意。

由于编者水平有限及编写时间仓促，错误缺点在所难免，敬请广大同行和读者批评指正。

任晓明

2021 年 9 月

目　录 CONTENTS

绪　论

《动物常见病防治》在保证教材各部分内容基本学科体系以及基本技能要求的基础上，强调了“突出重点、强化技能、兼顾基础理论”的教学方针。

家畜内科学具有较强的实践性、理论性和系统性，是动物医学专业的主干课程，也是动物临床医学的主要内容和基础部分。在编写过程中，编者力求内容的实用性、先进性和适用性；以目前我国有代表性的家畜常见、多发和危害严重的内科病为重点，兼顾同类疾病的鉴别诊断和诊疗要点，以反刍动物内科病为主，兼顾宠物和马属动物疾病；针对生产实践中的情况，重点编写了消化系统、呼吸系统、循环系统、血液以及泌尿系统疾病的相关内容。学生在学习过程中，可以重点关注：口腔、唾液腺、咽和食道疾病，反刍动物前胃和皱胃疾病，肝胆、腹膜和胰腺疾病，呼吸系统疾病，血液循环系统疾病，神经系统疾病，糖、脂肪及蛋白质代谢障碍疾病，矿物质代谢障碍疾病，维生素与微量元素缺乏症，饲料源性毒物中毒，有毒植物与霉菌毒中毒，矿物类及微量元素中毒等。

家畜外科学是研究家畜外科疾病的发生、发展、诊疗和预防的一门科学，是畜牧兽医专业和特种经济动物专业的主要课程之一。家畜外科学的理论与实践技能的学习，要求学生具备坚实的解剖学（特别是局部解剖学）和外科手术学的基本知识，这样才能合理地和有效地进行外科手术；学生掌握了病理学的基础知识，才能理解外科疾病的发生机理、疾病的变化过程及外科病的性质。通过第二章共 15 节内容，力求将复杂的家畜外科学内容重点化、实用化，使初学者容易抓住家畜外科学的基本内容和重点内容，学以致用。学生应重点关注外科感染、损伤、肿瘤、风湿病、眼科疾病、头颈部疾病、胸腹部疾病、直肠和肛门疾病、泌尿生殖系统疾病、跛行诊断、四肢与脊柱疾病、皮肤病、蹄病、术前准备、麻醉技术、手术基本操作等内容。

家畜产科学是研究动物繁殖生理、繁殖技术和繁殖疾病的一门临床学科。第三章内容以繁殖疾病为重点。为了保证家畜的正常繁殖，必须能够有效地防治不育不孕、流产、难产、乳腺疾病以及其他产科疾病。因此，第三章以妊娠期疾病、分娩期疾病、产后期疾病、母畜不育以及乳房疾病为重点，力争使学生获得家畜产科学的基础知识、基本技能和实用的产科学基本诊疗技术，在实践中能够有效地防治家畜产科疾病，从而保证家畜的正常繁殖，并提高它们的繁殖效率。学生应重点关注动物生殖激素、发情与配种、人工授精、妊娠、分娩、妊娠期疾病、分娩期疾病、产后期疾病、母畜不育、乳房疾病等内容。

畜禽传染病学是研究畜禽传染病的发生和发展规律以及预防和消灭这些传染病的科学，是兽医科学中重要的预防学科。畜禽传染病是对养殖业危害最严重的一类疾病，它不仅可以造成大批畜禽死亡和畜产品的损失，而且某些人畜共患传染病还能给人类的健康带来严重威胁。畜禽传染病已经成为世界关注的焦点和热点。尤其是现代化的养殖业，畜禽饲养高度集中，调运移动频繁，更容易受到传染病的侵袭。因此，畜禽传染病的研究历来非常受重视。第四章内容包括概论，人畜共患传染病，猪的传染病，禽的传染病，牛、羊的传染病，马的传染病，是畜禽传染病学中的核心内容和重点内容。由于篇幅所限，编者不可能将更多的有关内容一一介绍，但学生如果能很好地掌握本章内容，就能够在畜禽传染病的学习中打下一定的基础，并能够学到防治畜禽传染病的一些基本知识和基本技能。学生应重点关注概论，人畜共患传染病，多种动物共患传染病，猪的传染病，禽的传染病，牛、羊的传染病，马的传染病等内容。

家畜寄生虫学是研究与兽医有关的寄生虫和寄生虫病的科学，它是包含一般生物学和兽医学内容的综合学科。寄生虫病的研究包括病因学、病理学、诊断学、治疗学、药理学和免疫学等方面的内容。根据学生的实际情况和生产实践情况，我们将第五章内容简明化和实用化，安排了概论，猪的寄生虫病，禽的寄生虫病，牛、羊的寄生虫病和马的寄生虫病等内容，以期学生能够掌握家畜寄生虫学的部分基本知识和技能。学生应重点关注寄生虫学基础知识，寄生虫病的诊断与防控，人兽共患寄生虫病，多种动物共患寄生虫病，猪的寄生虫病，牛、羊的寄生虫病，禽的寄生虫病等内容。

在《动物常见病防治》编写过程中增加了中兽医学基础的内容，作为第六章。中兽医学与中医药学同祖同宗，一脉相承。在中华民族漫长的历史进程中，中医药学在保障人和动物健康、抵抗各种疾病侵害方面发挥了不可替代的作用。因此，中医药学是一个伟大的宝库，我们有责任、有义务将其发扬光大，造福苍生。由于篇幅所限，本教材中的中兽医学基础内容，仅限于中医药学的基本体系、基础理论和基本技术方法。编者力求本教材能够在防治动物疾病的过程中实际应用。学生应重点关注中兽医学基础理论、辨证施治、中药与方剂、针灸等内容。

上述重点关注的内容在本教材中基本上都有所体现。但是，考虑到每个章节的学科体系以及受篇幅字数所限，重点内容不一定完全能在本教材中找到，这就希望同学们在学习过程中，以本教材为基础，又不局限于本教材，根据重点内容参考其他学习资料，以求能全面掌握重点内容。

除了上述重点内容之外，同学们还可以参考《执业兽医师资格考试大纲》，自学本教材没有涉及的内容，以提高执业兽医师资格考试通过率。

为了使学生更好地增强实际操作技能，我们在书后附了每章内容的实验操作。通过学习实验实习指导的相关内容，同学们能更容易理解本教材的内容。

第一章

家畜内科常见病

学习要求

掌握：胃肠炎、皱胃变位、创伤性网胃炎的症状、治疗原则和治疗方法；瘤胃积食、瘤胃臌气、瓣胃阻塞的诊断要点、治疗原则和治疗方法；胃扩张、肠阻塞、肠变位的诊断要点和治疗方法；腹膜炎的症状和治疗方法；感冒、支气管炎、肺炎的诊断要点、治疗原则和治疗方法；心力衰竭、贫血的诊断要点；中毒性疾病的诊断要点及常见中毒病的特效解毒方法；酮病和维生素缺乏症（维生素A、维生素K、维生素B_1、维生素B_2）的防治。

熟悉：口炎、食道阻塞的诊断要点和治疗方法；皱胃变位、瓣胃阻塞、肠变位的症状；胸膜炎的诊断要点和治疗；心力衰竭、贫血的治疗原则和治疗方法；肾炎、尿石症的症状和治疗方法；常见中毒性疾病的症状及治疗；营养代谢性疾病、骨软症的症状。

了解：口炎、食管阻塞的病因；胃肠炎、瘤胃积食、瘤胃臌气、瓣胃阻塞、皱胃变位、胃扩张、肠阻塞、肠变位的概念和病因；腹膜炎的病因；感冒、支气管炎、肺炎、胸膜炎的病因和概念；心力衰竭、贫血的概念和病因；肾炎、尿石症的病因；中毒和中毒性疾病的概念；营养代谢性疾病、酮病、骨软症、佝偻病的概念；酮病的发病机理。

第一节　消化系统疾病

一、口和食管疾病

（一）口炎

口炎是指口腔黏膜及深层组织的炎症过程，包括腭、颊、齿龈和舌等处的炎症。其临床特征是采食、咀嚼障碍和流涎。临床上各种动物均可发生。

1. 口炎的病因

原发性口炎多见于口腔黏膜受到机械性损伤而引起的炎症，如尖锐的异物以及锐齿直接损伤口腔黏膜、化学性物质及有毒植物的刺激等。化学损伤（如误食强酸、强碱等）、物理损伤（如采食过热的食物）、霉败的饲料等也可引起口炎。

另外，口炎也常继发于营养代谢性疾病，如维生素 A 缺乏症，佝偻病，汞、铅和氟等中毒性疾病，口蹄疫等某些传染病，胃卡他等内科疾病。

2. 口炎的症状

口炎初期，一般表现为口腔黏膜潮红、肿胀，口腔敏感、口温升高，采食和咀嚼缓慢或不敢咀嚼，流涎。依口炎的性质不同，其临床症状也有所不同。

（1）卡他性口炎：多见于马，表现为口腔黏膜弥漫性潮红或斑块状潮红、硬腭肿胀、有舌苔、大量流涎等。

（2）水泡性口炎：在唇部、颊部、腭部、齿龈和舌的黏膜上有大小不一的水泡，一般经 3 ~ 4 天后，水泡破溃即形成鲜红色的烂斑，偶见体温轻度升高。

（3）溃疡性口炎：多见于犬、猫，表现为口腔黏膜肿胀，呈红色或紫红色，继发变为淡黄色或黄绿色坏死灶，糜烂和溃疡，口腔腥臭，流涎中带有血丝。

3. 口炎的诊断要点

（1）咀嚼障碍，流涎。

（2）口腔黏膜潮红，肿胀，有的出现水泡或溃疡。口温升高，有不良气味或舌苔。

4. 口炎的治疗

口炎的治疗原则：除去病因、净化口腔、消炎、收敛、加强护理。

口炎的治疗方法如下所述。

（1）消除病因：去除损伤异物，治疗原发病，加强饲养管理，给予优质饲料。

（2）净化口腔：一般多用 2% ~ 3% 的硼酸液冲洗口腔，每天冲洗 3 ~ 4 次；对于流涎严重的动物，多用 1% ~ 2% 的明矾液冲洗；对于口臭严重的病例，多用 0.1% 的高锰酸钾液冲洗。

（3）消炎和收敛：可于发炎的口腔黏膜表面涂 1% 的磺胺甘油或涂 2% 的甲紫溶液；如果形成糜烂或溃疡，可涂 1 : 9 的碘甘油或 1% 的磺胺甘油乳剂。

（4）全身治疗：于上述局部疗法的同时，配合应用抗生素和维生素 C 肌肉注射，效果更佳。

（5）中药治疗：清火、消肿、止痛，可口含青黛散。

（二）食管阻塞

食管阻塞是指食道的某一段被草料、食团或异物所堵塞而引起的，以突然发病、咽下障碍为特征的消化道疾病。本病常见于牛、马，其他家畜也有发生。

1. 食管阻塞的病因

食管阻塞是由家畜在过度饥饿的情况下，贪食、偷食、吞咽过急、吞食较大的块根类饲料（马铃薯、白薯及萝卜等）及其他异物所致。食管阻塞也常继发于食管狭窄、食管炎、食管痉挛及全身麻醉后采食等疾病。

2. 食管阻塞的症状

动物患食管阻塞时，采食突然停止，摇头伸颈，大量流涎，空口咀嚼、摇头，伴有呕吐动作，惊恐不安，前肢刨地，背腰拱起。反刍动物瘤胃明显臌气，完全阻塞时嗳气停止，采食、饮水后立即从口腔漏出，呼吸困难。插入食道探诊时在阻塞部受阻。如果是颈部食道阻塞，从外面可见到局部的隆起或可以触摸到阻塞物。如果是下部食道阻塞，其上部食道内会蓄积大量唾液，颈左侧食道沟呈圆筒状膨起，触压可引起哽咽运动，或随食管的收缩和逆蠕动而出现呕吐现象。

3. 食管阻塞的诊断要点

食管阻塞的诊断要点包括突然发病、吞咽障碍、大量流涎、惊恐不安等。胃管探诊有助于本病的确诊和确定阻塞部位。

4. 食管阻塞的治疗

食管阻塞的治疗原则：及时排出阻塞物，辅以消炎，加强护理和预防并发症。

食管阻塞的治疗方法如下所述。

（1）推送法。若阻塞物位于颈部食管，将病畜保定后，用平板垫在食管阻塞部位；然后以手掌抵于阻塞物下端，朝咽部方向挤压，将阻塞物压到口腔排除。不能推出阻塞物时可肌注适量氯丙嗪后，灌注液体石蜡 100 ~ 200 mL，再用稍粗硬的胃管，将其小心缓慢地推入胃内。

（2）充气法。将病畜保定后，将打气管接在胃管上，颈部勒上绳子以防气体回流，然后打气，将阻塞物推入胃内。

（3）手术疗法。上述方法无效时，可采用食管切开术。

（4）病畜发病后，要加强饲养管理，暂停饲喂和饮水，以免引起异物性肺炎，阻塞较长时间未解除者，要注意补液、消炎和全身状态。

二、胃肠疾病

（一）胃肠炎

胃肠炎是胃肠黏膜及深层组织发生的炎症。临床上胃肠炎以严重的胃肠机能障碍、脱水、自体中毒和明显的全身症状，胃肠壁出血、化脓或坏死等病变为特征。本病是畜禽的常见病、多发病，多见于猪、犬、马及牛。

1. 胃肠炎的病因

（1）原发性胃肠炎：饲料品质不良、饲养管理不当、有毒物质侵害、突然改变饲料、重役后饲喂精料及药物使用不当等均可引起。

（2）继发性胃肠炎：多继发于咽炎、胃肠卡他、一些传染性疾病和寄生虫疾病等。

2. 胃肠炎的症状

（1）急性胃肠炎：食欲减退或废绝，腹痛，腹泻，粪便稀呈水样或粥样，腥臭，粪便中混有黏液、血液及脓液；病初肠音增强，随后减弱；有的出现里急后重现象，排粪失禁；脱水时眼球下陷，血液黏稠，尿量减少；病畜呼吸困难，体温初期升高后期下降，四肢发凉。

（2）慢性胃肠炎：食欲不振，喜爱舔沙土和粪便；便秘、腹泻交替出现；肠音不整；一般无明显的全身症状。

3. 胃肠炎的诊断要点

胃肠炎的诊断要点包括胃肠机能紊乱、脱水、粪便恶臭并带有黏液。口臭明显，食欲废绝，可怀疑主要炎症在胃；初期便秘伴有腹部疼痛，腹泻较晚，应怀疑主要炎症在小肠；若脱水迅速，腹泻较早，有里急后重的，则怀疑主要病变在大肠。

4. 胃肠炎的治疗

胃肠炎的治疗原则：以消炎杀菌、补液及纠正酸中毒为主，辅以清理肠胃和强心。

胃肠炎的治疗方法如下所述。

（1）消炎杀菌：牛、马一般可灌服 0.1% 高锰酸钾溶液 2 000 ~ 3 000 mL，或者肌肉注射庆大霉素 1 500 ~ 3 000 单位 / 千克。

（2）补液及纠正酸中毒：根据脱水的性质可选用 5% 葡萄糖、0.9% 氯化钠溶液混合或者 5% 葡萄糖及复方氯化钠注射液混合，也可用 25% 葡萄糖 500 mL、5% 碳酸氢钠注射液 300 ~ 500 mL、40% 乌洛托品 50 ~ 100 mL 混合，静脉注射，1 ~ 2 次 / 天。

（3）清理肠胃：常用液体石蜡 500 ~ 1000 mL，鱼石脂 10 ~ 30 g，酒精 50 mL，内服。

（4）强心：可用10%安钠咖10～30 mL或10%樟脑磺酸钠10～20 mL，皮下或静脉注射。

（5）中药治疗：热痢清热、解毒用黄连解毒汤加减治疗；寒痢用温阳益气、涩肠止泻的赤石脂汤治疗。

（二）瘤胃积食

瘤胃积食是指以瘤胃内积滞过量的食物，致使体积增大，胃壁扩张、瘤胃生理运动机能紊乱为特征的一种疾病。本病多见于年老体弱的舍饲奶牛。

1. 瘤胃积食的病因

瘤胃积食常由饥饿后暴食所致，有时因饲料品质差而发生，采食过量的干料（如大豆、玉米、小麦、稻谷等）或难以消化的粗料（如麦秸、干红薯藤、玉米秸等）也可引起。突然变换饲料和饮水不足等可诱发本病的发生。此外，本病还可继发于前胃弛缓、瓣胃阻塞等。

2. 瘤胃积食的症状

病畜表现为食欲、反刍及嗳气减少或停止。病畜拱背、呻吟、努责、腹痛不安、鼻镜干燥、回顾并后肢踢腹，腹围显著增大，左肷部明显。触诊瘤胃坚实并有痛感，拳压痕消失缓慢。叩诊呈浊音。尿少或无尿，呼吸困难，结膜发绀，脉搏快而弱，但一般体温正常。到后期出现严重的脱水和酸中毒现象，最后，昏迷，倒卧于地，窒息而死。

3. 瘤胃积食的诊断要点

（1）胀：肚腹胀大，左侧瘤胃上部饱满，中下部向外突出。

（2）痛：病畜表现疼痛、不断起卧、踢腹、呻吟。

（3）实：触诊瘤胃，内容物充实，有坚实感。

（4）停：采食、反刍减少至停止。

4. 瘤胃积食的治疗

瘤胃积食的治疗原则：排除瘤胃内容物，制止发酵，防止自体中毒和提高瘤胃的兴奋性。

瘤胃积食的治疗方法如下所述。

（1）排出内容物和止酵：可以一次内服硫酸钠800 g，鱼石脂20 g，常水1 000～2 000 mL；或石蜡油1 000 mL一次内服；可按摩瘤胃，促进蠕动。

（2）提高瘤胃兴奋性：可用酒石酸锑钾8～10 g，溶于2 000 mL水中，每天一次内服，或静脉注射10%的浓盐水500 mL。

（3）解自体中毒：静脉注射5%的碳酸氢钠500 mL，效果较好。在上述静脉注射的同时，适当加入强心剂效果更佳。

（4）在应用上述保守疗法无效时，应立即进行瘤胃切开术，取出大部分内容物以后，再放入适量的健康牛的瘤胃液 3 ~ 5L，可收到良好的效果。

（5）中药治疗：以健脾开胃、消积行气为主，可服用通气散。

（三）瘤胃臌气

瘤胃臌气是指瘤胃内容物急剧发酵产气，机体对气体的吸收和排出发生障碍，致使胃壁急剧膨大，出现呼吸高度困难的一种疾病。瘤胃臌气多发于放牧的奶牛。

1. 瘤胃臌气的病因

（1）原发性瘤胃臌气主要是由采食大量易发酵的新鲜、肥嫩和多汁的豆科牧草或青草（如新鲜苜蓿、三叶草、紫云英等）所致。瘤胃内容物的物理、化学特性和纤毛虫的数量与质量发生改变，以及机体对气体的吸收和排出发生障碍，亦可造成瘤胃臌气。

（2）食入腐败变质、冰冻及品质不良的饲料，对瘤胃有麻痹作用的乌头、毒芹、秋水仙等也可引起瘤胃臌气。

（3）本病也可继发于食道梗塞、创伤性网胃炎等疾病过程。

2. 瘤胃臌气的症状

病畜腹围急剧增大，尤其是以左肷部明显，叩诊瘤胃紧张而呈鼓音。病牛表现为腹痛不安、不断回头顾腹或以后肢踢腹、频频起卧等，食欲、反刍及嗳气很快停止，瘤胃蠕动减弱乃至消失，呼吸高度困难，颈、头伸直，前肢开张，张口伸舌，呼吸次数明显增加，结膜发绀，脉快而弱。严重时，畜眼球向外突出，最后运动失调，站立不稳而卧倒于地。

3. 瘤胃臌气的诊断要点

（1）有采食大量易发酵饲料的病史。

（2）腹部膨胀、左肷部上方凸出，触诊紧张而有弹性，触压不留痕，叩诊呈鼓音。

（3）瘤胃蠕动先强后弱，最后消失，呼吸困难，血液循环障碍。

4. 瘤胃臌气的治疗

瘤胃臌气的治疗原则：排气减压、制止发酵、除去胃内有害内容物。

瘤胃臌气的治疗方法如下所述。

（1）排气减压。特别是当急性瘤胃臌气的时候，应先进行瘤胃穿刺放气，其方法是于左肷窝中央，消毒后，用套管针对准对侧肘头方向刺入瘤胃，拔出针芯，进行间断性的放气。若没有套管针，也可用 16 号或 18 号的针头代替。放完气后可通过套管针向瘤胃内直接注入止酵剂。如果是较轻的瘤胃臌气，可将病牛置于前高后低的斜坡上，用草把按摩瘤胃或将涂以松馏油的木棒横置于病畜口中，让其不断咀嚼而促进嗳气的排出。

（2）缓泻止酵。可用乳酸 20 mL，加水 1 000 mL；或福尔马林 20 mL，加水 1 000 mL；或 10% 的鱼石脂酒精 150 mL，加水 1 000 mL，内服。

（3）排泄掉胃内的有害物质。可以内服硫酸钠 800 g，加适量的水；也可口服

1 000 ~ 2 000 mL 的石蜡油。

（4）中药治疗。以消胀、通便为主，可用大戟散加减。

（四）创伤性网胃炎

反刍动物食性粗糙，混杂在饲料中的金属（铁钉、铁丝等）和其他尖锐的异物易被吞食，常随食物运动沉入网胃，网胃收缩时刺破胃壁，造成损伤，引起创伤性网胃炎。一旦异物穿透网胃进入腹腔，则可能引起网胃和腹膜同时发生局限性或弥漫性炎症，称为创伤性网胃腹膜炎。有时异物穿过网胃，刺破横膈膜、心包膜，引起创伤性网胃心包炎。本病主要发生于舍饲的奶牛和耕牛，也见于黄牛和山羊。

1. 创伤性网胃炎的病因

牛采食速度过快，咀嚼、吞咽不仔细，易将混入饲料内的尖锐异物吃进瘤胃内。异物经一段时间后由瘤胃进入网胃。由于网胃容积小而收缩力很强，易被尖锐异物刺伤胃壁，甚至穿透。另外，突然摔倒、分娩或急性瘤胃臌气等均可使腹内压升高，促进本病的发生。

2. 创伤性网胃炎的症状

创伤性网胃炎的病畜，临床上以顽固的前胃弛缓、反复臌气、消化不良、网胃区触诊敏感为特征。病牛有时突然骚动不安、呻吟，站立时常取前高后低、肘关节外展姿势，行动小心，不愿下坡、转弯。血液检查时，病牛白细胞总数增多，嗜中性粒白细胞增多。

伴发创伤性网胃腹膜炎时，除有上述症状外，还常有体温升高，全身反应明显。

当发生创伤性网胃心包炎时，除创伤性网胃炎症状外，还常有心跳快而弱，心音浑浊，常有拍水声或心包摩擦声；胸前和腹下水肿，尤其是下颌、颈部水肿明显；颈静脉怒张，呼吸浅表、急促；多在心包穿刺时抽出脓汁，且气味恶臭。

3. 创伤性网胃炎的诊断要点

（1）姿态与运动异常、顽固性前胃弛缓、网胃区触诊疼痛、白细胞总数增多。

（2）金属探测器检查和 X 射线透视发现网胃壁刺上有金属异物即可确诊。

4. 创伤性网胃炎的预防

（1）清除饲草、饲料及牧场环境中的金属异物。

（2）应用强磁铁环，经口投入网胃，吸取金属异物。

5. 创伤性网胃炎的治疗

创伤性网胃炎的治疗原则：排除金属异物，抗菌消炎。

创伤性网胃炎的治疗方法如下所述。

（1）保守疗法。将病牛立于斜坡或斜台上，保持前高后低姿势，减轻网胃压力，促使异物脱出网胃壁。结合应用磺胺类药物或其他抗生素治疗有一定效果。对于伴发创伤性网胃腹膜炎者，尤其注意及时应用抗生素。也可用强磁铁环投入网胃吸取金属异物。

（2）手术治疗。早期如无并发症，可采取瘤胃切开的办法，从网胃壁摘除金属异物，同时加强护理，一般治愈率较高。一旦异物穿过网胃，进入腹腔或胸腔，一方面很难发现异物，另一方面易引起脏器粘连，治愈率不高。创伤性网胃心包炎病例治疗后常留有后遗症，故建议淘汰。

（五）瓣胃阻塞

瓣胃阻塞又称百叶干，它是以瓣胃机能减弱，食物不能正常运送到皱胃，积滞于瓣胃中而干涸，造成以瓣胃体积增大、疼痛及严重消化不良为特征的疾病。本病多见于耕牛。

1. 瓣胃阻塞的病因

原发性瓣胃阻塞主要由饲料粗老干硬、难以消化引起。另外，饲料粉碎过细、饲草太碎以及用精料、麸糠等长期饲喂也会引起瓣胃的兴奋性与收缩力逐渐减退。饲料混杂泥沙过多、饮水不足、缺乏运动等都易引起本病。

继发性瓣胃阻塞常继发于前胃弛缓、瘤胃积食、皱胃阻塞及生产瘫痪等疾病。

2. 瓣胃阻塞的症状

病初以前胃弛缓为主，当瓣胃严重阻塞后，食欲、反刍完全停止，粪便干硬并形成串饼状，后期排粪停止，或仅有排粪动作，而无粪便排出。瓣胃蠕动音减弱直至废绝，触诊有痛感。机体脱水，鼻镜干燥、龟裂，空嚼、磨牙，间歇性臌气。直肠内空虚，仅有恶臭的黏液或少量暗黑色粪块附着于直肠壁。

3. 瓣胃阻塞的诊断要点

根据鼻镜干裂、粪便干硬色黑、特有的栗子状或串饼状粪便等特征可初步诊断本病。若病牛穿刺瓣胃、内容物硬固，则可以确诊。

4. 瓣胃阻塞的治疗

瓣胃阻塞的治疗原则是增强瓣胃运动机能，排出瓣胃内容物。

瓣胃阻塞的治疗方法如下所述。

（1）增强瓣胃运动机能。10% 氯化钠溶液 100 ~ 200 mL，20% 安钠咖注射液 10 ~ 20 mL，静脉注射。配合皮下注射新斯的明 0.01 ~ 0.02 g。

（2）加速瓣胃内容物软化或排除。可用硫酸钠 400 ~ 500 g，常水 8 000 ~ 10 000 mL，番木鳖酊 20 mL，一次灌服。可进行瓣胃注射 10% 硫酸钠 2 000 ~ 3 000 mL（右侧第九肋间与肩关节水平线相交处斜向对侧肘头进针 6 ~ 12 cm）。还可将液态石蜡油或甘油 300 ~ 500 mL、普鲁卡因 2 g、呋喃西林 3 g 溶解后一次瓣胃注射。

（3）防止胃内容物腐败。可口服大黄苏打片 60 g 或 5% 碳酸氢钠 100 mL。

（4）对顽固性病例，可根据情况通过瘤胃切开术或皱胃切开术，由胃孔用胃导管冲洗，排出阻塞物。

（六）皱胃变位

皱胃的正常位置发生变化称为皱胃变位。通常皱胃变位有左方变位和右方变位两种情况。左方变位是指皱胃通过瘤胃下方移到左侧，置于瘤胃和左侧腹壁之间。右方变位又叫皱胃扭转。前者发病率高，而后者病情严重。

1. 皱胃变位的病因

左方变位的主要原因是皱胃弛缓和皱胃发生机械性转移。皱胃弛缓多见于消化不良、过食精料和块根类饲料、缺乏运动、过食高蛋白饲料等的动物；生产瘫痪、酮病等也可造成皱胃弛缓。皱胃发生机械性转移主要是由于分娩、突然起卧及跳跃等情况，将瘤胃向上抬高及向前推移，特别是在妊娠后期，随着胎儿的长大，瘤胃被向上托和向前推，这样就造成了瘤胃和腹底壁之间出现空间，皱胃进入瘤胃下方，随皱胃内气体的增加，则逐渐由瘤胃的下方而窜入瘤胃的左上方，形成左方变位。另外，分娩后腹内压下降，皱胃更容易窜入瘤胃的左侧。

2. 皱胃变位的症状

（1）左方变位

①高产母牛多见，且多数发生于分娩后。

②多数病例有一些食欲，粪便稀薄或腹泻。

③左侧最后 3 根肋骨间显示膨大，但两侧肷窝均不饱满。

④牛乳、尿中有酮体。

⑤瘤胃蠕动音不清，但在左侧可听到皱胃蠕动音，如在此处穿刺，抽出内容物的 pH 小于 4，且无纤毛虫。

⑥左侧肷部听诊，并在左侧最后几个肋骨处用手轻叩，可听到明显的金属音。

⑦直肠检查，发现瘤胃背囊明显右移。

（2）右方变位

①突然发生腹痛症状，腰背下沉。

②粪便色黑，混有血液。

③右侧肋弓后方明显臌胀，行冲击式触诊可听到液体振荡声，局部听诊时，并用手叩打腹部可听到乒乓声。

④皱胃穿刺液呈深咖啡色。

⑤直肠检查时，在后侧右腹部能触摸到臌胀而紧张的真胃。

⑥病牛脱水，眼球下陷。

3. 皱胃变位的诊断要点

早期诊断比较困难。确诊需借助左腹中部最后几个肋间的听诊（皱胃蠕动音）及叩诊（含气皱胃呈钢管音）。必要时可做该区穿刺检查，若胃液呈酸性反应（pH 1～4），深咖啡色，缺乏纤毛虫等，可证明为皱胃变位。

4. 皱胃变位的治疗

皱胃变位的治疗原则：促其复位或手术整复。

皱胃变位的治疗方法如下所述。

（1）滚转法。让病牛禁食 2 ~ 3 天，适当限制饮水，穿刺排出皱胃内的气体。先使病牛采取左侧横卧姿势，然后再转成仰卧姿势（背部着地，四肢朝上），随后以背部为轴，先向左滚转 45°，回到正中，再向右滚转 45°，再回到正中。如此反复左右摇晃 3 分钟，突然停止，使病牛仍呈左侧横卧姿势，再转成俯卧式（胸部着地），最后使之站立，检查复位情况。如尚未复位，可重复进行。该法对皱胃右方变位治愈率极低，对左方变位如运用巧妙可以治愈。如已复位，左侧肷部听诊并用手指叩击时听不到金属音。

（2）手术整复法。在剑状软骨至脐部，距白线右侧 5 cm 处切一个 25 cm 左右的切口，手入腹腔，施手臂摆动和移动的动作使皱胃复位，然后在皱胃底部与切口右侧腹膜和肌肉做 5 ~ 6 个间断浆膜肌层缝合，将皱胃固定住，防止其复转左方，最后缝合腹壁切口。

（七）胃扩张

胃扩张是由动物贪食过多和胃排空的机能发生障碍，使胃急剧膨大而引起的一种急性腹痛病。胃扩张的临床特征是腹痛强烈、发病急、病程短。本病多见于马属动物和猪。

1. 胃扩张的病因

（1）原发性胃扩张：常见的病因主要是采食过量难以消化的和容易膨胀的饲料、易于发酵的嫩青草或堆积发热变黄的青草，以及发霉的草料；或偷食大量精料；或饱食后突然喝大量冷水。

（2）继发性胃扩张：主要是小肠不通，大肠阻塞或臌气的肠管压迫小肠也可引起继发性胃扩张。

2. 胃扩张的症状

（1）饮食欲废绝，精神沉郁，剧烈腹痛，急起急卧，卧地滚转，前蹄刨地，有时出现回顾腹部，有时保持一定时间的犬坐姿势。犬、猫等可见腹部迅速膨胀、流口水及干口等症状。

（2）肠音逐渐变弱，并出现脱水现象。

（3）进行胃管探查时，当送入胃管后，若从胃管不断排出酸臭气体，腹痛症状随即减轻，则多为原发性气胀性胃扩张；若仅能从胃管排出少量气体，腹痛症状并不减轻，颈部食管沟出现逆蠕动波，听诊可能听到含漱声，多为食滞性胃扩张。

（4）继发性胃扩张：当送入胃管后有液体排出，病畜逐渐安静，经一定时间后又复发，再次经胃管排出大量液体，病情又有所缓解，这样反复发作，是继发性胃扩张的重要特征之一。

3. 胃扩张的诊断要点

（1）参考上述症状，胃管检查常可提供较为可靠的诊断依据。

（2）通过胃管排出酸臭的、淡黄或者微绿色的大量液体，多为小肠不通的常见症状。

4. 胃扩张的治疗

胃扩张的治疗原则为消积化滞、镇痛和缓解幽门痉挛、止酵、强心补液和恢复胃肠功能。

胃扩张的治疗方法如下所述。

（1）消积化滞：可用油类泻剂，如用胃导管一次灌服石蜡油或植物油 500 ~ 1 000 mL。

（2）镇痛和缓解幽门痉挛：可用胃导管灌服水合氯隆 10 ~ 15 g，酒精 30 ~ 60 mL，温水 500 ~ 1 000 mL，尤其对腹痛明显的病畜，应首先安抚动物。

（3）止酵：每次用胃管导胃放出部分气体或液体后，再灌温水 1 ~ 2 L，反复洗涤，直至洗出液体无酸臭味后，用稀盐酸 20 ~ 30 mL 或稀醋酸 40 ~ 60 mL、普鲁卡因粉 3 ~ 4 g、温水 50 mL 灌服；防腐止酵亦可在洗胃之后，用鱼石脂 10 ~ 20 g、酒精 50 ~ 80 mL，溶解后加温水 500 mL，一次灌服。

（4）强心补液：应注意强心补液，维持正常的血容量，改善心脏机能。可用生理盐水或复方氯化钠溶液。切忌补给碳酸氢钠溶液。

（八）肠阻塞

肠阻塞是由于肠管的运动机能和分泌机能紊乱等，粪便积滞不能后移，使动物的肠管完全或不完全阻塞的一种急性腹痛病。临床上多发于马属动物。

1. 肠阻塞的病因

（1）久渴失饮：使消化腺分泌机能降低，肠蠕动机能减退，引起肠内容逐渐变干，造成肠阻塞。

（2）饲养管理不当：饲喂过多粗硬或发霉变质的饲料，突然改变饲料；饱食后立即服重役；缺乏运动等，也易成为肠阻塞的原因。

（3）草食兽如果喂食盐不足，不仅能引起胃肠蠕动变弱，而且导致到分泌机能减弱，从而增加肠内容物后移阻力，推送困难，致使粪内水分被吸收而引起秘结。

（4）气温下降：变冷后的前几天内，肠阻塞的病畜增多。

2. 肠阻塞的症状

（1）共同症状。

肠阻塞的共同症状为：口臭，口色逐渐发绀；病初肠音频繁而偏强，后期肠音变弱或消失；腹痛多剧烈，表现为回头顾腹，后肢踢腹，前肢刨地，卧地打滚；血沉变慢，红细胞增多。

（2）特有症状。

①小肠阻塞。以十二指肠的乙状弯曲及回肠末端阻塞较为常见。小肠阻塞的症状为鼻流粪水，或在颈部食道出现逆蠕动波；直肠检查能触及位于右肾附近横行的十二指肠阻塞部分，约有手腕粗细、表面光滑，质地黏硬呈块状或圆柱状的阻塞物。

②大肠阻塞。大肠常发生阻塞的部位在骨盆曲、小结肠、胃状膨大部和盲肠。前两个部位多为完全阻塞，后二者常为不完全阻塞。此外。还有发生在左侧大结肠和直肠。

骨盆曲阻塞肠时臌气多不严重，直肠检查可摸到像肘样弯曲的肠管，内有硬结粪，且有时伸向腹腔的右方或向后伸至骨盆腔内。

小结肠阻塞时易继发肠臌气，直肠检查可触到拳头大、较坚硬的粪块。

胃状膨大部阻塞病期较长，能排泄水粪者多为不完全阻塞，直肠检查时可摸到随呼吸略有前后移动的半球状硬结粪。

盲肠阻塞时发展较慢，病期可达 10 ~ 15 天，表现为饮食欲明显减退，排粪量明显减少，干粪和稀粪交互出现，直肠检查时盲肠内充满坚硬的干粪。

左侧大结肠阻塞时，直肠检查特点是在左腹下部可摸到左腹侧结肠或左背侧结肠内的坚硬结粪。

直肠阻塞时有排粪障碍，手入直肠即可确诊。

3. 肠阻塞的诊断要点

根据临床检查的资料，大体上可以推断出疾病性质和发病部位。若确定诊断，还必须结合直肠检查，进行综合分析，方能获得正确诊断。

4. 肠阻塞的治疗

根据病情，可灵活运用通（疏通肠道）、静（镇静、镇痛）、减（减压、放气）、补（补液、补碱）、护（护理）的治疗原则，做到“急则治其标，缓则治其本”，解决不同时期的突出问题。

肠阻塞的治疗方法如下所述。

（1）通：这是治疗肠阻塞的关键，常用方法有破结法和泻法等。

①破结法。直肠检查时，若能摸到结粪部位，依其可能移动的范围，采用压、握、捶等方法使结粪破碎，常可获得成功。但严防用力过猛、动作粗暴，以免损伤肠，甚至引起肠破裂和肠穿孔等不良后果。直肠阻塞时掏结可迅速治愈。

②泻法。泻法是指利用油类、盐类泻剂治疗肠阻塞的方法，如用各种植物油 500 ~ 2 000 mL，也可用各种盐类泻剂（小肠阻塞时禁用）。常用配方：硫酸钠 200 ~ 300 g，石蜡油 500 ~ 1 000 mL，水合氯醛 15 ~ 25 g，芳香氨醑 30 ~ 60 mL，陈皮酊 50 ~ 80 mL，加水溶解，用胃管灌服（成年马、骡）。

（2）静：注射 30% 安乃近注射液 30 ~ 40 mL，或静脉注射水合氯醛、普鲁卡因溶液等。

（3）减：及时采用胃管或穿肠放气法解除胃肠臌胀状态，降低腹内压，是治疗肠阻塞的一项重要措施。

（4）补：宜用复方氯化钠溶液、5% 葡萄糖氯化钠溶液等静脉注射，纠正酸中毒可用 5% 碳酸氢钠溶液，或用 11.2% 乳酸钠溶液静脉注射。

（5）护：做适当牵遛活动，防止急剧滚转和摔伤等。

（九）肠变位

肠变位又称为机械性肠阻塞和变位疝，它是由于肠管的自然位置发生改变，致使肠间隙或肠黏膜受到挤压变窄，使肠腔发生机械性闭塞和肠壁局部发生循环障碍的一组重剧性腹痛病。肠变位以肠壁局部发生循环障碍、剧烈腹痛、肠管臌气为特征，有时病畜迅速死亡。本病主要发生于马，其次是牛、猪和犬。肠变位有四种常见类型：肠扭转、肠缠结、肠绞窄和肠嵌闭、肠套叠。

1. 肠变位的病因

（1）机械性：先天性的孔穴或后天性的病理裂孔的存在是造成肠嵌闭的主要因素。在腹压增大的条件下，如剧烈地跳跃、难产、奔跑、交配、便秘、里急后重和肠臌气等，偶尔将小肠或小结肠压入孔隙而致病。

（2）机能性：突然的受凉、冰冷的饮水和饲料、肠炎、肠卡他、肠内容物性状的改变、肠道寄生虫和全身麻醉状态等因素均能引起肠机能的变化而导致该病。

2. 肠变位的症状

（1）病畜食欲废绝，口腔干燥，肠音微弱或消失，排恶臭稀粪，腹痛由间歇性腹痛迅速转为持续性剧烈腹痛。疾病后期，腹痛加剧，脉率增快，可达 100 次 / 分钟以上。

（2）腹腔穿刺检查可见腹腔液呈红色或粉红色。

（3）血液学检查时血沉明显减慢。

（4）直肠检查时可见直肠空虚，内有较多的液体。

3. 肠变位的诊断要点

（1）直肠检查：可见肠管位置异常，肠管呈局限性臌气现象，当摸到变位局部时病畜表现不安，此时可判定肠变位的部位和性质。

（2）腹腔穿刺液检查：可见粉红色或暗红色渗出液。

（3）剖腹探查法：经上述方法检查尚不能确诊者，应及时做剖腹探查，以确定发病部位和病变性质，抢救病畜。

4. 肠变位的治疗

本病的治疗原则和方法是镇痛、减压、补液、强心和防止休克，并及时实施手术治疗。尽早手术整复肠管或切除坏死肠段实施吻合术，是大多数病例恢复健康行之有效的方法。术后要做好护理工作。

（十）腹膜炎

腹膜炎是各种致病因素所致腹膜的局限性或弥漫性炎症，以腹痛、腹壁紧张、腹内脏器与腹膜粘连等为临床特征。各种动物都可发生。

腹膜炎按病因分为原发性腹膜炎和继发性腹膜炎，按发病范围分为弥漫性腹膜炎和局限性腹膜炎，按其渗出液的性质可分为浆液性腹膜炎、纤维蛋白性腹膜炎、乳糜性腹膜炎、出血性腹膜炎、化脓性腹膜炎及腐败性腹膜炎等。临床上牛、马以弥漫性腹膜炎，猪以大挑花去势引起的局限性腹膜炎，禽以卵黄破裂引起的卵黄性腹膜炎为多见。

1. 腹膜炎的病因

（1）原发性腹膜炎：受寒、感冒、过劳或其他理化因素导致防卫机能下降，某些病原微生物，如大肠杆菌、沙门氏杆菌、巴氏杆菌、化脓性细菌等条件性致病菌乘机侵害腹膜；腹膜破损，如腹壁透创、去势术、腹腔手术后感染等；胃肠道、子宫破裂或穿孔，体内脓肿及肿瘤破裂；寄生虫虫体的移行、禽卵落入腹腔等均可引起本病。

（2）继发性腹膜炎：多因其他脏器和组织的炎症导致细菌随病理产物扩散进入血液、淋巴液再转移至腹腔引起，如胃肠炎、结核病及巴氏杆菌病等。

2. 腹膜炎的症状

因动物的种类、机体抵抗力及发病原因不同，腹膜炎的病程经过、波及范围也有所不同，表现的症状也不一致。

（1）急性弥漫性腹膜炎。病畜精神沉郁，食欲减退或消失，脉搏快而弱，呈胸式呼吸，呼吸浅表而急促，心跳加快，体温高达 40 ℃，眼结膜潮红，腹痛症状明显，不愿行走、卧下。触诊腹壁紧张，病畜呻吟、躲避或抵抗。直肠检查感知腹膜敏感、粗糙，腹腔内有渗出液者，叩诊腹部呈水平浊音。因马属动物对此病敏感，严重者 12 小时内死亡。小动物常卧于地面，有呕吐症状。

（2）急局限性腹膜炎。病畜一般症状较轻，仅发病局部触诊时敏感，严重者与弥漫性腹膜炎相似。

（3）慢性弥漫性腹膜炎。病畜消瘦，渗出液较多，腹水多，严重时腹部下垂。病程较长时腹膜与腹腔脏器粘连而影响消化道功能，表现为消化不良和顽固性下痢。直肠检查可触到腹膜粘连、粗糙。

3. 腹膜炎的诊断要点

结合病史和症状可以做出初步诊断。确诊应结合血液检查和腹腔穿刺液检查。患急性腹膜炎时，病畜嗜中性白细胞增多且核左移；患慢性腹膜炎时，病畜白细胞正常或偏低。病畜腹腔穿刺液浑浊，比重在 1.018 以上，遇空气后纤维蛋白凝固，形成白色或淀粉红色絮状物，离心沉淀后镜检可见大量白细胞、脓球和细菌。

4. 腹膜炎的治疗

腹膜炎的治疗原则是去除病因、消炎止痛、制止渗出、促进渗出物吸收、对症治疗、改善营养和加强护理。

腹膜炎的治疗方法如下所述。

（1）首先应大剂量使用广谱抗菌素配合 0.25% 普鲁卡因和生理盐水进行腹腔注射，也可用青霉素及链霉素进行肌肉注射。当渗出液多时，应先抽出渗出液，再用硼酸水洗涤后注入抗菌素。

（2）制止渗出及促进渗出物吸收，可用 10% 氯化钙静脉注射，25% 葡萄糖配合 40% 乌洛托品、20% 安钠咖静脉注射，口服双氢克尿噻等强心、利尿，促进吸收。

（3）对症治疗可肌肉注射安乃近等镇痛。同时加强护理，最初 2 天禁食，当病情好转后再给易消化的饲料。

第二节 呼吸系统疾病

一、感冒

感冒是由于受到寒冷刺激，使机体的防御机能降低，引起以上呼吸道炎性变化为主的一种急性全身性疾病。感冒常在早春或晚秋气候剧变时发生，各种家畜均可发生。

1. 感冒的病因

本病主要是由受寒引起。饲养管理不当，如厩舍条件差、受贼风吹袭、舍饲的家畜突然在寒冷的气候条件下露宿及使役出汗后被雨淋风吹等均可导致本病。

2. 感冒的症状

病畜精神沉郁，低头耷耳，眼半闭，食欲减退，体温升高，结膜充血呈暗红色、肿胀，甚至羞明流泪，耳尖、鼻端发凉，皮温不整，鼻黏膜充血，鼻塞不通，流出浆液性鼻液，打喷嚏，咳嗽，呼吸加快，心跳加快。牛的感冒除以上症状外，还有鼻镜干燥，并出现反刍减弱、瘤胃蠕动沉衰等症状。猪患感冒时多怕冷，喜钻草堆，仔猪尤为明显。

3. 感冒的诊断要点

根据以上症状可诊断为感冒。但本病应与流行性感冒相区别。流行性感冒有明显的流行性，往往大批发生，依此可与感冒鉴别。

4. 感冒的治疗

感冒的治疗原则为解热镇痛，祛风散寒，防止继发感染。

感冒的治疗方法如下所述。

病畜应停役休息，避风保暖，给予充分饮水，饲喂易消化的饲料。

解热镇痛可使用30%安乃近、复方氨基比林或复方奎宁注射液等，马、牛20～30 mL，猪、羊3～10 mL，肌肉注射。消炎可用青霉素，每千克体重5 000～10 000单位肌肉注射或静脉注射，每日2～3次。必要时，配合使用健胃、助消化、祛痰止咳药物对症治疗。

中药治疗：风寒感冒用杏苏散煎汤灌服；风热感冒用银翘散煎汤灌服。

二、支气管炎

支气管炎是支气管黏膜表层或深层的炎症，多发于早春和晚秋气候剧变时节，在临床上以咳嗽、流鼻液与不定热型为特征。本病多见于各种家畜和家禽，尤以幼畜和老龄家畜为甚。按病程，支气管炎可分为急性和慢性两种。

1．支气管炎的病因

（1）原发性。受寒感冒是引起支气管炎的主要原因。吸入某些刺激性物质，如饲草或空气中的尘埃等，亦为本病发生的原因。当不正确地或强制地灌服液体时，液体可能会误入气管；或是吞咽障碍的病畜在饮水或采食时，将少量液体或固体咽入气管中，往往会引起吸入性支气管炎。此外，畜舍卫生条件不好，如通风不良、闷热潮湿以及营养价值不全的饲养和维生素A缺乏等，均为支气管炎发生的诱因。

（2）继发性。某些传染因素和寄生虫的侵袭，也可导致支气管炎。邻近器官炎症的蔓延，如喉炎、肺炎以及胸膜炎等也可继发支气管炎。

2．支气管炎的症状

（1）急性支气管炎。急性支气管炎的主要症状是咳嗽。尤其是受冷空气刺激或触压喉、气管，可引起强烈的咳嗽。病初为干、短而痛的咳嗽。经3～4天后渗出物增多而变为湿而长的咳嗽，疼痛亦减轻，并经常发作，有时咳出痰液。痰液为黏液或黏液脓性，呈灰白色或黄色，由两侧鼻孔流出。胸部听诊时病初肺泡呼吸音增强，2～3天后可听到啰音。病的前几天呈干性啰音，以后分泌物增多并变得稀薄，可听到湿性啰音。病畜体温正常或稍升高0.5 ℃～1 ℃，呼吸变快。重剧性的支气管炎病畜表现为嗜睡、精神萎靡、食欲大减、劳役时易疲劳。

（2）毛细支气管炎。病畜一般体温升高1 ℃～2 ℃，呼吸快速，呼气困难。胸部听诊可听到支气管小水泡音或干性啰音。

（3）慢性支气管炎。其特殊症状是存在时间可延之数月甚至数年的咳嗽，尤其是早晚进出畜舍、饮水采食、稍运动或紧张劳役以及气候剧变时，常常引起剧烈的咳嗽。X射线检查可见肺部的支气管阴影增粗而延长。

3. 支气管炎的诊断要点

病史材料是诊断本病的重要依据，如临床特征、受寒感冒、啰音、咳嗽和X射线检查的结果等。

4. 支气管炎的治疗

支气管炎的治疗原则：消除病因、祛痰、镇咳、消炎。

支气管炎的治疗方法如下所述。

（1）消除致病因素：给病畜创建优良的饲养管理条件，如安置于温暖、无贼风及温差变化不大的通风良好的厩舍内，饲喂营养价值全面的饲料，保持饲槽与饮水清洁，避免使用有尘埃的垫草与饲草。

（2）祛痰：可用克辽林、麝香草酚等反复蒸气吸入，有良好效果。一般在炎性渗出物黏稠不易咳出时，服祛痰剂氯化铵，马、牛10～20 g/次，猪、羊0.2～2 g/次。

（3）镇咳：可口用止咳剂，如复方樟脑酊，每次剂量为马、牛20～50 mL，猪、羊1～3 mL；复方甘草合剂，每次剂量为马、牛100～150 mL，猪、羊10～20 mL。

（4）消炎：可用磺胺类药或抗生素，如10%磺胺嘧啶钠溶液，每次剂量为马、牛100～150 mL，猪、羊10～20 mL，肌肉或静脉注射。

（5）中药治疗：急性支气管炎用杷叶散研末灌服，慢性支气管炎用参胶益肺散研末冲服。

三、肺炎

（一）小叶性肺炎

小叶性肺炎又称为支气管肺炎或卡他性肺炎，是病原微生物引起的以细支气管为中心的个别小叶或某几个小叶的炎症，通常肺泡内充满血浆、上皮细胞和白细胞，因此也称为卡他性肺炎。临床上小叶性肺炎以弛张热、咳嗽、呼吸次数增多、叩诊有散在的局灶性浊音区和听诊有捻发音为特征。

1. 小叶性肺炎的病因

（1）原发性病因：饲养管理条件较差，物理化学因素的影响等使机体的抵抗力下降，特别是肺组织的抵抗能力降低，导致呼吸道内的一些非特异性致病菌，如肺炎球菌、链球菌、流感病毒等大量增殖、致病，引发此病。

（2）继发性病因：如支气管炎蔓延、发展成支气管肺炎，或继发于某些化脓性的疾病，如子宫炎、乳房炎等。

2. 小叶性肺炎的症状

（1）呈弛张热，体温升高1.5 ℃～2.0 ℃，脉搏和呼吸数都增加，流少量的浆液性、黏液性或脓性的鼻液，可视黏膜潮红或发绀。

（2）胸部叩诊：出现一个或多个局限性的小浊音灶，病灶在肺的表层；融合性肺炎则出现较大的浊音区；由于病灶位于深部，故浊音较弱或不明显。

（3）胸部听诊：病灶处的呼吸音减弱或消失，健康的肺泡呼吸音增强，有捻发音和干、湿啰音。

（4）血液检查：白细胞增多并出现核左移。

（5）X 射线检查：肺野有斑点状或斑状的阴影，若融合，则形成大片的云絮状阴影。

3. 小叶性肺炎的诊断要点

根据咳嗽、弛张热型、叩诊浊音和听诊的捻发音、啰音等典型症状，结合血液检查和 X 射线检查结果可以诊断小叶性肺炎。

4. 小叶性肺炎的治疗

小叶性肺炎的治疗原则是加强护理、祛痰止咳、抗菌消炎、制止渗出和促进吸收、对症治疗。

小叶性肺炎的治疗方法如下所述。

（1）加强护理：供给有营养的、易消化的饲草、饲料，将病畜置于空气清新、通风良好的厩舍内。

（2）祛痰止咳：湿咳时，用溶解性祛痰剂；干咳时，用镇痛止咳药。

（3）抗菌消炎：主要应用抗生素和磺胺类药物进行治疗，常用的抗生素有青霉素、链霉素、红霉素及林可霉素等。

（4）制止渗出和促进吸收：可静脉注射 10% 氯化钙溶液，马、牛 100 ~ 150 mL，每天一次；促进渗出的吸收和排除，可用利尿剂。

（5）对症治疗：体温过高者，可用解热药，结合适当的补液，纠正水和电解质的平衡紊乱；全身毒血症者要静脉注射氢化可的松或地塞米松等糖皮质激素。

（6）中药治疗：用麻杏石甘汤水煎服。

（二）大叶性肺炎

大叶性肺炎是多个或整个肺叶发生的，以纤维蛋白渗出为主的急性炎症，又称为纤维素性肺炎或格鲁布性肺炎，临床上以体温升高、稽留热、铁锈色鼻液、肺部广泛浊音区和病程定性经过为特征，多发于马、牛、猪、羔羊，犬、猫也有发生。

1. 大叶性肺炎的病因

大叶性肺炎主要是由病原微生物引起的，如肺炎链球菌等；也常见于一些传染病过程，如马和牛的传染性胸膜肺炎，牛、羊的巴氏杆菌病等。此外，绿脓杆菌、大肠杆菌及肺炎杆菌等对此病的发生也起重要的作用。饲养管理条件较差，如长途运输、受寒感冒等也是本病的诱因。

2．大叶性肺炎的症状

（1）体温升高到 40 ℃～41 ℃，脉搏和呼吸都加快。咳嗽，黏膜潮红或发绀，流浆液性、黏液性、脓性、铁锈色或黄红色的鼻液。

（2）胸部叩诊：在充血渗出期呈清音或鼓音，在肝变期呈大片半浊音或浊音，在溶解期则重新呈现清音或鼓音。

（3）肺部听诊：在充血渗出期出现干啰音，以后逐渐出现湿锣音或捻发音，在肝变期则出现支气管呼吸音。

（4）血液检查：白细胞增多，出现核左移。

（5）X 射线检查：在充血期仅见肺纹理增粗；在肝变期有大片均匀的浓密阴影；在溶解期有不均匀的片状阴影。

3．大叶性肺炎的诊断要点

根据铁锈色的鼻液，稽留热型，不同时期叩诊和听诊的变化，加上血液学和 X 射线的检查可以诊断。

4．大叶性肺炎的治疗

大叶性肺炎的治疗原则是加强护理、抗菌消炎、控制继发感染、制止渗出和促进吸收以及对症治疗。

大叶性肺炎的治疗方法如下所述。

（1）加强护理：供给有营养的、易消化的饲草、饲料，将病畜置于通风良好、空气清新的厩舍。

（2）抗菌消炎：可用四环素或土霉素，每天每千克体重 10～30 mg，溶于 5% 葡萄糖溶液 500～1 000 mL，分两次静脉注射。并发脓毒血症时，可用 10% 磺胺嘧啶钠溶液 100～150 mL，40% 乌洛托品溶液 60 mL，5% 葡萄糖溶液 500 mL，混合后一次静脉注射，每天一次。

（3）制止渗出和促进吸收：可静脉注射 10% 氯化钙溶液或葡萄糖酸钙溶液；促进渗出的吸收和排除，可用利尿剂。

（4）对症治疗：体温过高者，可用解热药，如安痛定注射液、复方氨基比林等；心力衰竭时用强心剂；咳嗽时，可用止咳祛痰药。

（5）中药治疗：用清温败毒散水煎灌服。

四、胸膜炎

胸膜炎是胸膜发生以纤维蛋白沉着和胸腔积聚大量炎性渗出物为特征的一种炎症性疾病。胸膜炎的主要特征是体温升高，胸壁疼痛，胸部听诊出现摩擦音，叩诊胸部叩诊区呈水平浊音及胸腔内含有纤维蛋白性渗出物。本病各种家畜都能发生。

1. 胸膜炎的病因

原发性胸膜炎比较少见，大多数胸膜炎是继发性的疾病。胸膜炎一般继发于腹膜炎、创伤性心包炎、肋骨和胸骨骨折、出血性败血病和胸部食管穿孔等，还常继发于某些传染病，如传染性胸膜肺炎、牛的脑脊髓炎和结核病等。胸膜炎的主要病原是巴氏杆菌、结核杆菌、化脓杆菌及霉形体等。由于胸壁创伤（如穿透创）、胸膜腔肿瘤或当机体抵抗力衰弱时微生物也可侵入胸腔。

2. 胸膜炎的症状

（1）精神不振，被毛蓬乱，食欲减退。体温初升高，可达 40 ℃以上，呈弛张热或热型不定。触压胸壁表现疼痛，甚至发生呻吟。肘部外展，不愿走动亦不愿躺卧。

（2）胸部叩诊：因渗出液积聚，胸廓下部叩诊呈水平浊音，在浊音上部呈现清晰臌音。

（3）胸部听诊：可听到胸膜摩擦音；随渗出液的蓄积，摩擦音消失，可听到随呼吸运动产生的拍水音。

（4）血液学变化：白细胞数和嗜中性白细胞增多，核左移，淋巴细胞减少。

（5）胸腔穿刺：当胸腔积聚大量渗出液时，穿刺可流出淡黄液体；如果穿刺液有腐败臭味或脓汁，则表示病情恶化，胸膜已化脓、坏死。

3. 胸膜炎的诊断要点

（1）依据典型的临床症状。

（2）利用 X 射线检验有助于诊断本病。

（3）为了诊断本病及判定渗出物的性质，可进行胸腔穿刺检查。

4. 胸膜炎的治疗

胸膜炎的治疗原则是抗菌消炎、抑制渗出、促进炎性渗出物的吸收和排除、防止自体中毒。

胸膜炎的治疗方法如下所述。

（1）首先应加强护理，供给柔软、富含营养的优质饲料。

（2）抗菌消炎：可选用广谱抗生素或磺胺类药物，如青霉素、链霉素等。

（3）抑制渗出：可用 10% 氯化钙 100～200 mL，静脉注射（牛、马），每日 1 次。

（4）促进炎性渗出物的吸收和排除：可用利尿剂、强心剂及轻泻剂；必要时可进行胸腔穿刺，排除积液；对于化脓性胸膜炎，在胸腔穿刺排出积液后，可用 0.1% 雷夫奴尔冲洗胸腔，然后注射青霉素 100 万～200 万单位。

（5）渗出性胸膜炎中药治疗：用归芍散研末冲服。

第三节 循环系统及血液疾病

一、心力衰竭

心力衰竭又称为心脏衰弱、心功能不全。心力衰竭是由于心肌收缩力减弱或衰竭，引起外周静脉的过度充盈，使心脏排血量减少、动脉压降低、静脉回流受阻等，呈现全身血液循环障碍的一种综合征或并发症。其主要特征是呼吸困难、皮下水肿、发绀，甚至心脏骤停而死亡。马属动物和犬发病较多，其他家畜也可发生。

1. 心力衰竭的病因

（1）急性原发性心力衰竭：主要是由于使役过重或不当，特别是饱食逸居的家畜突然进行重剧劳役，如长期舍饲的育肥牛在陡坡、崎岖道路上载重或挽车等；或由于静脉输液量超过心脏的最大负荷量，尤其是向静脉过快地注射对心肌有较强刺激性的药液，如钙制剂和砷制剂等。

（2）急性继发性心力衰竭：多继发于急性传染病（如马传染性贫血、马传染性胸膜肺炎、口蹄疫及猪瘟等）、某些内科疾病（如肠便秘、胃肠炎及日射病等），以及寄生虫病（如弓形体病）和各种中毒性疾病的过程中。

（3）慢性心力衰竭（充血性心力衰竭）：常继发或并发于心脏本身的各种疾病，如心包炎、心肌炎、慢性心内膜炎，以及导致血液循环障碍的某些慢性疾病，如慢性肺泡气肿和慢性肾炎等。

2. 心力衰竭的症状

（1）急性心力衰竭。初期病畜精神沉郁、食欲不振甚至废绝，易疲劳、出汗；呼吸加快，肺泡呼吸音增强，可视黏膜轻度发绀，体表静脉怒张；心搏动亢进，第一心音增强，脉细数，有时出现心内性杂音和节律不齐。病情发展急剧者各症状均严重，且发生肺水肿。胸部听诊有广泛的湿性啰音。两侧鼻孔流出多量、无色、细小泡沫状的鼻液。心搏动增强，甚至震动胸壁或全身。第一心音高朗，第二心音微弱，脉搏加快可达100次/分钟以上，伴发阵发性心动过速，脉性细弱。常在症状出现后倒地痉挛，数分钟内死亡。

（2）慢性心力衰竭。病情发展缓慢，病程长达数周、数月或数年，易于疲劳。垂皮、腹下和四肢下端水肿，触诊有捏粉样感觉。第一心音增强，第二心音减弱，脉数增多但微弱，出现机能性心脏杂音和心律不齐，叩诊心浊音区扩大。

3．心力衰竭的诊断要点

（1）根据发病原因，以及症状表现，如静脉怒张、脉细数、呼吸困难、垂皮和腹下水肿。

（2）根据心、肺听诊与叩诊等典型临床特征。

（3）心电图、X 射线检查有助于判断心脏肥大和扩张。

4．心力衰竭的治疗

心力衰竭的治疗原则是加强护理、减轻心脏负担、缓解呼吸困难、增强心脏收缩力和排血量以及对症疗法等。

心力衰竭的治疗方法如下所述。

（1）加强护理。首先应将病畜置于安静的厩舍内休息，饲喂柔软、易于消化、富有营养的草料等，某些轻微病例即使不用药物治疗也可康复。

（2）减轻心脏负担。根据病畜体质、静脉淤血程度，以及心音、脉搏强弱，酌情放血 1 000～2 000 mL。随后静脉缓慢注射 20%～25% 葡萄糖溶液 500～1 000 mL，增强心肌营养，改善心脏机能。

（3）增强心脏收缩力和排血量。消除水肿，可应用各种强心药。对于心搏过速（每分钟超过 100 次），伴发静脉淤血、水肿的慢性心力衰竭病畜，宜用洋地黄类强心药，但应注意洋地黄类强心药物的蓄积作用。安钠咖既能使中枢神经系统和心肌兴奋，扩张冠状动脉血管和肾脏动脉，又有改善心肌营养和利尿，故在急性、慢性心力衰竭时均可应用。马、牛等大家畜剂量为 5～10 g/ 次，肌肉注射。

（4）对症疗法。对于急性心力衰竭病畜，其心搏动剧烈、胸壁震动，可应用镇静剂，如安溴注射液 50～100 mL，静脉注射（马、牛）。当心力衰竭病畜出现消化不良时，可根据病情适当地应用缓下剂和健胃剂内服；对于出现水肿而尿量过少的病畜，可用利尿药治疗。

（5）中药治疗。用参附汤水煎灌服。

二、贫血

贫血是指单位容积血液中的红细胞数、血红蛋白量和红细胞压积值低于正常水平的综合征。贫血不是独立的疾病，而是一种症状表现，也是临床上一种最常见的病理状态，主要表现是可视黏膜和皮肤苍白，以及各器官由于组织缺氧而产生的各种症状。按其发生原因可分为失血性贫血、溶血性贫血、营养性贫血、再生障碍性贫血。

1．贫血的症状

（1）急性失血性贫血。病畜虚弱，步行踉跄。严重病例出现呼吸困难、肌肉痉挛、心动疾速、瞳孔反射迟钝、尿失禁、出冷汗等症状。病畜血压及体温急剧下降，四肢厥冷，有时发生休克，迅速死亡。大出血后的一昼夜内，组织间液渗入血管，以弥补血容量的不足，致使血液稀薄，红细胞数、血红蛋白量及红细胞压积值平行地减少，红细胞形态无明显改变，呈正细胞正色素型贫血。

（2）慢性失血性贫血。病况发展缓慢，病畜日益瘦弱，可视黏膜苍白。严重病例心音低沉而微弱，往往可以听到贫血性杂音（呈柔和而类似吹风音）。血管渗透性增强，引起腹下及下颌水肿和体腔积液。

（3）溶血性贫血。起病快速或缓慢，可视黏膜和皮肤呈现黄染以及全身贫血现象，往往排血红蛋白尿，体温正常或升高。

（4）营养性贫血。病势发展缓慢，临床症状初期不明显，到一定程度，可视黏膜淡染苍白，体温正常或略低，脉细数。

（5）再生障碍性贫血。除继发于急性放射病外，一般起病较缓，可视黏膜苍白逐渐明显，全身症状越来越重，而且伴有出血综合征，常继发感染，预后不良。

2. 贫血的诊断要点

（1）若发病突然，可视黏膜苍白，伴有休克，则怀疑为急性失血性贫血。

（2）若发病快，可视黏膜苍白，黄染明显或不明显，排血红蛋白尿，则应怀疑为急性血管内溶血性贫血。

（3）若病程较长，可视黏膜黄染并苍白，但不排血红蛋白尿，则应考虑慢性（血管外）溶血和慢性失血性（内出血）贫血。

（4）若发病缓慢、病程长，可视黏膜逐渐苍白，则应考虑再生障碍性贫血、慢性失血性贫血及营养性贫血。

3. 贫血的治疗

贫血的治疗原则是除去致病因素、补给造血物质、增进骨髓造血机能、维持循环血量、防止休克。但不同类型的贫血，治疗时各有侧重。

贫血的治疗方法如下所述。

（1）溶血性贫血的治疗要点是消除感染、排除毒物和输血换血。溶血性贫血常因血红蛋白阻塞肾小管而引起少尿、无尿，甚至肾功能衰竭，应及早输液并使用利尿剂。对新生畜溶血病，可行输血疗法。输血时力求一次输足，不要反复输注。

（2）急性失血性贫血的治疗要点是止血和解除循环衰竭。外出血时，可用外科方法止血，如结扎止血或敷以止血药。内出血时，可选用 5% 安络血注射液，马、牛 5 ~ 20 mL，猪、羊 2 ~ 4 mL，肌肉注射，一日 2 ~ 3 次；止血敏，马、牛 10 ~ 20 mL，肌肉注射或静脉注射。为解除循环衰竭，应立即静脉注射 5% 葡萄糖生理盐水 1 000 ~ 3 000 mL，其中可加入 0.1% 肾上腺素液 3 ~ 5 mL。条件许可时，最好迅速输给全血或血浆 2 000 ~ 3 000 mL，隔 1 ~ 2 天再输注一次。脱离危险期后，应给予富含蛋白质、维生素及矿物质的饲料并加喂少量的铁剂，以促进病畜康复。

慢性失血性贫血应及早发现和根治原发病。止血方法可参考急性失血性贫血。此外，要注意加强饲养管理，补充造血物质，如足够的蛋白质、维生素和含铁的饲料。

（3）再生障碍性贫血的治疗要点是消除发病因素、刺激骨髓造血功能、补充血液量。睾酮类药物具有刺激骨髓细胞再生的作用，是目前比较有效的药物。可选用丙酸睾丸酮，马、牛 0.1 ~ 0.3 g，猪、羊 0.1 g，肌肉注射，每 2 ~ 3 天注射一次。此类贫血的原发病常难根治，反复输血维持生命又失去经济价值，故一旦确诊，建议及早淘汰。

（4）营养性贫血的治疗要点是补给所缺乏的造血物质，并促进其吸收和利用。对于缺钴性贫血的病畜，可补充维生素 B_{12} 或直接补钴。对于缺铁性贫血的病畜，常用 0.1% ~ 0.2% 硫酸亚铁水溶液内服，马、牛 2 ~ 10 g，猪、羊 0.5 ~ 2 g。

（5）中药治疗：营养性贫血、缺铁性贫血用八珍汤加减，水煎灌服。

第四节　泌尿、神经系统疾病

一、肾炎

肾炎是指肾小球、肾小管或肾间质组织发生炎症的病理过程。其主要特征是水肿、肾区敏感和疼痛、尿量减少、尿液的理化性质改变。

1. 肾炎的病因

（1）肾炎多继发或并发于传染病（流感、链球菌病及口蹄疫等），或由变态反应所致。

（2）胃肠道炎症、肝炎及烧伤等病所产生的毒素、代谢产物或组织分解产物等导致的内源性中毒，或摄食有毒植物、饲料等有毒物质的外源性中毒，或具有强烈刺激性的药物、化学物质等经肾排出时产生强烈刺激，均可导致肾炎。

（3）肾炎可由邻近器官的炎症（肾盂肾炎、膀胱炎、子宫内膜炎及阴道炎等）的转移蔓延而引起。机体遭受风、寒及湿的作用，营养不良以及过劳等，均为肾炎发病的诱因。慢性肾炎除上述因素外，常由急性肾炎治疗不及时转化而来。间质性肾炎也可由慢性肾炎发展而来。

2. 肾炎的症状

（1）急性肾炎。病畜精神沉郁，体温升高，食欲减退。由于肾区敏感、疼痛，病畜不愿活动。站立时，背腰拱起，强迫行走时背腰僵硬，运步困难，小步前进。尿频，尿少，甚至无尿。尿色浓暗，比重增高。当尿中含有大量红细胞时，尿呈粉红色，甚至深红色或褐红色（血尿）。尿中蛋白质含量增高（3% 或更多）。尿沉渣中见有透明、颗粒及红细胞管型。此外，尚见有上皮管型及散在的红细胞、肾上皮细胞、白细胞及病原细菌等。严重病例见有眼睑、胸腹下及阴囊部位发生水肿。重症病畜呈现尿毒症症状。

（2）慢性肾炎。病畜病情发展缓慢，且症状多不明显。病初病畜逐渐消瘦，全身衰弱，疲乏无力，食欲不定。继则消化不良或严重的胃肠炎。病至后期，于眼睑、胸腹下或四肢末端出现水肿，重者可发生体腔积水或肺水肿。病畜尿量不定，比重增高，蛋白质含量增加，尿沉渣中见有多量肾上皮细胞和各种管型。

（3）间质性肾炎。病畜主要表现为尿量增多（初期）或减少（后期）。尿沉渣中见有少量蛋白质、红细胞、白细胞及肾上皮。病畜血压升高，随病程的持续出现心脏衰弱，皮下水肿。直肠内触诊肾脏，体积变小，坚硬，无痛感。

3. 肾炎的诊断要点

根据肾区敏感、少尿或无尿、疼痛、血压升高、水肿、尿毒症等，特别是化验尿液的变化，如血尿、蛋白尿及管型尿，尿沉渣中混有肾上皮细胞等进行诊断。

4. 肾炎的治疗

肾炎的治疗原则主要是消除病因、加强护理、消炎利尿、抑制免疫反应及对症疗法。

肾炎的治疗方法如下所述。

（1）消除病因、加强护理。首先应改善饲养管理条件，将病畜置于温暖干燥、阳光充足且通风良好的畜舍内，并给予充分休息，防止继续受寒、感冒。在饲养方面，病初可施行 1 ~ 2 天的饥饿或半饥饿疗法，以后应酌情给予有营养、易消化且无刺激性的糖类饲料。为缓解水肿和肾脏的负担，对饮水和食盐的给予量应适当地加以限制。

（2）消炎利尿。消除感染可选用抗生素、磺胺类及喹诺酮类药物进行治疗。抗生素宜选用青霉素，马、牛 100 万 ~ 200 万单位，猪、羊 20 万 ~ 40 万单位，肌肉注射，每隔 6 ~ 8 小时注射一次。链霉素，马、牛 2 ~ 3 g，猪、羊 0.5 ~ 1 g，肌肉注射，每日两次。利尿素，马、牛 5 ~ 10 g，羊、猪 0.5 ~ 2 g，内服。25% 氨茶碱注射液，马、牛 4 ~ 8 mL，羊、猪 0.5 ~ 1 mL，静脉注射。尿路消毒可内服乌洛托品，马、牛 15 ~ 30 g，羊、猪 5 ~ 10 g；或 40% 乌洛托品注射液 10 ~ 50 mL，静脉注射。

（3）抑制免疫反应（免疫抑制疗法）。应用某些免疫抑制药治疗肾炎，可选用激素类或抗恶性肿瘤类药物。例如，醋酸泼尼松，马、牛 50 ~ 150 mg，猪、羊 10 ~ 50 mg，每日两次，内服；连续服用 3 ~ 5 天后，应减量 1/10 ~ 1/5。

（4）对症疗法。当心脏衰弱时可应用强心剂，如安钠咖、樟脑或洋地黄制剂。当出现尿毒症时，可应用 5% 碳酸氢钠注射液，200 ~ 500 mL；或应用 11.2% 乳酸钠溶液，溶于 5% 葡萄糖溶液 500 ~ 1 000 mL 中，静脉注射。

（5）中药治疗。急性肾炎用八正散加减治疗。

二、尿石症

尿石症又称为尿结石，是指尿路中盐类结晶凝结成大小不一、数量不等的凝聚物，刺激尿路黏膜而引起的出血性炎症和尿路阻塞性疾病。根据尿石形成和存在部位的不同，尿石症可分为肾结石、输尿管结石、膀胱结石及尿道结石等。本病可发生于各种家畜，主要发生于牛，特别是去势后的肉用公牛，水牛亦有发生，且多呈地区性发病。

1. 尿石症的病因

目前普遍认为尿石的形成是由多种因素综合所致，但主要与饲料及饮水的数量和质量、机体矿物质代谢状态以及泌尿器官，特别是肾脏的机能活动有密切关系。肾脏及尿路发生感染性疾患时，尿中细菌和炎性产物积聚，可成为盐类晶体沉淀的核心。特别是发生肾脏的炎症时，破坏尿液晶体和胶体的正常溶解与平衡状态，导致盐类晶体易于沉淀而形成结石。甲状旁腺机能亢进，特别是甲状旁腺激素分泌过多时，亦可促进尿石形成。促进尿石形成的因素主要是饲料与饮水的质量不良：长期饲喂家畜以大量的马铃薯、甜菜、萝卜等块根类饲料，或含硅酸盐较多的酒糟，或是喂饲单纯富磷的麸皮、谷类等精饲料，以及长期给予钙盐丰富的饮水，长期饮水不足使尿液浓缩，均能引起尿中盐类浓度增高，促进尿石的形成。饲料中维生素 A、胡萝卜素不足或缺乏等，导致盐类形成的调节机能障碍而促进发病。此外，近年来曾发现有应用磺胺类药物治疗病畜而出现结石的病例。

2. 尿石症的症状

尿石症的主要症状是排尿障碍、肾性腹痛和血尿。

（1）肾盂结石。病畜多呈肾盂炎症状，并有血尿，阻塞严重时有肾盂积水。病畜肾区疼痛，运步强拘，步态紧张。

（2）输尿管结石。病畜表现腹痛剧烈，疼痛不安。直肠内触诊可触摸到阻塞部的近肾端的输尿管显著紧张且膨胀，而远端呈正常柔软的感觉。

（3）膀胱结石。大多数病畜表现有频尿或血尿，可呈现明显的疼痛和排尿障碍。病畜频频呈现排尿动作，排尿时呻吟，腹壁抽缩。

（4）尿道结石。公马尿道结石多发生于尿道的骨盆中部，公牛则多发生于乙状曲或会阴部。当尿道不完全阻塞时，病畜排尿痛苦且排尿时间延长，尿液呈断续或点滴状流出，有时有血尿。当尿道完全阻塞时，则呈现尿闭或肾性腹痛现象。尿道探诊时，可触及尿石所在部位，尿道外部触、探诊时有疼痛感。直肠内触诊时，膀胱体积增大。长期的尿闭可引起尿毒症或发生膀胱破裂。

3. 尿石症的诊断要点

根据临床症状（排尿障碍、肾性腹痛）、尿液变化（尿中混有血液及微细沙砾样物质）、尿道触诊（压迫时疼痛不安）、尿道探诊及直肠检查进行综合诊断。

4. 尿石症的治疗

尿石症的治疗原则是消除结石、控制感染、对症治疗。

尿石症的治疗方法如下所述。

（1）当怀疑为尿石症时，应立即给予病畜流体饲料和大量饮水，利用水冲洗法去除粉末状或沙粒状结石。

（2）使用尿道肌松弛剂，如2.5%氯丙嗪溶液肌肉注射，牛、马10～20 mL，猪、羊2～4 mL。

（3）手术治疗：对体积较大的膀胱结石，特别是伴发尿路阻塞或并发尿路感染时，需施行尿道切开手术或膀胱切开手术以取出结石。必要时，可施行尿道改向手术。为了防止尿道阻塞引起膀胱破裂，可施行膀胱穿刺排尿。对膀胱破裂的病畜可实施膀胱修补手术。

（4）中药治疗：用肾石通颗粒温水冲服。

第五节 中毒性疾病

一、中毒性疾病概述

（一）中毒性疾病的概念

某种物质进入机体后，引起机体机能性或器质性病理变化，甚至导致其死亡，这种危害生命的病理过程称为中毒，由毒物引起的疾病称为中毒性疾病。

（二）中毒性疾病的种类

1. 按临床分类

按临床分类，中毒性疾病分为有毒植物中毒、饲料源性中毒、霉菌毒素中毒、矿物类及微量元素中毒、农药中毒、鼠药中毒及其他中毒。

2. 按病程分类

按病程分类，中毒性疾病分为急性中毒、亚急性中毒和慢性中毒。

（1）急性中毒：常见于短时间内（几秒或24小时内）接触或摄入较大剂量的毒物。

（2）亚急性中毒：几天或几个月内多次接触毒物而造成的中毒。

（3）慢性中毒：几个月或更长时间接触毒物而造成的中毒。

（三）中毒性疾病的病因

（1）自然因素：有毒矿物、有毒植物和有毒昆虫可引起动物中毒性疾病。

（2）人为因素：来源于工业污染、农药、房舍和农场使用的其他物质的毒物可引起中毒性疾病；不适当地使用药物或饲料添加剂以及劣质饲料和饮水、人为投毒等可引起中毒性疾病。

（四）中毒性疾病的诊断

动物中毒性疾病的快速、准确诊断是研究畜禽中毒性疾病的重要内容。

1. 病史调查

详细询问相关人员病畜的发病时间、地点、数量、死亡数、病程经过及症状；发病后是否进行过抢救，使用何种方法，效果如何；饲料的来源、种类、调制方法和更换情况；最近是否用过消毒液；是否进行过防疫；是否进行过驱虫等。

2. 现场调查

深入现场，查清疾病发生与周围环境事物的有关情况，如养殖场周围环境、水源及饲料等是否受到污染，空气中是否有特殊的气味等。

3. 临床症状

由于有毒物质种类繁多、毒理不一，即使同一种毒物在不同的条件下对机体的损害程度也不能完全一样。因此，各种中毒的临床表现也是复杂多样的。一般中毒的临床表现多为突然发病、呕吐、腹痛、腹泻及臌气，采食及反刍异常；有的表现神经症状，如异常兴奋或抑制、痉挛及麻痹，心律不齐，呼吸困难，黏膜发绀，甚至窒息，昏迷。

4. 病理变化

尸体剖检常能为中毒的诊断提供有价值的线索。剖检时要注意呕吐物和胃肠内容物，并注意胃肠黏膜的病理变化，实质器官（肝、肾等）的颜色、形态及结构的变化等。

5. 实验室检查

动物试验不仅可以缩小毒物范围，而且具有毒理学研究的价值。实验室检查方法简便、迅速、可靠，对中毒性疾病的治疗和预防具有现实的指导意义。

6. 治疗性诊断

中毒性疾病的治疗性诊断是指根据临床经验和可疑毒物的特性进行试验性治疗，通过治疗效果进行诊断和验证诊断。

（五）中毒性疾病的治疗

中毒性疾病的治疗原则一般包括脱离毒源、排出毒物、应用解毒剂、对症疗法、加强护理等。

中毒性疾病的治疗方法如下所述。

（1）脱离毒源、排出毒物：立即严格控制可疑的毒源，迅速使病畜脱离有毒的环境，同时采用催吐、洗胃、泻下、灌肠及利尿等方法清除病畜肠道和尿道的毒物。

（2）应用解毒剂：针对具体病例，根据毒物的结构、理化特性、毒理机制和病理变化，尽早施用解毒剂。

（3）支持和对症疗法：加强护理；针对中毒症状实施强心、镇静及补充体液等措施；同时注意保温防寒，给予病畜营养丰富的饲料、清洁的饮水，以及定时翻身等，有利于病畜早日康复。

二、亚硝酸盐中毒

亚硝酸盐中毒是动物采食或饮入了过量的含有亚硝酸盐的饲料，引起高铁血红蛋白血症，临床上表现为发病突然、皮肤和黏膜发绀、呼吸困难、神经紊乱和其他缺氧症状，病程短促。本病可发生于各种家畜，以猪多见。

1. 亚硝酸盐中毒的病因

动物采食了富含硝酸盐或亚硝酸盐的饲料，如甜菜叶、牛皮菜、萝卜叶、白菜及灰菜等，或因误饮硝酸盐或亚硝酸盐含量过多的田水或坑水而引起中毒。

2. 亚硝酸盐中毒的症状

猪食入亚硝酸盐后，15 分钟至数小时后发病。最急性病例仅稍现不安，站立不稳，突然倒地，即所谓的“饱潲病”。急性病例症状典型，呈现呼吸困难，全身发绀，呈犬坐姿势，流涎、呕吐，四肢厥冷，体温下降，肌肉发抖，步态不稳，倒地后四肢痉挛，很快死亡。牛、羊大量食入菜类饲料后 1 ~ 5 小时发病，有流涎、呕吐、疝痛及腹泻等症状。

3. 亚硝酸盐中毒的机理

（1）亚硝酸盐可与血液中的亚铁血红蛋白结合形成高铁血红蛋白，使其失去带氧能力，造成组织缺氧。

（2）亚硝酸盐可直接刺激胃肠引起呕吐和胃肠炎。

（3）亚硝酸盐可抑制血管收缩神经功能，使血管扩张、血压下降、外周循环衰竭。

（4）亚硝酸盐和体内的胺形成亚硝胺，可引起组织细胞癌变。

（5）亚硝酸盐可破坏体内的维生素 A、维生素 E，引起慢性中毒时流产。

4. 亚硝酸盐中毒的诊断要点

（1）有食入硝酸盐或亚硝酸盐的病史。

（2）发病急，呼吸困难，黏膜发绀，死亡快。

（3）实验室检验亚硝酸盐呈阳性。

5. 亚硝酸盐中毒的治疗

亚硝酸盐中毒的治疗原则为解毒、强心、兴奋呼吸中枢。

亚硝酸盐中毒的治疗方法如下所述。

（1）特效解毒药：美蓝（亚甲蓝），每千克体重猪 1 ~ 2 mg，牛、羊 4 mg，配成 1% 溶液，静脉注射。也可用甲苯胺蓝每千克体重 5 mg，配成 5% 溶液，静脉注射。

（2）强心升压：0.1% 肾上腺素，猪、羊 0.2 ~ 1 mL，牛 2 ~ 5 mL，皮下或肌肉注射；10% 安钠咖，猪、羊 3 ~ 5 mL，牛 10 ~ 20 mL，肌肉或静脉注射。

（3）兴奋呼吸中枢：当呼吸抑制时，可用尼可刹米注射液（0.25 g/mL），猪、羊 1 ~ 4 mL，牛 10 ~ 20 mL，肌肉或静脉注射。

二、食盐中毒

食盐中毒是在动物饮水不足的情况下，过量摄入食盐或含食盐的饲料而引起的，以消化机能紊乱和神经症状为特征的中毒性疾病。食盐是日粮中必需的营养物质，但食入量过大会引起中毒。临床上食盐中毒以胃肠炎、脑水肿及神经症状为特征。本病可发生于各种动物，其中以猪、鸡最常见，其次是牛、羊、马和犬。

1. 食盐中毒的病因

（1）由于计算失误、搅拌不均等，饲料中加入了过多食盐。

（2）长期缺盐，出现盐饥饿时突然加盐又不加限制。

（3）水、维生素 E 及含硫氨基酸的缺乏是重要的诱发因素。

2. 食盐中毒的症状

（1）口渴贪饮。病畜喝水多，尿少而黄。猪兴奋不安，冲撞，后期沉郁，视力下降，无目的地徘徊、转圈，癫痫样发作，鼻盘扭曲、肌肉痉挛、口吐白沫及犬坐姿势，张口喘。鸡往往蹲在水槽边拼命喝水，使嗉囊胀大。鸡挣扎、鸣叫，在群中乱窜，蹦高死亡。牛、羊则呈现麻痹，四肢无力，步态不稳。

（2）出血性胃肠炎。牛、羊最明显，表现为食欲废绝，反刍停止，腹痛、拉稀，便中带有黏液。鸡排水样粪便。

（3）全身症状。病畜体温正常或偏低，心跳、呼吸加快，可视黏膜潮红。鸡冠呈蓝紫色。发病后期往往有水肿症状。

3. 食盐中毒的诊断要点

（1）有采食过多食盐的病史。

（2）有胃肠炎、口渴、神经症状。

（3）剖检见脑及脑膜充血、出血及水肿，肺水肿，胃肠黏膜充血、出血，心包积液。

（4）饲料检验时含盐量过高。

4. 食盐中毒的治疗

食盐中毒的治疗原则是促进食盐的排出，制止渗出，减轻颅内压，对症治疗。

食盐中毒的治疗方法如下所述。

（1）停料并视具体情况大量供水或限水。发病初期应大量供水，后期有水肿时要定量供水。促进氯化钠的排出：溴化钾注射液（0.1 g/mL），马、牛 50～100 mL，猪、羊 10～20 mL；25% 葡萄糖，马、牛 500～1 000 mL，猪、羊 100～200 mL，静脉注射，也可口服溴化钾。速尿，每千克体重 3 mg，2 次 / 天，内服。

（2）制止渗出，减轻颅内压。10% 葡萄糖酸钙，马、牛 100～150 mL，猪、羊 10～30 mL，静脉注射。也可用 20% 甘露醇，马、牛 500～1 000 mL，猪、羊 100～200 mL，静脉注射。

（3）对症治疗。兴奋时要用镇静剂，有胃肠炎时用抗菌素肌肉注射或内服，防继发感染。也可内服淀粉糊、蛋清等粘浆剂，保护胃肠黏膜。

四、氢氰酸中毒

氢氰酸中毒是动物采食富含氰苷的青饲料，经胃内酶和盐酸的作用水解，产生游离的氢氰酸而发生的中毒病，临床主要特征是呼吸困难、震颤、惊厥和可视黏膜呈鲜红色等组织缺氧症状。

1. 氢氰酸中毒的病因

氢氰酸中毒主要由采食或误食了富含氰苷或可产生氰苷的饲料所致，如木薯、高粱、玉米苗、亚麻子、豆类和蔷薇科植物等。

2. 氢氰酸中毒的症状

（1）呼吸变化：呼吸加快，可视黏膜鲜红，呼出有杏仁味的气体。

（2）神经症状：后肢麻痹，肌肉痉挛，全身衰弱无力。

（3）消化障碍：流出白色泡沫状唾液，马有右腹痛症状，牛、羊伴有胃肠臌气。

（4）全身症状：体温下降，脉细数无力，瞳孔散大，反射减弱或消失。

3. 氢氰酸中毒的诊断要点

（1）严重的呼吸困难和可视黏膜呈鲜红色。

（2）有采食含氰苷配糖体植物的病史。

（3）剖检血液是鲜红色，胃肠内容物有苦杏仁味。

4. 氢氰酸中毒的治疗

氢氰酸中毒的治疗原则是解毒、强心和兴奋呼吸中枢。

氢氰酸中毒的治疗方法如下所述。

（1）特效疗法。可用亚甲蓝每千克体重 2.5～10 mg，制成 2% 的溶液，静脉注射；或 1% 亚硝酸钠，马、牛 200～300 mL，猪、羊 20～30 mL，静脉注射。随后用 10% 硫代硫酸钠，马、牛 100～150 mL，猪、羊 10～30 mL，静脉注射。

（2）强心和兴奋呼吸中枢。回苏灵，牛、马 40～80 mg，猪、羊 8～16 mg，配入适量的糖盐水，静脉注射。10% 安钠咖，马、牛 10～20 mL，猪、羊 3～5 mL，肌肉或静脉注射。

五、砷化物中毒

砷化物中毒是指有机和无机砷化合物进入机体后释放砷离子，通过对局部组织的刺激及抑制酶系统，可与多种酶蛋白的巯基结合使酶失去活性，影响细胞的氧化和呼吸及正常代谢，从而引起以消化功能紊乱及实质性脏器和神经系统损害为特征的中毒性疾病。

1. 砷化物中毒的病因

本病主要是由动物采食被无机砷或有机砷农药处理过的种子、喷洒过的农作物及污染的饲料，误食毒鼠的含砷毒饵，或饮用被砷化物污染的水而引起的急性中毒。某些金属矿中含有大量的砷，生产含砷农药、医药与化学制剂的工厂等排放的"三废"污染当地水源、农作物和牧草，常常引起附近放牧的动物中毒。

2. 砷化物中毒的症状

（1）急性中毒。病畜多在采食后数小时发病，表现剧烈的腹痛不安，呕吐，腹泻，粪便中混有黏液和血液。病畜呻吟，肌肉震颤，流涎，口渴喜饮，体温正常或低于正常温度，站立不稳，呼吸迫促，甚至后肢瘫痪，卧地不起，脉搏快而弱，可在1～2天内因全身抽搐和心力衰竭而死亡。

（2）亚急性中毒。病畜可存活2～7天，症状仍以胃肠炎为主，表现腹痛，口渴喜饮，厌食，腹泻，粪便带血或有黏膜碎片。初期尿多，后期无尿，脱水，反刍动物出现血尿或血红蛋白尿。体温偏低，心率加快，脉搏细弱，四肢末梢冰凉，后肢偏瘫。后期出现肌肉震颤、抽搐等神经症状，最后因昏迷而死亡。

（3）慢性中毒。病畜表现食欲、反刍减退，生长发育停止，渐进性消瘦，被毛粗乱、干燥无光泽及容易脱落，可视黏膜潮红，结膜与眼睑浮肿，鼻唇及口腔黏膜红肿并有溃疡，长期不愈。

猪、羊慢性有机砷中毒时，临床仅表现神经症状，如运动失调、视力减退、头部肌肉痉挛及偏瘫等。

家禽慢性中毒时，羽毛蓬乱、竖立，食欲减退，腹泻，血便，双翅下垂，颈肌颤动，站立不稳，运动失调，后期虚弱，冠黑紫，肢冠发凉，偏瘫，体温下降，最后在昏迷中死亡。

牛、羊慢性中毒时，剑状软骨部有疼痛感，偶见有化脓性蜂窝织炎。乳牛产乳量显著减少，孕畜流产或死胎。病畜交替发生腹泻和便秘，甚至排血样粪便。大多数病畜伴有神经麻痹症状。

3. 砷化物中毒的诊断要点

根据砷接触史，结合消化功能紊乱、胃肠炎及神经功能障碍等症状可做出初步诊断。采集可疑饲料、饮水、乳汁、尿液、被毛，以及肝、肾、胃肠及其内容物，进行毒物分析，可提供诊断依据。

4. 砷化物中毒的治疗

砷化物中毒的治疗原则是解毒和对症治疗。

砷化物中毒的治疗方法如下所述。

（1）急救处理。通过洗胃和导胃排出毒物，减少吸收，然后内服解毒液，或其他吸附剂与收敛剂。内服解毒液组成为：硫酸亚铁 100 g，加常水 250 mL 和氧化镁 15 g，加常水 250 mL，临用时混合振荡成粥状后口服，剂量为猪 30 ~ 60 mL，马、牛 250 ~ 1 000 mL，每隔 4 小时重复给药一次。其他吸附剂与收敛剂可选用牛奶、鸡蛋清、豆浆或木炭末等。

（2）特效解毒。特效解毒常用的药物为巯基型络合剂（二巯基丙醇等）和硫代硫酸钠。

（3）对症治疗。对症治疗主要包括强心补液、缓解呼吸困难、镇静、利尿和调整胃肠机能。

①镇静、止痛、止痉：当病畜腹痛不安时，注射 30% 安乃近注射液或口服水合氯醛，对肌肉强直性痉挛、震颤的病畜可使用 10% 葡萄糖酸钙溶液静脉注射；当病畜出现麻痹时，注射维生素 B_1，马 100 mg，猪 5 ~ 15 mg，犊牛 10 mg。

②纠正脱水和电解质紊乱：静脉注射生理盐水及 10% ~ 25% 葡萄糖溶液，配合维生素 C；禁用含钾制剂，因其可形成亚砷酸钾而被迅速吸收后，反而加重病情。

六、有机磷农药中毒

有机磷农药中毒是家畜接触、吸入或采食某种有机磷制剂所引起的病理过程，以体内的胆碱酯酶活性受到抑制，导致神经机能障碍为特征。

1. 有机磷农药中毒的病因

（1）饮水被农药污染，如在池塘、水渠等饮水处配制农药、洗涤喷药用具和工作服，饮用撒过农药的田水等。

（2）误食拌过农药的种子，采食、误食或偷食施过农药不久的农作物、牧草及蔬菜等，尤其是用药过后而未被雨水冲刷过的更危险。

（3）错误的农药保管方法，如用同一库房储存农药和饲料，或在饲料间内配制农药和拌种。

（4）农药应用不当，如防治寄生虫时用药浓度过高、涂布面积过大等。

2. 有机磷农药中毒的症状

（1）消化障碍：流涎吐沫，腹痛不安，粪稀如水，肠音高朗，连绵不断，便中带血。

（2）呼吸变化：高度呼吸困难，张口喘气，肺部听诊有湿性啰音。

（3）神经症状：先兴奋后抑制，全身肌肉痉挛，站立不稳，角弓反张，倒地后四肢呈游泳状划动，迅速死亡。

（4）全身症状：体温正常或偏低，全身出汗，口、鼻、四肢末端发凉，瞳孔缩小，眼球震颤，可视黏膜发绀，脉细弱无力。

3. 有机磷农药中毒的诊断要点

（1）有典型的临床症状，如瞳孔缩小、痉挛、出汗及口吐白沫等。

（2）有接触有机磷农药的病史。

（3）用溴麝香草酚蓝（BTB）试纸进行测定，胆碱酯酶活性在 60% 以下。

4. 有机磷农药中毒的治疗

有机磷农药中毒的治疗原则是解毒、对症治疗。

有机磷农药中毒的治疗方法如下所述。

（1）胆碱酯酶复活剂。解磷定（氯磷定），每千克体重 15～30 mg，配成 2.5% 水溶液，缓慢静脉注射，2～3 小时后减半量重复注射一次。也可用双复磷，每千克体重 10～15 mg，用法同上。其特点是作用快，易透过血脑屏障，迅速缓解神经症状。

（2）乙酰胆碱对抗剂。硫酸阿托品，牛每千克体重 0.25 mg，其他动物每千克体重 0.5～1 mg，肌肉注射，1 次 /2 小时，一直达到轻度骚动不安，瞳孔散大，心跳加快为止。

（3）防止毒物继续吸收，停用可疑饲料和饮水，经皮肤吸收的要清洗皮肤，清洗液可选用清水、生理盐水、3% 碳酸氢钠水、肥皂水或 0.1% 高锰酸钾水等。但要注意，敌百虫中毒不能用碱液（肥皂水、碳酸氢钠水）清洗，因其在碱性环境下可形成毒性更强的敌敌畏。中毒药物不明时，最好用清水冲洗，经消化道吸收的要洗胃，洗胃液同上。

（4）对症治疗。有胃肠炎时应抗菌消炎，保护胃肠黏膜。肺水肿时，应用高渗剂静脉注射，减轻肺水肿，并同时应用兴奋呼吸中枢的药物，如樟脑等。兴奋不安时，用氯丙嗪等镇静剂。

七、敌鼠钠中毒

敌鼠钠为黄色无味结晶，微溶于水，易溶于乙醇、丙酮等有机溶剂，没有腐蚀性，为慢性杀鼠剂。敌鼠钠常混于玉米面和少量食糖中制成 0.05% 的毒饵。本病常见于猪、犬、猫和禽，以全身出血为特征。

1. 敌鼠钠中毒的病因

敌鼠钠中毒多是由毒饵保管或使用不当被动物误食，或猫、犬等吃入因敌鼠钠中毒死亡的老鼠而导致的。

2. 敌鼠钠中毒的症状

敌鼠钠中毒为慢性经过，一般在采食后 2～3 天发病。病畜腹泻，便中带有血液和黏液，呕吐，精神沉郁，食欲减退，可视黏膜苍白，有出血点或出血斑，有时排血尿，皮肤有紫斑，呼吸急促，黏膜发绀，四肢末端发凉，后期口鼻出血，极度呼吸困难，卧地挣扎，最终因窒息而死亡。

3. 敌鼠钠中毒的诊断要点

（1）有接触过敌鼠钠的可能性。

（2）经检验饲料残渣及呕吐物中含有敌鼠钠。

（3）有以出血为主的症状和病变。

4. 敌鼠钠中毒的治疗

敌鼠钠中毒的治疗原则是解毒、制止渗出、对症治疗。

（1）排除毒物。用 0.1% 高锰酸钾洗胃后，再灌服 8% 硫酸钠。补充维生素 K_3，猫每千克体重 2 ~ 10 mg，鸡每千克体重 0.5 ~ 2 mg，猪每千克体重 20 ~ 40 mg，犬每千克体重 10 ~ 30 mg，肌肉注射，2 次 / 天。

（2）制止渗出。25% 葡萄糖注射液，猪 300 ~ 500 mL，犬 100 ~ 200 mL，猫 50 ~ 100 mL，静脉注射；5% 维生素 C，猪 5 ~ 8 mL，犬、猫 2 ~ 4 mL，静脉注射。

（3）对症治疗。抗菌消炎，保护胃肠黏膜，调整胃肠机能。必要时，可用氢化可的松，犬每千克体重 5 ~ 20 mg，猫每千克体重 2 ~ 4 mg，猪每千克体重 20 ~ 80 mg，肌肉或静脉注射，以提高机体的解毒能力。

八、霉玉米中毒

霉玉米中毒是饲喂发霉玉米引起的以神经症状为特征的中毒性疾病。

1. 霉玉米中毒的病因

霉玉米中毒是由人工饲喂或动物偷食发霉的玉米而引起的中毒性疾病。其主要的致病毒素是串珠镰刀霉菌及其产生的毒素，能引起脑白质软化，导致严重的神经症状。

2. 霉玉米中毒的症状

本病以神经症状为主，根据神经症状的不同，可分为 3 个类型，即兴奋型（狂暴型）、沉郁型和混合型。

（1）兴奋型：病畜精神高度兴奋，视力减弱或失明，常以头部猛撞饲槽或其他障碍物；挣扎脱缰，盲目游走，步态踉跄、向前猛冲或一直后退，直到抵于障碍物上。

（2）沉郁型：病畜精神高度沉郁，饮、食欲减退或废绝，头低耳耷，双目无神；唇、舌麻痹，松弛下垂，流涎，吞咽障碍，咀嚼困难，低头呆立，将头支于饲槽上。

（3）混合型：病畜兴奋和沉郁交替出现。

3. 霉玉米中毒的诊断要点

（1）有采食发霉玉米的病史，而且在同一饲养条件下发病数量多。

（2）有典型的临床症状，精神兴奋、沉郁或交替出现。

（3）病变以脑白质软化、切面有坏死灶为特征。

（4）注意与马脑脊髓炎的区别。马脑脊髓炎多发于蚊虫活跃季节，病畜体温升高，有时黄疸，无饲喂霉玉米的病史。

4. 霉玉米中毒的治疗

霉玉米中毒的治疗原则是排除毒素和对症治疗。

霉玉米中毒的治疗方法如下所述。

（1）停喂霉玉米，改喂优质饲料，单独隔离饲养，保持安静，减轻不良刺激。

（2）促进毒物排出，减少吸收。用 0.1% 高锰酸钾水或 1% 碳酸氢钠水反复洗胃；后内服 8% 硫酸钠，马、牛 4 000 ~ 6 000 mL，以排出有毒物质。

（3）补液强心。10% 氯化钠，马、牛 100 ~ 150 mL，40% 乌洛托品 50 ~ 100 mL，20% 葡萄糖 1 000 ~ 2 000 mL，10% 安钠咖 10 ~ 20 mL，静脉注射。

（4）兴奋与镇静。兴奋不安时，用 10% 安溴注射液，大家畜用 100 mL，静脉注射；沉郁时用尼可刹米兴奋呼吸中枢。

第六节　营养代谢性疾病

一、营养代谢性疾病概述

（一）营养代谢性疾病的概念

营养代谢性疾病是营养性疾病和代谢性疾病的总称。营养性疾病是指动物所需要的某类营养物质缺乏、不足或过多（包括相对和绝对）所引起的疾病；代谢性疾病是指机体内的一个或多个代谢过程异常，导致机体内环境紊乱而引起的疾病。

（二）营养代谢性疾病的病因

（1）营养物质摄入不足、配方不合理，日粮中营养物质不全、量不足或比例不当。

（2）营养物质消化吸收障碍，胃肠道、肝及胰等疾病影响消化吸收和代谢。

（3）饲料、饲养方式及环境的突然改变；参与代谢的酶缺乏及内分泌机能异常。

（4）饲料添加剂的使用不当，互相拮抗。

（三）营养代谢性疾病的临床特点

（1）发病缓慢，病程较长，早期诊断困难，一般需数周或数月；多数病例缺乏特征性症状；发病率高，多呈群发性和地方性。

（2）不会相互接触传染，无传染病的明显特征，治疗时间长。

（3）畜禽营养不良，常同时缺乏多种营养物质，生产性能下降，免疫力降低。

（四）营养代谢性疾病的诊断

（1）详细的病因、病程调查：调查疾病的发生情况、病死率，饲养管理方式，饲料的种类、质量，环境有无污染等。

（2）临床症状和剖检变化：系统搜集临床症状和检查病理变化，进行综合分析。

（3）饲粮的营养分析：是营养缺乏症诊断的直接证据。

（4）实验室诊断：进行有针对性的实验室检验，测定结果作为早期诊断和确定诊断的依据。

（5）治疗性诊断：观察所用方法对疾病的治疗和预防作用，作为主要诊断手段和依据。

（五）营养代谢性疾病的防治原则

（1）加强饲养管理，保障全价饲料。

（2）做好营养代谢性疾病各项营养、代谢指标的监测。

（3）预防为主，综合防治。

（4）防治疾病，对影响营养物质消化吸收和消耗性的疾病及时防治。

二、酮病

酮病是指奶牛养分摄入与消耗失衡，导致血糖降低，肝糖减少，生糖增加，酮体增加并在体内蓄积，呼出气、排出尿及乳有类似烂水果气味为特征的疾病，也叫牛醋酮血病。本病的特征是酮血症、酮尿症、酮乳症和低糖血症，厌食，泌乳下降，有神经症状。

1. 酮病的病因

（1）饲料中蛋白质、脂肪含量过高，而碳水化合物含量不足。此时低级脂肪酸产生过多，机体处理不了即产生酮体。

（2）干奶期过肥。牛产后食欲恢复较慢，体脂多而易于被大量动用，酮病的发病率就高。

（3）与反刍动物的消化代谢特点有关。在泌乳盛期，当糖和生糖物质缺乏时，就会使糖、脂肪及蛋白质的代谢及其相互转化紊乱而容易引起酮病。

（4）胰岛素分泌不足，引起脂肪大量分解，也可引起酮病。

（5）运动不足、前胃弛缓、肝脏疾患、维生素不足、消化不良及大量泌乳等是该病的诱因。

2. 酮病的发病机理

体内的少量酮体是机体正常代谢产生的物质，还是一种能源物质，易溶于水，能通过血脑屏障供肌肉和大脑利用。但是，生成过多过多酮体则对机体有害，100 mL 血液中酮体含量超过 100 mg 就有危险，可造成酸中毒、失钾性脱水及刺激大脑出现神经症状等。

3. 酮病的症状

（1）神经症状：病初表现兴奋不安、盲目徘徊或冲撞障碍物，对外来刺激反应敏感等神经症状；后期，精神沉郁，反应迟钝，后肢瘫痪，头颈后弯或呈昏睡状态。

（2）消化障碍：消化不良，食欲减退，喜欢吃粗料，厌精料，逐渐消瘦，呼出的气体、尿液及乳汁有烂水果味（酮味）。

4. 酮病的诊断要点

（1）多发于营养良好的高产奶牛。

（2）皮肤、呼出气、尿及乳中有酮味。

（3）乳中酮体检验呈阳性。

（4）与产后瘫痪的区别是：产后瘫痪多发于产后 1 ~ 3 天，皮肤、呼出气、尿及乳无特异性气味，尿、乳酮体检验呈阴性。

5. 酮病的治疗

酮病的治疗原则为补糖和补充生糖物质、减少酮体生成、加速酮体氧化。

酮病的治疗方法如下所述。

（1）根据病因调整日粮：增加优质干草、块根等含可溶性糖的饲料，改善消化机能。

（2）补糖：用 25% 的葡萄糖注射液 500 ~ 1 000 mL，静脉注射，2 次 / 天；胰岛素 100 ~ 200 单位，肌肉注射。

（3）补充生糖物质：用丙酸钠 100 ~ 200 g，内服，2 次 / 天，连用 7 天为一疗程；也可内服白糖、红糖等提高瘤胃内丙酸的浓度，增加生糖物质的来源。

（4）促进糖原生成：可用促肾上腺皮质激素 200 ~ 600 单位，肌肉注射。

（5）解除酸中毒：静脉注射 5% 碳酸氢钠 500 ~ 1 000 mL。

（6）加强护理：减少精料，增喂碳水化合物和维生素含量多的饲料，适当运动，应用健胃剂加强胃肠机能等。

三、骨软症与佝偻病

骨软症是成年家畜钙、磷代谢障碍而引起的骨营养不良慢性代谢病，发病于成年动物。运动机能障碍、消化不良和骨头变形是此病的特征，多见于牛、羊、马、猪。佝偻病是幼畜由于维生素 D 的缺乏或钙磷代谢障碍而引起的一种代谢病，以消化机能障碍、骨骼变形、跛行、异嗜为主要特征，多见于幼畜禽。

1. 骨软症与佝偻病的病因

饲粮中钙、磷比例的失调或不足是引起骨软症与佝偻病的主要原因；饲料中维生素

D含量的缺乏、甲状腺机能亢进或动物的日照时间不够等，引起钙、磷的吸收障碍，继而引起此病；饲料中脂肪、蛋白质及植酸盐含量过高，影响钙的吸收，从而引起此病；还有某些继发性的因素，如运动不足、妊娠等可继发此病。

2. 骨软症与佝偻病的症状

（1）顽固性消化不良，食欲不定，异嗜，常采食泥土、瓦块等杂物。粪便时稀时干，消瘦，容易出汗，易患感冒和肺炎。

（2）长骨变形，关节粗大，肋骨末端呈串珠状肿大，长骨变成“X”或“O”形。头骨粗大，额部突出，上颌骨肥大，使口腔闭合困难。牙齿松动，磨面不整，伴有咀嚼障碍。鸡胸骨变形、弯曲，常有裂痕，腿、翅骨脆，易折。

（3）病畜不愿走动，喜卧。跛行，站立时频繁换蹄，多卧少立，严重者卧地不起。鸡常卧地采食。

3. 骨软症与佝偻病的诊断要点

（1）运动机能障碍，严重的骨骼变形，长骨变成“X”或“O”形，禽胸骨弯曲。

（2）消化紊乱，饲料化验发现钙、磷不足或比例失调。

4. 骨软症与佝偻病的治疗

骨软症与佝偻病的治疗原则是补充钙、磷和维生素D，同时调整钙、磷的比例，对症治疗。

骨软症与佝偻病的治疗方法如下所述。

（1）骨软症以补磷为主。可用30%次磷酸钙，牛80～100 mL，羊20～30 mL，静脉注射。也可用20%磷酸二氢钠，牛300～500 mL，静脉注射，1次/天，连用5天。

（2）纤维性骨营养不良以补钙为主。10%氯化钙，马100～150 mL，猪10～30 mL；10%葡萄糖，马1 000～2 000 mL，猪300～500 mL，静脉滴注，1次/天，连用5天。

（3）鸡发病后除在饲料中添加磷酸钙或优质骨粉外，每千克饲料添加220～500单位的维生素D，有助于钙磷的吸收。佝偻病常每千克体重补充1 500～3 000单位维生素D，肌肉注射。

（4）中药治疗。用龙牡壮骨颗粒，温水冲服。

四、维生素A缺乏症

维生素A缺乏症是指由饲料中维生素A和胡萝卜素缺乏或吸收障碍所导致的，以黏膜、皮肤角质化变形，生长发育受阻，临床上以干眼病和夜盲症为特征的营养代谢性疾病，各种畜禽均可发生。

1. 维生素A缺乏症的病因

（1）维生素A只存在于动物性饲料中，植物性饲料中则以胡萝卜素的形式存在，经吸收后在肝脏合成维生素A。饲料中长期缺乏维生素A时，动物会发病。

（2）饲料发霉变质、雨淋日晒等，都可破坏其中的胡萝卜素和加速维生素 A 的氧化分解过程，导致维生素 A 缺乏症。

（3）胆汁分泌不足、慢性消化道疾病和肝脏疾病也会影响维生素 A 的吸收、合成和转运。长期服用矿物油、肠道寄生虫及胃肠酸度过大等都会影响维生素 A 的合成。

（4）日粮营养搭配不当，缺乏脂肪和蛋白质，也会影响维生素 A 的溶解、运送和吸收。

2. 维生素 A 缺乏症的发病机理

维生素 A 和胡萝卜素主要在小肠中吸收，在肝脏中合成和转运。维生素 A 参与合成黏多糖，维持黏膜上皮完整性。当维生素 A 缺乏时，呼吸道、消化道及泌尿生殖道等黏膜及皮肤完整性受到破坏，临床上出现干眼病、生殖机能障碍以及病原微生物易通过黏膜导致感染而发病。维生素 A 也是合成视网膜上的感光物质视紫红质的原料，长期缺乏时，视网膜上不能合成足够的视紫红质，临床上出现夜盲症。另外，维生素 A 能维持成骨细胞和破骨细胞的正常功能，当其缺乏时还会出现骨营养不良。

3. 维生素 A 缺乏症的症状

（1）共同症状。病畜皮肤干燥，上皮角质脱落，视力障碍，生长发育受阻。

（2）牛。犊牛生长发育慢，皮肤粗糙，体表有大量麸皮样物质；视力障碍，视力减弱或失明，夜盲症表现明显；孕牛胎盘变形，发生流产、死胎、胎盘滞留及子宫内膜炎等，甚至不育。

（3）猪。病猪视觉障碍不明显，神经症状典型，表现体态不稳、四肢僵硬、共济失调、行走不稳、腰背弯曲等，母猪缺乏时多发生胚胎畸形。

（4）鸡。幼雏和初开产鸡易发病，雏鸡消瘦，喙和爪部的黄色消退，角质软化；眼干，眼内积聚大量干酪样物质，常将上、下眼睑粘在一起，严重的会发生角膜软化或穿孔失明。有的病鸡表现阵发性、痉挛性收缩，头颈扭转，转圈，鸣叫，有外界突然刺激时症状明显。成年鸡呈慢性经过，冠苍白、有皱褶，母鸡产蛋率降低，公鸡精液品质退化。另外，本病促进痛风的发生，易导致骨髓发育障碍，胚胎死亡率高。

4. 维生素 A 缺乏症的诊断要点

根据饲料缺乏维生素 A 和胡萝卜素的病史，结合临床症状及血液维生素 A 和胡萝卜素含量降低可做出诊断。

5. 维生素 A 缺乏症的防治

（1）科学调配日粮，平时供给富含维生素 A 和胡萝卜素的青绿饲料，在青绿饲料缺乏季节保证动物维生素 A 的摄入量。

（2）搞好饲料的调制和保管，防止饲料放置过久发霉变质。

（3）及时治疗肝胆和消化道疾病。动物发病后要加倍添加维生素 A，同时防止过量中毒；也可肌肉注射维生素 A、维生素 D 或口服鱼肝油。

（4）中药治疗：用益目丸口服。

五、维生素 K 缺乏症

由于维生素 K 缺乏使血液中凝血酶原和凝血因子减少引起血凝障碍，临床上以出血不止为特征。各种畜禽都可发生此病，主要见于猪和笼养鸡，以雏鸡常发。

1. 维生素 K 缺乏症的病因

（1）饲料中的缺乏：日粮中缺乏维生素 K 或添加量不足是集约化养殖场动物维生素 K 缺乏的主要原因。

（2）饲料中含有拮抗物质：如草木樨、霉变饲料等。

（3）吸收障碍：猪和鸡仅在肠道后段合成维生素 K，且吸收利用率较差；若长期应用磺胺、抗生素类药物，可抑制肠道有益细菌繁殖及维生素 K 的合成而致缺乏。

（4）患肝脏疾病及慢性消化道疾病导致维生素 K 的吸收障碍而发病。

2. 维生素 K 缺乏症的症状

鸡在维生素 K 缺乏后 2～3 周出现症状，表现精神沉郁、呼吸困难，胸前、腹下及翅下出血不止，皮下血肿，冠、肉髯及皮肤苍白，腹泻，种蛋孵化率降低。剖检可见肺出血、胸腔积血及肠道出血，严重者便血。猪、牛多表现为体内、外出血，血凝时间延长，因肝出血而突然死亡。公畜去势时出血不止。

3. 维生素 K 缺乏症的防治

平时保证畜禽维生素 K 的需要，尤其应对幼鸡、仔猪及时补维生素 K，并搭配适量鱼粉、肝脏等富含维生素 K 的饲料。对发病畜禽可用维生素 K_3 治疗，一般用药后 4～6 小时血凝恢复正常，配合钙剂促进凝血，效果更好。

六、B 族维生素缺乏症

B 族维生素种类繁多，常见的有维生素 B_1（硫胺素）、维生素 B_2（核黄素）、泛酸、烟酸、维生素 B_6、维生素 H（生物素）、叶酸、维生素 B_{12} 等。B 族维生素主要作为辅酶参与体内代谢，缺乏时引起相应的酶活性降低及其相关的物质代谢障碍。常见的 B 族维生素缺乏症是维生素 B_1 缺乏症、维生素 B_2 缺乏症。

（一）维生素 B_1 缺乏症

维生素 B_1 缺乏症是由于维生素 B_1 缺乏引起的以糖代谢障碍和神经系统损害为主的疾病，多发生于鸡和幼畜。

1. 维生素 B_1 缺乏症的病因

（1）日粮缺乏维生素 B_1。

（2）胃肠道疾病致使维生素 B_1 吸收障碍。

（3）某些饲料，如菜籽饼、棉籽饼等含有抗硫胺素因子，与维生素 B_1 发生拮抗而导致缺乏。

2. 维生素 B_1 缺乏症的症状

畜禽常表现为消化机能障碍，生长发育受阻。雏鸡一般约 10 天出现多发性神经炎症状，表现为病鸡的跗关节和尾部着地，角弓反张，头向背后极度弯曲，呈“观星”姿势；腿翅麻痹，采食障碍，多半饿死。成年鸡 3 周后出现症状，表现食欲减退，冠呈蓝紫色，趾的曲肌及腿、翅、颈部的伸肌逐渐麻痹，显现神经症状。猪、犬除神经症状外尚有厌食、呕吐、皮肤黏膜发绀、胃肠炎及胃肠弛缓等症状。妊娠母畜产仔减少，出现死胎、流产和胎儿发育不全等。剖检皮下水肿，肝淡黄及质脆，胃肠道有炎症，脑充血并有对称性出血。

3. 维生素 B_1 缺乏症的防治

搞好饲料配合，饲喂富含维生素 B_1 的谷物籽实饲料、麸皮及青绿饲料，或在日粮中添加维生素 B_1，尤其是繁殖母畜和产蛋鸡，应在其日粮应供足维生素 B_1。对于发病畜禽，尚有食欲者口服维生素 B_1 或肌肉注射维生素 B_1，每千克体重 0.25 ~ 0.5 mg；也可使用复合维生素 B 注射液。

（二）维生素 B_2 缺乏症

本病是由于维生素 B_2 缺乏导致生物氧化障碍的一种疾病，临床上以雏鸡趾爪内向蜷缩，两腿发生瘫痪为特征，常伴发其他 B 族维生素缺乏症。

1. 维生素 B_2 缺乏症的病因

（1）禾谷类饲料本身缺乏维生素 B_2。

（2）蛋白质缺乏，饲喂高脂肪时维生素 B_2 的需要量增加。

（3）胃肠道疾病影响维生素 B_2 的吸收也易引起缺乏症。

（4）种鸡维生素 B_2 的需要量多，低温时维生素 B_2 的需要量大。

2. 维生素 B_2 缺乏症的症状

1 ~ 2 周龄雏鸡表现典型的趾爪内向蜷缩，腹泻，两腿发生瘫痪，行走困难，呈“点头触地”状，常突然死亡。母鸡的产蛋量下降，蛋白下降，孵化率降低。幼畜生长受阻，发生慢性腹泻、皮炎、局部脱毛、眼边及结膜发炎。病猪还多发白内障，步态强拘，口鼻周围充血，厌食，母猪早产等。

3. 维生素 B_2 缺乏症的防治

搞好日粮配合，对幼畜、种畜、孕畜及生产型畜禽及时补充维生素 B_2，每吨饲料加 2 ~ 3 g。发病后在加倍补充维生素 B_2 的同时，还应补充复合维生素 B。病情严重者往往治疗无效。

思考题

1. 胃肠炎的诊断要点、治疗原则和治疗方法有哪些？

2. 瘤胃积食、瘤胃臌气的诊断要点是什么？如何治疗？

3. 胃扩张、肠阻塞的鉴别诊断要点和治疗方法有哪些？

4. 感冒、支气管炎、肺炎的诊断要点及治疗原则有哪些？

5. 心力衰竭、贫血的诊断要点有哪些？

6. 肾炎和尿石症的诊断要点和治疗原则有哪些？

7. 列表说明常见中毒性疾病的诊断要点及特效解毒方法有哪些？

8. 酮病、骨软症与佝偻病、维生素A缺乏症、维生素K缺乏症、维生素B_1缺乏症和维生素B_2缺乏症的病因、症状、治疗或防治措施有哪些？

第二章

家畜外科常见病

学习要求

掌握：外科感染的诊断和治疗；创伤的治疗；手术器械的消毒和灭菌方法；脓肿的症状与治疗；结膜炎的病因与治疗；疝的组成、分类、症状与治疗；风湿病的症状与治疗；各类跛行的特征和诊断；蹄叶炎的症状。

熟悉：术前准备；常用的局部麻醉和全身麻醉方法；组织切开、止血、缝合的方法；蜂窝织炎的症状与治疗；创伤的分类及临床特征；眼科检查方法与常见眼科疾病；跛行的诊断方法；各类皮肤病的症状与治疗；腐蹄病的症状与治疗。

了解：术中止血方法；缝合方法与打结方法；常见的肿瘤及诊断；膀胱结石、直肠和肛门脱垂的手术治疗方法；骨关节炎的症状与治疗；关节脱位的症状，以及本书没有涉及的执业兽医师资格考试大纲的内容。

第一节 外科基本技术

一、术前准备

（一）手术器械的种类与使用

常用的手术器械有手术刀、手术剪、手术镊、持针钳、缝针、巾钳、肠钳、牵开器（又称拉钩）等。另外，骨科专用器械还包括骨膜剥离器、骨凿、骨锉、骨锯、骨钻、骨剪和咬骨钳等；眼科手术器械有眼科手术镊、手术剪、持针器、测量器等。

（二）手术计划制订与人员分工

1．手术计划制订

手术计划是外科医生判断力的综合体现，也是检查其判断力的依据。手术计划一般包括以下内容：手术人员的分工；保定方法和麻醉种类的选择（包括麻醉前给药）；手术通路与手术进程；术前体检；术前还应做的事项，如禁食、导尿、胃肠减压等；手术方法和术中应注意的事项；可能发生的手术并发症以及预防和急救措施，如虚脱、休克、窒息、大出血等；特殊药物和器械的准备；术后护理、治疗及饲养管理。

2．人员分工

外科手术是一项集体活动，需有多人参加，因此术前要有良好的分工，以便在手术期间各尽其职，有条不紊地工作。一般可做如下分工：术者、助手、麻醉助手、器械助手、保定助手。

（三）手术用品的准备

1．手术器械和敷料

手术器械和敷料可采用高压蒸汽灭菌、环氧乙烷灭菌、低温等离子灭菌法进行灭菌。手术器械也可使用新洁尔灭或戊二醛进行浸泡消毒。

2．手术急救药物

麻醉前需要准备的急救药物包括肾上腺素、尼可刹米、阿托品等。

（四）动物的准备

1．术前检查

首先应了解动物的病史，并对动物进行必要的临床检查，以便了解施术动物各系统和器官的功能状态、全身状况以及现症的病情，从而做出尽可能正确的诊断，并判定动物机能、抵抗力、修复能力，能否经受麻醉或手术刺激等。

2. 施术动物的准备

多数病例需要禁食、禁水。手术前应对动物进行刷洗，有些动物还需进行灌肠或导尿，以减少术部感染的机会。除非紧急手术，一般应在动物病情稳定后再进行手术。慢性疾病、严重创伤、大出血等造成的营养不良、低蛋白血症、失血、水电解质失衡等，会增加手术的危险性和术后并发症。因此，术前应尽可能予以纠正。

3. 动物的术部准备

（1）术部除毛：在施术区内，用剪毛或电动推剪剪掉被毛，然后用温肥皂水搓洗，最后用剃刀或手术刀剃净被毛。

（2）术部消毒：术部皮肤消毒的常用药物是 5% 碘酊或 2% 碘酊（用于小动物）和 70% ~ 75% 酒精。

（3）术部隔离：手术部位消毒后，将手术巾覆盖于手术区，用巾钳将手术巾固定于皮肤上，仅在中央露出切口部位，使术部与周围完全隔离，以减少污染机会。

（五）手术人员的准备

手术人员在任何情况下都应该遵循无菌术的基本原则，努力创造条件去完成手术任务。手术人员在术前应做以下准备：更衣，手、臂的洗刷与消毒、穿手术服和戴手术手套。

（六）手术场地的准备

1. 紫外灯照射消毒

紫外灯的照射可有效地净化空气，减少空气中的细菌数量，同时也可杀灭物体表面附着的微生物。在非手术时间开灯照射 2 小时，有明显的杀菌效果。

2. 化学药物熏蒸消毒

这类方法效果可靠，消毒彻底。手术室清洁后进行密封，然后进行蒸汽熏蒸消毒。

二、麻醉技术

（一）局部麻醉

局部麻醉是指利用某些药物有选择性地暂时阻断神经末梢、神经纤维以及神经干的冲动传导，从而使其分布或支配的相应局部组织暂时丧失痛觉。根据局部麻醉药作用部位的不同，局部麻醉可分为表面麻醉、浸润麻醉、传导麻醉、脊髓麻醉 4 种方式。

（二）全身麻醉

1. 麻醉前用药

麻醉前用药的目的是提高麻醉安全性，减少麻醉用量和麻醉的副作用，消除麻醉和手术中的一些不良反应，使麻醉过程平稳。通常麻醉前给动物以神经镇静药、镇痛药、抗胆碱药和肌松药。

2. 吸入麻醉的概念

吸入麻醉是指气态或挥发性液态的麻醉药物经呼吸道进入肺中，由肺泡进入血液循环，最后作用于神经中枢，使中枢神经系统产生麻醉效应的过程。吸入麻醉因可控性好、安全性高和对机体的影响较小的特点被人们广泛使用。吸入麻醉常用的挥发性麻醉药有七氟烷、安氟烷和异氟烷等。

3. 吸入麻醉的流程

（1）动物麻醉前评估：主要包括患病动物病史和常规检查及其对麻醉和手术的耐受性评估。

（2）麻醉前准备事项：包括纠正或改善病理生理状态，禁饲，麻醉设备、用具及药品的准备。

（3）麻醉前用药。

4. 常用吸入麻醉药物

临床上常用的吸入麻醉药物有安氟烷、异氟烷、七氟烷等。

5. 麻醉后护理、麻醉并发症与抢救

麻醉过程中应防止呕吐、呼吸停止、心搏停止等并发症的发生，必要时可静脉注射尼可刹米、0.1% 盐酸肾上腺素等药物进行抢救。在紧急情况下应对动物实施心肺复苏，心肺复苏可分为呼吸道畅通、人工通气、建立人工循环、药物治疗、后期复苏处理等阶段。

6. 麻醉监护与复苏

麻醉监护是借助人的感官和特定监护仪器观察、检查、记录动物的生命体征的过程。现代化的监护设备可快速、客观反映出机体在麻醉下的总体状况，但这些设备都不能代替人工监护。

在动物全身麻醉未完全苏醒之前，应设专人看管，苏醒后辅助其站立，避免撞碰和摔伤。在动物吞咽功能未完全恢复之前，应禁止饮水和饲喂。

三、手术基本操作

（一）组织的切开与分离

组织的切开是指用手术刀在组织或器官上做切口的外科操作过程，是外科手术最基本的操作之一，也是外科手术的第一步。

组织的分离是显露深部组织和游离病变组织的重要步骤，可分为锐性分离和钝性分离两种方法。锐性分离使用手术刀或组织剪进行。钝性分离是指使用刀柄、止血钳、剥离器或手指对正常肌肉、良性肿瘤等进行分离。

骨组织的分离应先用手术刀和骨膜剥离器等器械分离骨膜，再根据手术需要对骨组织进行相应的锯、凿、修剪等操作。

（二）止血

1．出血的种类

按受伤血管的不同，出血可分为动脉出血、静脉出血和毛细血管出血。

2．全身和局部预防性止血方法

（1）输血：目的在于增强施术动物血液的凝固性，刺激血管运动中枢反射性地引起血管痉挛性收缩，以减少手术过程中的出血。

（2）注射增强血液凝固性及血管收缩药物：常用的药物有 0.3% 凝血质注射液、维生素 K 注射液、安络血注射液、止血敏注射液、氨甲苯酸等。

3．术中止血方法

（1）机械止血法：主要包括压迫止血、钳夹扭转止血、钳夹结扎止血、填塞止血等。

（2）电凝及烧烙止血法：电凝止血利用高频电流凝固组织的作用达到止血目的，烧烙止血利用电烧烙器或烙铁烧烙作用使血管断端收缩封闭而止血。

（3）局部化学及生物学止血法：局部化学止血常用 1% ~ 2% 麻黄素溶液或 0.1% 肾上腺素溶液浸润的纱布进行压迫止血，生物学止血包括止血明胶海绵止血和活组织填塞止血。

（三）缝合

1．缝合的基本原则

缝合必须遵守无菌原则，缝合前要彻底止血，缝线松紧要适宜。打结最好集中于创缘的同一侧，不但美观而且便于拆线。缝合组织张力较大时应考虑减张缝合，创液较多时留排液孔。

2．缝合方法

缝合方法归纳起来主要有单纯缝合、内翻缝合和张力缝合 3 种类型。这 3 种缝合又可区分为间断缝合和连续缝合。一般来说，间断缝合比较可靠，多用于张力大的组织，如皮肤、肌肉，不致因一道缝线断裂而全部开线。连续缝合的优点是省缝线，缝合速度也快，然而一处断裂，全部缝合归于失败，因此只用来缝合张力较小的组织。

3．结的种类与打结注意事项

打结主要用于血管的结扎和缝合时的结扎。外科常用的结有平结、外科结和三叠结（见图 2–1 的 1、2、3），图 2–1 中的 4 和 5 的打结法是错误的。打结方法有徒手打结和器械打结两种。打结要求做到方法合理，快速可靠。

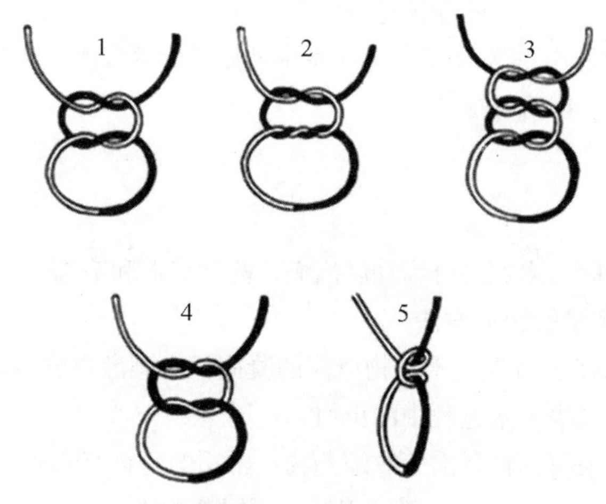

图 2–1 各种线结

1—平结；2—外科结；3—三叠结；4—假结；5—滑结。

（资料来源：林德贵．兽医外科手术学．5 版．北京：中国农业出版社，2011.）

4. 拆线

外部创口的缝线一般是在手术后 7 ~ 14 天进行拆除，根据创口的愈合情况决定分次拆除或一次拆除缝线。

（四）引流与包扎

纱布条引流是指将灭菌的干纱布卷成小条，放置在创腔内，排出腔内液体。纱布条引流常用于浅表化脓创、小溃疡面的湿敷引流。胶管引流是引流管通过其两端的压力差起到引流作用，多用于体腔内或深部组织的引流方式。

包扎是利用敷料、卷轴绷带、复绷带、夹板绷带、支架绷带及石膏绷带等材料保护创面、防止自我损伤、吸收创液、限制活动、使创伤部位保持安静、促进受伤组织愈合的治疗方法。根据敷料、绷带性质及其不同用法，包扎法包括干绷带法、湿敷法、生物学敷法、硬绷带法。

第二节 外科感染

一、外科感染概述

致病性微生物经皮肤、黏膜创口侵入动物机体组织内，并在其中生长繁殖，产生有害物质，引起机体局部及全身病理反应并造成损害的过程称为外科感染。常见的能够引起外科感染的致病性微生物主要有葡萄球菌、链球菌、绿脓杆菌、大肠杆菌和变形杆菌等。外科感染是一个复杂的病理过程，侵入体内的致病性微生物种类、数量、致病力强弱及其在机体内的适应性等因素在外科感染的发生上起着重要作用。当机体的抗感染能力在全局上占优势而在局部处于劣势时，则发生局部感染。局部感染按其对组织损坏的程度，分为毛囊炎、疖、痈、脓肿等；当机体的免疫力低下，不能将致病性微生物限于局部时，则可引起全身性感染，即败血症。

二、局部感染

（一）脓肿

在组织或器官内形成的外有脓肿膜包裹、内有脓汁潴留的局限性脓腔称为脓肿。在生理解剖腔内（如胸膜腔、关节腔、鼻旁窦及子宫）有脓液积聚时则称为蓄脓，如胸膜腔蓄脓、关节腔蓄脓、上颌窦蓄脓等。

1. 脓肿的病因

大多数脓肿是由感染引起的，常见于急性化脓性感染的后期。引起脓肿的主要致病性微生物是葡萄球菌，其次是化脓性链球菌，也常见葡萄球菌、绿脓杆菌、大肠杆菌等混合感染。致病性微生物多经皮肤伤口或黏膜侵入体内，有时也可由原发病灶借血液或淋巴循环转移到新的组织或器官中并形成新的脓肿，这称为转移性脓肿。此外，在静脉注射时，将刺激性药物，如氯化钙、水合氯醛、高渗盐水及砷制剂等误注或漏注到静脉外也可形成脓肿。

2. 脓肿的分类和症状

根据脓肿发生的部位，可将其分为浅在性脓肿和深在性脓肿；根据脓肿的临床经过，可将其分为急性脓肿和慢性脓肿。

浅在急性脓肿常发生于皮下结缔组织、表层肌肉组织中及筋膜下。脓肿初期呈急性炎症变化，触诊局部结实、增温、肿胀，并伴有疼痛。以后由于发炎灶内白细胞的死亡，组织的坏死、溶解、液化而形成脓汁。随着病情的发展，肿胀中央皮肤开始脱毛，并逐渐软化，形成按压有波动感的脓肿。由于脓汁侵蚀表层的脓肿膜和皮肤，脓肿可自溃排脓。浅在慢性脓肿的发生发展过程一般较缓慢，局部无明显的温热和疼痛反应，但有明显的肿胀和波动感。

如果脓肿发生在深部组织内，则局部症状多不明显，但可见局部皮肤及皮下组织的炎性水肿，触诊有疼痛反应且留有指压痕。当较大的深在性脓肿膜破溃，脓汁向深部周围组织扩散引起感染时，可出现明显的全身症状，严重时还可能引起弥漫性蜂窝织炎或败血症。

浅在性脓肿一般可通过临床表现进行诊断，深在性脓肿可通过CT（computer tomography，计算机断层扫描）、穿刺、超声波等检查确诊。临床上常用穿刺方法来鉴别脓肿与血肿、淋巴外渗、肿瘤、挫伤和疝等。

3. 脓肿的治疗

在急性炎症细胞浸润阶段，为限制炎性渗出，促进炎症消散，可局部冷敷或涂抹消炎剂，如涂布复方醋酸铅散、樟脑软膏等；也可用普鲁卡因－青霉素溶液在病灶周围做环形封闭。炎性渗出停止后，可采用温敷法、超短波电疗法、微波电疗法促进炎症产物吸收，必要时可配合全身应用抗生素或磺胺类药物。当炎症已无消散吸收的可能时，局部可用鱼石脂软膏、樟脑软膏、温热疗法等物理疗法，促使脓肿的成熟和吸收。

对于成熟但未破溃的脓肿，应尽早以手术方法进行切开、排脓和引流。常用的手术方法有3种。

（1）脓汁抽出法：用注射器抽出脓肿腔内的脓汁后，用生理盐水反复冲洗，排净冲洗液后，灌注混有青霉素的普鲁卡因溶液。这种方法多用于深部组织较小的脓肿和关节脓肿。

（2）脓肿切开法：对于表在性的小的良性脓肿，可在脓肿波动最明显处切开排脓，脓肿创口按化脓创进行外科处理；切口的位置、长度、方向要有利于脓汁的排出。

（3）脓肿摘除法：用于治疗脓肿膜完整的浅在性小脓肿，手术时需小心地将脓肿连同脓肿壁完整地分离出来，形成新鲜的无菌手术创，术后进行常规缝合包扎。

（二）蜂窝织炎

蜂窝织炎是指发生在疏松结缔组织的急性弥漫性化脓性炎症，常发生于皮下、肌肉、食管和气管周围的蜂窝组织内。其病变不受局限，可迅速扩散，且常累及病变周围的淋巴结，并伴有全身症状。

1. 蜂窝织炎的病因

引起蜂窝织炎的主要致病性微生物是溶血性链球菌，其次是葡萄球菌、大肠杆菌、厌氧菌等。致病性微生物多由皮肤或黏膜的小创口侵入而引起原发性感染，也有的继发于邻近组织器官的化脓性感染或通过血液和淋巴循环引起转移感染。

2. 蜂窝织炎的分类和症状

根据发生部位的深浅，可将蜂窝织炎分为浅在性蜂窝织炎（皮下及黏膜下）和深在性蜂窝织炎（筋膜下、肌间、软骨周围等）；根据渗出液的性状，可将蜂窝织炎分为浆液性蜂窝织炎、化脓性蜂窝织炎、厌氧性蜂窝织炎和腐败性蜂窝织炎；根据蜂窝织炎发生的部位，可将其分为关节周围蜂窝织炎、淋巴结周围蜂窝织炎及直肠周围蜂窝织炎等。

本病的特征是发病迅速，蔓延广泛，组织破坏严重，局部和全身症状较明显。局部症状主要是大面积肿胀，增温，疼痛剧烈，组织坏死和化脓，并出现机能障碍。全身症状表现为体温升高，病畜精神沉郁，食欲不振，白细胞数增多等，且出现各系统的机能紊乱，甚至引起败血症。

3. 蜂窝织炎的治疗

采取局部治疗和全身治疗的综合疗法，以抑制炎症发展、控制感染扩散、减轻组织内压、促进炎症产物吸收、改善全身状况为治疗原则。

蜂窝织炎的治疗方法如下所述。

（1）局部疗法。在发病早期（24～48 小时内），可用复方醋酸铅溶液冷敷，也可以用 0.5% 普鲁卡因－青霉素溶液在病灶周围进行封闭。急性炎症得到缓和后可用上述溶液温敷，或用超短波及微波电疗法，促进炎症产物的消散和吸收。如果在冷敷后非但没有减轻炎性渗出，反而肿胀剧增，全身状况恶化，应立即采取手术切开的方法进行治疗。

（2）全身疗法。在患病早期，全身应用抗生素、碳酸氢钠以及盐酸普鲁卡因封闭疗法，并根据病畜的全身状况，进行输液、饲喂富含维生素的饲料等辅助治疗，以增强机体的抗病能力。

三、全身化脓性感染

全身化脓性感染是机体中的致病性微生物及毒素、炎性有毒产物及组织分解产物由原发性败血病灶侵入血液，引起机体急性全身性感染，使动物机体的神经系统、各实质脏器和组织发生一系列机能和形态方面的变化的病理过程。

1. 全身化脓性感染的病因

全身化脓性感染一般是化脓性感染创、蜂窝织炎、重度烧伤后感染及手术后感染等感染性疾病的严重并发症。长期使用免疫抑制剂、糖皮质激素等药物导致动物机体免疫系统功能改变，营养不良，或是由于慢性消耗病、贫血等疾病导致的免疫机能低下，都可导致本病发生。此外，局部感染处理不当或治疗不及时，如创内存有多量脓汁、异物及坏死组织或脓汁引流不及时等也能促使全身化脓性感染的发生。

2. 全身化脓性感染的症状

（1）转移性全身化脓性感染。

局部感染病灶的细菌性栓子进入血液循环，被带到机体其他组织器官，并在其中形成大小不一的转移性脓肿称为转移性全身化脓性感染。转移病灶最常发生在肺、肝、肾、脾、脑及肌肉组织内，奶牛常发生在乳房上。本病常发生于犬、猪、羊及家禽，马则少发。其特点是病程较长且发展缓慢。病畜出现明显的全身症状，主要表现为体温升高（马可达 40 ℃以上），呈弛张热型或间歇热型。病畜最初精神萎靡，恶寒战栗，食欲减退或废绝，但可饮水；呼吸心跳增速，脉弱而频，出冷汗。若病畜体温有明显变化，同时血压下降，常是全身化脓性感染的特征。

（2）非转移性全身化脓性感染。

非转移性全身化脓性感染的主要致病因素是由各种细菌分泌的内外毒素、坏死组织分解产生的有毒产物等引起的中毒。病畜常卧地不起或起立困难，体温升高至 40 ℃以上，呈稽留热型；肌肉震颤，食欲废绝，有时大量出汗，呼吸困难，脉搏频数而微弱，结膜黄染，尿量减少，常有腹痛和腹泻现象，有时马可见疝痛症状。血液检查时，红细胞和血红蛋白含量显著减少，早期白细胞增多，但不久白细胞减少且核右移。病畜尿量减少，且尿液中含有蛋白质；皮肤黏膜有时可见出血点。如果治疗不及时，则病畜常在数日或 1 周内死亡。

3. 全身化脓性感染的治疗

全身化脓性感染的治疗原则是根据病史、感染病灶、局部和全身症状，早期采取措施，消除感染，解除中毒，增强机体抵抗力，恢复受害器官的功能。

全身化脓性感染的治疗方法如下所述。

为了消除感染和中毒来源，必须尽早对原发病灶进行彻底的外科处理。为此，需要消除创囊和脓窦，摘除异物并排出脓汁，用刺激性较小的防腐消毒剂彻底冲洗病灶，最后按化脓创处理，病灶周围使用普鲁卡因进行封闭。

在局部治疗的同时，充分进行全身治疗，以控制感染的发展和增强机体抵抗力。为此应早期应用抗生素和磺胺类药物。同时根据需要和可能进行输血、补液。为恢复和提高肝脏的解毒功能，可静脉注射葡萄糖维生素 C 溶液。为解除酸中毒，可静脉注射碳酸氢钠。心脏衰弱时给予强心剂。同时要加强饲养管理，做好护理工作。

第三节 损伤

一、开放性损伤——创伤

1. 创伤的概念与组成

组织或器官的机械性开放性损伤称创伤。动物发生创伤时，其皮肤或黏膜的完整性被破坏，同时与其他组织断离或发生部分缺损。一般的创伤均由创围、创缘、创面、创底和创腔组成（见图 2-2）。

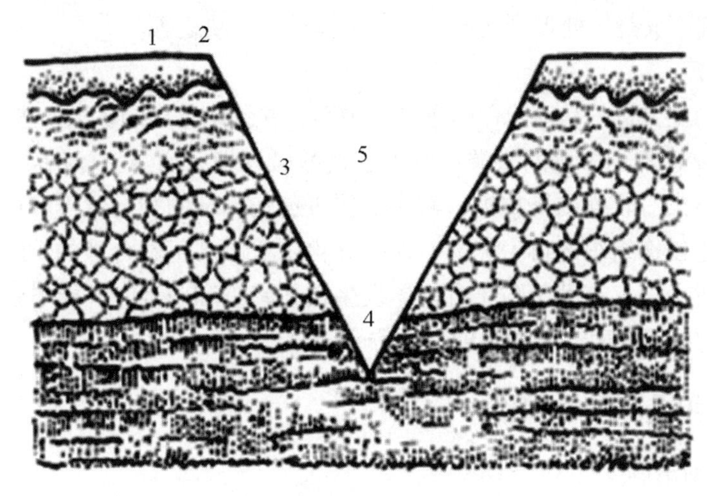

图 2–2　创伤各部名称

1—创围；2—创缘；3—创面；4—创底；5—创腔。

（资料来源：王洪斌．兽医外科学．5 版．北京：中国农业出版社，2012.）

2．创伤的分类及临床特征

按有无感染，创伤可分为无菌创、污染创和感染创。

（1）无菌创。通常将在无菌条件下所做的手术创称为无菌创。

（2）污染创。创内被细菌和异物所污染，但进入创内的细菌仅与损伤组织发生机械性接触，并未侵入组织深部发育繁殖，也未呈现致病作用的创伤称为污染创。污染较轻的创伤，经适当的外科处理后，可能取第一期愈合。污染严重的创伤，若未能及时而彻底地进行外科处理，常转为感染创。

（3）感染创。进入创内的致病菌大量发育繁殖，对机体呈现致病作用，使伤部组织出现明显的创伤感染症状，甚至引起机体的全身性反应的创伤称为感染创。

3．创伤愈合分期及其愈合过程

创伤愈合分为第一期愈合、第二期愈合和痂皮下愈合。创伤第一期愈合是一种较为理想的愈合形式，无菌手术创绝大多数可达第一期愈合；新鲜污染创如能及时进行清创术处理，也可实现此期愈合。创伤第二期愈合是伤口增生多量的肉芽组织，充填创腔，然后形成瘢痕组织及被覆上皮组织而被治愈。临床上，多数创伤病例取此期愈合。创伤痂皮下愈合是表皮损伤，伤面浅并有少量出血，以后血液或渗出的浆液逐渐干燥而结成痂皮，覆盖在创伤表面，具有保护作用，痂皮下损伤的边缘再生表皮而愈合。

4．影响创伤愈合的因素

创伤愈合的速度常受许多因素影响，这些因素包括外界条件方面的、人为的和机体方面的。创伤诊疗时，应尽力消除妨碍创伤愈合的因素，创造有利于创伤愈合的良好条件。影响创伤愈合的因素一般包括创伤感染、创内存有异物或坏死组织、受伤部血液循环不良、受伤部不安静、处理创伤不合理、机体维生素缺乏等。

5. 创伤治疗

创伤治疗的主要目的是治疗创伤感染及中毒，并预防感染的扩散。进行创伤治疗时，首先要消除主要感染和中毒的来源，改善创伤酸碱环境，增强机体的生物学免疫机能，使受伤动物对感染有较强的抵抗力；其次要促进创伤局部的神经营养和血液循环恢复正常；最后要促进创伤组织的再生能力，保护其再生机能。正确合理的饲养管理在创伤治疗上具有重要意义，它有助于防止有机体发生创伤感染和中毒，并能增强创伤的炎性净化和促进创伤的组织再生，以利于创伤的愈合。

二、软组织非开放性损伤

1. 血肿和血清肿

血肿和血清肿是由于外力作用引起的局部血管破裂出血，或不正确的手术操作继发炎性或血清样液体渗出，聚集在组织之间，形成充满液体的腔洞的一种软组织非开放性损伤。血肿治疗初期可冷敷，之后热敷，包扎压迫绷带。血肿和血清肿绝不可切开引流，只有当其肿胀很大、影响活动，局部皮肤损伤时，才可穿刺或切开血肿或血清肿，排出积液、血凝块及破碎组织。如果继续出血，可结扎止血、清理创腔后再行缝合。已发生感染的血肿应迅速切开，并进行开放疗法。

2. 挫伤

挫伤是机体在马踢、棒击、车撞、跌倒或坠落等钝性外力直接作用下，引起的软组织非开放性损伤。挫伤病初冷敷，可减轻疼痛与肿胀；两天后改用温热疗法、红外线照射，也可局部涂擦刺激性药物，如樟脑酒精或5%鱼石脂软膏等。并发感染时，按外科感染治疗。

三、损伤的并发症

1. 溃疡

皮肤或黏膜上久不愈合的病理性肉芽创称为溃疡。溃疡与一般创口的不同之处是愈合迟缓，上皮和瘢痕组织形成不良。溃疡与正常愈合过程伤口的主要不同点是创口的营养状态不同。如果局部神经营养紊乱和血液循环、物质代谢受到破坏，降低了局部组织的抵抗力和再生能力，此时任何创口都可变成溃疡；反之，如果对溃疡的病因进行合理治疗，溃疡即可迅速地生长出肉芽组织和上皮组织从而被治愈。

2. 窦道和瘘管

窦道和瘘管都是狭窄不易愈合的病理管道，其表面被覆上皮或肉芽组织。窦道和瘘管的不同点是前者可发生于机体的任何部位，借助于管道使深在组织（结缔组织、骨组织或肌肉组织等）的脓窦与体表相通，其管道一般呈盲管状。而后者可借助于管道使体腔与体表相通或使空腔器官相通，其管道是两边开口。

3. 坏死和坏疽

坏死是指生物体局部组织或细胞失去活性。坏疽是组织坏死后受到外界环境影响和不同程度的腐败菌感染而产生的形态学变化。引起坏死和坏疽的原因主要有外伤、持续性压迫、物理及化学性因素、细菌及毒物性因素等。对坏死和坏疽进行治疗时，首先要除去病因，局部进行剪毛、清洗、消毒，防止湿性坏疽进一步恶化；然后使用蛋白分解酶除去坏死组织，等待生出健康的肉芽。还可用硝酸银或烧烙阻止坏死恶化，或者进行外科手术以摘除坏死组织。

4. 休克

休克不是一种独立的疾病，而是神经、内分泌、循环、代谢等发生严重障碍时在临床上表现出的症候群。其中，以循环血液量锐减、微循环障碍为特征的急性循环功能不全，是导致组织灌注不良、缺氧和器官损害的主要原因。临床上按病因将休克分为低血容量性休克、创伤性休克、中毒性休克、心源性休克及过敏性休克。休克的治疗要点包括消除病因、补充血容量、改善心脏功能和调节代谢障碍。对于发生休克的动物，还要加强管理，指定专人护理，使动物保持安静，要注意保温，但也不能过热，保持通风良好，给予充分饮水。输液时使液体保持同体温相同的温度。

第四节 肿瘤

一、肿瘤概述

（一）肿瘤的流行病学

动物肿瘤的发生有一定的普遍性，涉及各种家畜、家禽和野生动物，几乎遍布与人类关系密切的各种动物。肿瘤因动物品种、年龄、性别及其所处地理环境不同等因素而表现不同的流行病学特点。

（二）肿瘤的病因

肿瘤的病因迄今尚未完全清楚，根据大量试验研究和临床观察，初步认为与外界环境因素有关，其中主要是化学因素，其次是病毒和放射性因素。在相同的外界条件下，有的动物发生肿瘤，有的却不发生，说明外界因素只是致瘤条件，外因必须通过内因起作用。内部因素与机体的免疫状态、内分泌系统、遗传因子等关系紧密，与神经系统、营养因素、微量元素、年龄等也有很大关系。

（三）肿瘤的症状

肿瘤的性质、发生组织、部位和发展程度决定了其症状。肿瘤早期多无明显临床症状，但如果发生在特定的组织器官上，可能有明显症状出现，如肿块（瘤体）、疼痛、溃疡、出血和功能障碍。良性肿瘤和早期恶性肿瘤一般无明显全身症状，或有贫血、低烧、消瘦、无力等非特异性的全身症状。

（四）肿瘤的诊断

诊断的目的在于确定有无肿瘤及明确其性质，以便拟订治疗方案和预后判断。临床上主要通过病史调查、体格检查、影像学检查［如X射线、超声波、各种造影、CT（computed tomography，计算机断层扫描）、MRI（magnetic resonance imaging，磁共振成像）、内窥镜检查、病理学检查、酶学检查和基因诊断］等方法对肿瘤进行诊断。

（五）肿瘤的治疗

1. 良性肿瘤

良性肿瘤的治疗原则是手术切除。但手术时间的选择，应根据肿瘤的种类、大小、位置、症状和有无并发症而有所不同。

2. 恶性肿瘤

手术治疗迄今为止仍不失为一种良好的治疗手段，但前提是肿瘤尚未扩散或转移。手术治疗时应切除病灶以及部分周围的健康组织，还应注意切除附近的淋巴结。放射疗法利用各种射线，如深部X射线、γ射线以及高速电子、中子或质子照射肿瘤，使其生长受到抑制而死亡。化学疗法最早是用腐蚀药，如硝酸银、氢氧化钾等，对皮肤肿瘤进行烧灼、腐蚀，目的在于化学烧伤形成痂皮而愈合。肿瘤生物学治疗是应用生物学方法，改善宿主个体对肿瘤的应答反应及直接效应的治疗方法。

二、常见肿瘤

（一）鳞状细胞癌

鳞状细胞癌是由鳞状上皮细胞转化而来的恶性肿瘤，又称鳞状上皮癌，简称鳞癌。鳞状细胞癌最常发生于动物皮肤的鳞状上皮和有此种上皮的黏膜（如口腔、食道、阴道和子宫颈等），其他不是鳞状上皮的组织（如鼻咽、支气管和子宫的黏膜）在发生了鳞状化生之后，也可出现鳞状细胞癌。

皮肤鳞状细胞癌多见于家畜，对肉用动物，可造成重大损失。长期暴晒、化学性刺激和机械性损伤是其发病原因。患病部位一般质地坚硬，常有溃疡，溃疡边缘呈不规则的突起。角鳞状细胞癌多见于印度的老年公牛及阉牛，治疗时可断角或用肿瘤组织制成的自家疫苗注射。爪鳞状细胞癌多见于犬，治疗时可切除患指，清扫区域淋巴结，必要时截肢。

（二）纤维瘤与纤维肉瘤

纤维肉瘤是来源于纤维结缔组织的一种恶性肿瘤，常见于马、骡、猫，有时也见于犬和牛，发生在皮下、黏膜下、筋膜、肌间隔等结缔组织以及实质器官。有时瘤体生长迅速，当转移到内脏器官时可引起病畜死亡。纤维肉瘤质地坚实，大小不一，形状不规整，边界不清，可长期生长而不扩展。临床上常常将其误诊为感染性损伤，尤其发生于爪部时更易引起误诊。纤维肉瘤内血管丰富，因而切除和活检时易出血是其特征。溃疡、感染和水肿往往是纤维肉瘤进一步发展的并发症。

（三）肥大细胞瘤

肥大细胞瘤多发生于皮肤表面或皮下组织，常见于某些品种的犬，猫、牛、马及其他动物也有发生。本病可能是良性或恶性，恶性的称为肥大细胞肉瘤；出现在血液中者，则称为纯粹肥大细胞性白血病。

本病多发于犬的肛周、包皮的表皮或皮下组织，也能出现在内脏（脾、肝、肾、心脏及淋巴结）。肿瘤直径为 1 至数厘米，常为实体性或多发性。良性肿瘤可长时间局限在一定的部位，数月至数年不变；恶性肿瘤生长迅速，而且从原发地很快通过淋巴和血液向远处转移和扩散。有时本病可因切除不彻底，放射治疗或化学药物治疗后，引起急剧恶化。十二指肠溃疡和胃溃疡常属本病的合并症。因此，当发现患犬经常有粪便带血时，应当注意。胃肠溃疡还可自发地穿孔而引起急性腹膜炎。如果肿瘤发生在肛周、包皮以及爪趾部，则可能属于恶性。冷冻、激光疗法对本病有效，并发胃溃疡时可配合支持疗法。

（四）淋巴肉瘤

犬淋巴肉瘤有 5 种解剖类型，即多中心型、消化道型、皮肤型、胸腺型及其他型。其治疗目的是缓解临床症状、改善体况和延长存活时间。化学疗法是治疗多中心型淋巴肉瘤最有效的方法。目前公认联合化疗更有效，其可延长动物存活时间，平均为 11 ~ 14 个月。如果经一疗程（4 周）病情完全缓解，可每隔一周重复这一疗程。对于弥漫性消化道型淋巴肉瘤，采用化学疗法效果较差；对于 I 期淋巴肉瘤或胃肠道单个淋巴肉瘤，可采用手术切除的方法治疗，并辅以放射和化学疗法。

猫淋巴肉瘤又称为猫白血病，是猫最为常见的肿瘤。其病原体为猫白血病病毒，约有 16% 的病猫发展为淋巴肉瘤。根据发病部位的不同，猫淋巴肉瘤分为 5 种类型，即纵隔型、消化道型、多中心型、白血病性型与未分类型。对于确诊为淋巴肉瘤的猫可用抗肿瘤药治疗，其用药及其治疗原则可参照犬淋巴肉瘤化疗。联合化疗的临床缓解率达60%~70%。病猫平均存活时间为4个月，有20%的猫生存时间长达3年。未经治疗时，约有70%的猫在诊断后8周死亡。淋巴细胞性白血病的化疗疗效不明显。

（五）乳头状瘤

乳头状瘤由皮肤或黏膜的上皮转化而成。它是最常见的表皮良性肿瘤之一，可发生于各种家畜的皮肤。该肿瘤可分为传染性和非传染性两种。传染性乳头状瘤多发于牛，并散播于体表呈疣状分布，因此又称为乳头状瘤病；非传染性乳头状瘤多发于犬。

采用手术切除或烧烙、冷冻及激光疗法是治疗本病的主要措施。据报道，疫苗注射可达到治疗和预防本病的效果。目前，美国已有牛乳头状瘤疫苗供应。

（六）乳腺肿瘤

乳腺肿瘤是母犬的临床常见病，很少发生于公犬。有35%~50%的犬乳腺肿瘤以及90%的猫乳腺肿瘤是恶性的。其主要症状为乳房部出现肿块，大小不等。乳腺肿瘤最常发生的部位是尾部的乳腺。多发性的肿块可能出现在一侧或两侧的乳房中。多数肿块是可移动的，只有少数固定在肌肉或筋膜下不动。肿块可能是固着的或是具有梗的，呈块状或囊状，有的已发生溃疡或被毛覆盖。如果腺体发生广泛的肿胀，同时正常的和不正常的组织界限不清就应该怀疑是炎性癌或乳腺炎。炎性癌通常形成溃疡。通过触诊可摸到肿大的腋下或腹股沟淋巴结，或在直肠检查中可摸到肿大的小叶下淋巴结。犬若出现跛行或四肢发生了水肿，则表明病灶已经发生转移。

如果病畜患有乳腺肿瘤疾病的同时，还患有其他严重的疾患，主人不愿意接受手术治疗，或是乳腺肿块小于3 cm的，可进行保守疗法。肿瘤大于5 cm时建议进行手术切除。如果肿瘤大于3 cm，单独通过手术切除治愈率可达100%。如果瘤体很大但触诊很硬（有骨样组织），也可通过单独手术切除治愈。因为这种类型的肿瘤多为恶性混合瘤，所以一般很少转移。如果肿瘤很大，伴有溃疡、炎症反应或其他一些恶性表现，或X射线诊断已有肺转移，一般要进行采用手术加放疗或化疗的方法一起进行治疗。

第五节 风湿病

风湿病是反复发作的急性或慢性非化脓性炎症，其特点是胶原结缔组织发生纤维蛋白变性及骨骼肌、心肌和关节囊中的结缔组织出现非化脓性局限性炎症。

一、风湿病的病因

风湿病一般认为是由抗原－抗体反应所致的变态反应性疾病。该变态反应主要由溶血性链球菌的感染引起。机体过劳、寒冷、潮湿及畜舍贼风是本病的诱因。

二、风湿病的病理分期

风湿病是全身性结缔组织的炎症，按照发病过程可分为变性渗出期、增殖期和硬化期（瘢痕期）。由于本病常反复发作，上述三期的发展过程可交错存在，历时4～6个月。第一期及第二期中常伴有浆液的渗出与炎性细胞的浸润，这种渗出性病变在很大程度上决定着临床上各种显著症状的产生。关节和心包的病理变化以渗出为主，而瘢痕的形成则主要见于心内膜和心肌，特别是心瓣膜。

三、风湿病的分类

风湿病有以下几种分类方法。

（1）根据发病的组织器官的不同，风湿病可分为肌肉风湿病、关节风湿病（风湿性关节炎）和心脏风湿病（风湿性心膜炎）。

（2）根据发病部位的不同，风湿病可分为颈风湿、肩臂风湿（前肢风湿）、背腰风湿和臀股风湿（后肢风湿）。

（3）根据病程经过，风湿病可分为急性风湿病和慢性风湿病。

四、风湿病的症状

动物风湿病的主要临床特点和症状是发病的肌群、关节及蹄的疼痛和机能障碍。疼痛表现时轻时重，部位可固定或不固定。本病具有突发性、疼痛性、游走性、对称性、复发性和活动后疼痛减轻等特点。急性期病畜发病迅速，患部温热、肿胀、疼痛及机能障碍等症状非常明显，同时出现体温升高等全身症状；经过数日或1～2周后即可好转，但易复发。慢性期病程较长，可拖延数周或数月之久。病畜易疲劳，运动强拘、不灵活。

五、风湿病的诊断

到目前为止，风湿病尚缺乏特异性诊断方法，在临床上主要还是根据病史和上述的临床表现加以诊断。必要时，可进行下述辅助诊断。

（一）水杨酸钠皮内反应试验

用新配制的0.1%水杨酸钠10 mL，分数点注入颈部皮内。注射前和注射后30分钟、60分钟分别检查白细胞总数。其中，白细胞总数有一次比注射前减少1/5，即可判定为风湿病阳性。

（二）血常规检查

病马血红蛋白含量增多，淋巴细胞减少，嗜酸性粒细胞减少检出率较高，一般检出率可达 65%。

（三）纸上电泳法检查

病马血清蛋白含量百分比的变化规律为清蛋白降低最显著，β－球蛋白次之；γ－球蛋白增高最显著，α－球蛋白次之；清蛋白与球蛋白的比值变小。

（四）其他方法

目前，在医学临床上已广泛应用对血清中溶血性链球菌的各种血清非特异性生化成分进行测定，对风湿病进行诊断，主要包括对 C 反应蛋白（C reactive protein，CRP）、抗核抗体（antinuclear antibody，ANA）、血清抗链球菌溶血素 O 的测定。

六、风湿病的治疗

风湿病的治疗要点是消除病因、加强护理、祛风除湿、解热镇痛、消除炎症。除应改善病畜的饲养管理以增强其抗病能力外，还应采用下述治疗方法。

（一）应用解热、镇痛及抗风湿药

水杨酸类药物的抗风湿作用较强，包括水杨酸、水杨酸钠及阿司匹林等。临床经验证明，大剂量的水杨酸制剂对急性肌肉风湿病治疗效果较好，而对慢性风湿病治疗效果较差。

（二）应用皮质激素类药物

皮质激素类药物能抑制许多细胞的基本反应，因此有显著的消炎和抗变态反应的作用；同时，还能缓和间叶组织对内外环境各种刺激的反应，改变细胞膜的通透性。临床上常用的皮质激素类药物有氢化可的松注射液、地塞米松注射液、醋酸泼尼松（强的松）、氢化泼尼松（强的松龙）注射液等。它们都能明显地改善风湿性关节炎的症状，但容易复发。

（三）应用抗生素控制链球菌感染

风湿病急性发作期，无论是否证实机体有链球菌感染均需使用抗生素。应用抗生素治疗时首选青霉素，肌内注射，每日 2～3 次，一般应用 10～14 天；不主张使用磺胺类抗菌药物，因为磺胺类药物虽然能抑制链球菌的生长，却不能预防急性风湿病的发生。

（四）碳酸氢钠、水杨酸钠和自家血液疗法

马、牛每日静脉注射 5% 碳酸氢钠溶液 200 mL，10% 水杨酸钠溶液 200 mL；自家

血液的注射量为第一天 80 mL，第三天 100 mL，第五天 120 mL，第七天 140 mL。7 天为一疗程。每疗程之间间隔一周，可连用两疗程。该方法对急性肌肉风湿病疗效显著，慢性风湿病采用此方法治疗可获得一定的好转。

（五）中兽医疗法

应用针灸治疗风湿病有一定的治疗效果。根据不同的发病部位，可选用不同的穴位。中药方面常用的方剂有通经活络散和独活寄生散。醋酒灸法（火鞍法）适用于腰背风湿病，但对瘦弱、衰老或怀孕的病畜应禁用此法。

（六）物理疗法

物理疗法对风湿病特别是对慢性经过者有较好的治疗效果。局部温热疗法：将酒精加热至 40 ℃左右，或将麸皮与醋按 4∶3 的比例混合炒热装于布袋内进行患部热敷，每日 1～2 次，连用 6～7 天。也可使用热石蜡及热泥疗法等。在光疗法中可使用红外线（热线灯）局部照射，每次 20～30 分钟，每日 1～2 次，至明显好转为止。

第六节　皮肤病

一、皮肤病概述

皮肤病是兽医临床的常见疾病。随着犬、猫等伴侣动物饲养量的增加，小动物的皮肤病在国内兽医临床上占有的比例越来越大。兽医临床常见皮肤病主要分为细菌性感染皮肤病、真菌性感染皮肤病、外寄生虫性感染皮肤病、代谢性皮肤病、内分泌失调性皮肤病、遗传性皮肤病、皮肤免疫异常性皮肤病等。本节主要叙述小动物皮肤病的临床表现与诊断。

（一）皮肤病的临床表现

在皮肤病的发生过程中，皮肤出现各种各样的变化，大体可分为两大类，即原发性皮肤病和继发性皮肤病。原发性皮肤病会引发包括斑点、斑、丘疹、结或结节、脓疱、风疹、水疱、大疱和肿瘤等损害。继发性皮肤病会引发鳞屑、痂、瘢痕、糜烂、溃疡、表皮脱落、苔藓化、色素过度沉着、低色素化、角化不全、角化过度和黑头粉刺等损害。

（二）皮肤病的诊断

临床兽医在诊断皮肤病时，需通过问诊了解动物的病史和用药情况，同时做体检以获得详细的资料，不要忽视其他可能存在的疾病；然后，做皮肤病的临床化验和必要的实验室分析，以便综合判断病因。

二、犬脓皮症

犬脓皮症是由化脓菌感染引起的皮肤化脓性疾病，临床上发病率高，北京犬、可卡犬、沙皮犬、松狮犬、藏獒、德国牧羊犬、大丹犬、腊肠犬和大麦町等品种易发。临床上其主要表现为幼犬脓皮症、浅层脓皮症和深部脓皮症 3 种类型。

（一）犬脓皮症的病因

犬脓皮症有原发性和继发性两种。动物皮肤不洁、毛囊口被污染堵塞、局部皮肤过度摩擦以及皮脂腺机能障碍等因素均可导致犬脓皮症。中间型葡萄球菌是其主要致病菌，金黄色葡萄球菌、表皮葡萄球菌、链球菌、化脓性棒状杆菌、大肠杆菌和奇异变形杆菌等也可引起本病。过敏（皮肤穿透性增大）、外寄生虫感染、代谢性和内分泌性疾病（影响皮肤的生理屏障）是浅层脓皮症的主要病因。影响皮肤微生态环境的因素（如皮肤表面的酸碱度、湿度、温度等的改变）可能是犬脓皮症发生的诱因。

（二）犬脓皮症的症状

浅层脓皮症是犬常见的皮肤病。其病灶多为圆形脱毛、圆形红斑、黄色结痂、丘疹、脓疱、斑丘疹或结痂斑，这些都是犬的浅层脓皮症的典型症状。2～9 月龄犬发病时，在其腹部或腋窝处稀毛区会出现非毛囊炎性脓疱。破溃的脓疱会出现小的淡黄色结痂或环状皮屑，瘙痒可能会出现。深部脓皮症的患犬精神萎靡，食欲不振，发热和淋巴结病可能出现。

（三）犬脓皮症的诊断

幼犬脓皮症主要出现在前、后肢内侧的无毛处；成年犬脓皮症的发病部位不确定，病犬皮肤上会出现脓疱疹、小脓疱和脓性分泌物。多数病例为继发的，临床表现为脓疱疹、皮肤皲裂、毛囊炎和干性脓皮病等症状。

（四）犬脓皮症的治疗

局部配合全身用药是治疗脓皮症的基本原则。对于继发感染性脓皮症，应治疗原发病；对于浅层脓皮症的治疗，使用抗菌香波的治疗效果依赖于正确而及时的诊断和根据药敏试验指导下的用药。全身和局部应用抗生素是本病治疗的基本措施。红霉素、林可霉素类、阿莫西林克拉维酸、TMP（thymidine monophosphate，胸苷一磷酸）、头孢菌素类药物、甲硝唑、洛美沙星、阿米卡星和恩诺沙星等药物可用于治疗本病，用药的剂量应依据药典的规定，还应注意用药的方法、剂量、疗程与药物使用的顺序。一般情况下，治疗犬脓皮症需要 4～6 周的时间；当其临床症状缓解后，建议继续使用抗生素 7～10

天，以减少复发。使用抗脓皮症香波、重组干扰素 γ 等，有助于本病的康复。正确地使用香波和减少肉食量，可减少某些犬脓皮症的发生率。

三、真菌性皮肤病

（一）真菌性皮肤病的病因

真菌性皮肤病又称皮肤癣病，是由毛发真菌引起的毛干和角质层的感染。本病经常发生于犬、猫，尤其是幼年或者免疫功能低下的犬、猫。犬、猫的真菌性皮肤病的致病真菌是犬小孢子菌，其次是石膏样小孢子菌和须发癣菌。其传染方式是直接接触感染。临床上看，犬的真菌性皮肤病多为继发性，而猫常为原发性。

（二）真菌性皮肤病的症状

断毛、少毛、无毛和掉毛是真菌性皮肤病主要的临床表现。患真菌性皮肤病的犬、猫以患部断毛、掉毛或者出现圆形脱毛区菌为主要症状，皮屑较多；有的不脱毛、无皮屑而患部有丘疹、脓包或脱毛区皮肤隆起、发红、结节化，这是真菌急性感染或继发性细菌感染，称为脓癣。

（三）真菌性皮肤病的诊断

诊断真菌性皮肤病常用伍德氏灯、镜检和真菌培养。伍德氏灯诊断的方法是用该灯在暗室里照射病患部位的毛皮屑或皮肤缺损区，出现荧光即为阳性。镜检的方法是患部拔毛或者刮取患部鳞屑、断毛或痂皮置于载玻片上，加数滴 10% 氢氧化钾于载玻片样本上，微加热后盖上盖片，若在显微镜下见到真菌孢子，则可确认真菌感染阳性。

（四）真菌性皮肤病的治疗

首先要隔离患病犬。然后根据病情轻重，采用外用药物和内服药物的方法进行治疗。常用特比萘酚，口服或外用，但特比萘酚对酵母菌效果差。轻症、小面积感染可敷酮康唑乳膏、咪康唑乳膏和克霉唑软膏或特比萘酚霜。用药时剪去患部及周围的毛，洗去皮屑、痂皮等污物，再将软膏涂在患病部皮肤上，每日 2 次，直到病愈。对于重症或慢性感染的病犬，应该外敷软膏配合内服 1 周以上的特比萘酚药片，每日 1 次；避免空腹给药，以防呕吐。药物浸润前使用含洗必泰、咪康唑或酮康唑的香波为动物洗浴对治疗有帮助。

四、犬过敏性皮炎

（一）犬过敏性皮炎的病因

犬过敏性皮炎主要有 3 种形式：遗传性过敏性皮炎、接触性过敏性皮炎和食物过敏性皮炎。

1. 遗传性过敏性皮炎

遗传性过敏性皮炎是某些易感品种动物对环境中的过敏原产生的Ⅰ型过敏反应，是动物受到遗传基因的影响而对外界过敏原表现相对敏感的结果。

2. 接触性过敏性皮炎

接触性过敏性皮炎是一种在稀毛区不常出现的丘疹，斑性皮炎。本病多发于接触易产生过敏反应的动物，是机体对经皮肤吸收的半抗原产生的细胞介导的Ⅳ型过敏反应。

3. 食物过敏性皮炎

食物过敏性皮炎是由饮食引起的不常见的非阵发性的过敏，是犬对消化吸收的食物添加剂所产生的反常免疫反应。食物过敏并不与饮食的改变相伴随出现。有些动物甚至食用可引起过敏的食物超过两年而不引发任何症状。可能引发犬过敏的食物原料包括牛肉、牛奶、禽产品、小麦、大豆、谷物、羊肉和鸡蛋等。

（二）犬过敏性皮炎的症状

1. 遗传性过敏性皮炎

遗传性过敏性皮炎多发于年青成年犬（1～3岁），症状为周期性瘙痒。瘙痒表现为频繁而剧烈，常影响面、伸肌与屈肌皮肤表面、腋窝、耳廓和腹股沟等部位。自我损伤也会引起继发性皮肤病变，如脱毛、鳞屑、结痂、苔藓化等。

2. 接触性过敏性皮炎

患接触性过敏性皮炎的犬在常接触地面、被毛稀少的部位，如腋下、腹部、指（趾）间、腹股沟、肷部或会阴出现瘙痒性红斑或丘疹。

3. 食物过敏性皮炎

虽然食物过敏并不引起极度的瘙痒，但可引发自身损伤和浅表脓皮病，多数症状与跳蚤叮咬过敏相似，但也可能表现为外耳炎。这种瘙痒在使用糖皮质激素后，仍然无法减轻。19%～35%的犬可复发过敏症，包括遗传性过敏性皮炎、跳蚤叮咬、接触性与外寄生虫性皮炎。继发性疾病包括外耳炎、角质层疾病、浅表脓皮病和马拉色菌性皮炎。

（三）犬过敏性皮炎的诊断

一般需要鉴别犬跳蚤叮咬性过敏、药物过敏、遗传性过敏性皮炎、外寄生虫浅表毛囊炎、接触性皮炎和角质层疾病。

1. 遗传性过敏性皮炎

遗传性过敏性皮炎的诊断应建立在病史与临床表现相统一的结果上，并且要排除其他可能引起瘙痒的原因。对于过敏性皮炎，继发感染可加重瘙痒症状，并增加本病的复发概率。

2. 接触性过敏性皮炎

接触性过敏性皮炎主要是根据病史、临床症状、排除其他疾病、刺激试验、斑点试验、损伤的组织学检查进行诊断。

3. 食物过敏性皮炎

当患病犬食用消除过敏性食物（一种先前未食用过的蛋白质或碳水化合物）超过6 ~ 12 周后，过敏得到改善，方可诊断为食物过敏性皮炎。

（四）犬过敏性皮炎的治疗

当无法避免接触过敏原时，脱敏并延缓过敏周期是治疗遗传性过敏性皮炎的主要选择。对症治疗包括使用抗组胺药物与必需脂肪酸，外用止痒药，隔天口服糖皮质激素，避免接触过敏原（如有可能），并同时治疗继发疾病。治疗接触性过敏性皮炎时，要防止动物继续接触过敏物。另外乙酮可可碱（每千克体重 10 ~ 20 mg 口服，每 8 ~ 12 小时一次）对过敏有较好的疗效。糖皮质激素也可减轻症状，使用抗生素可防止继发感染。

第七节 疝

一、疝概述

（一）疝的概念

腹腔内器官连同腹膜壁层脱至皮下或其他解剖腔内时称为疝，又叫赫尼亚，各种家畜均可发生。

（二）疝的组成

疝由疝孔（疝轮）、疝囊和疝内容物组成（见图 2–3）。

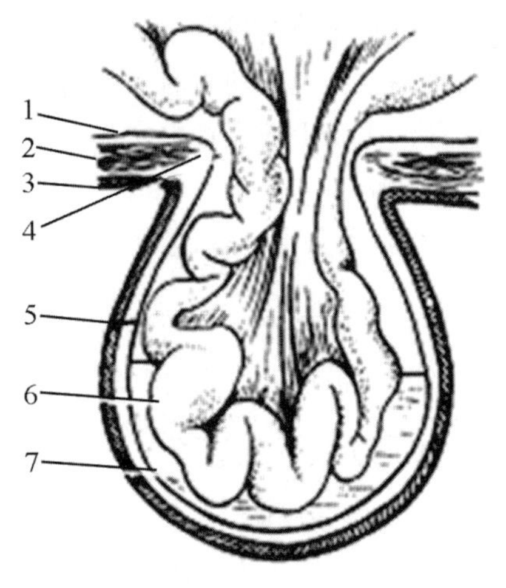

图 2–3 疝的模式图

1—腹膜；2—肌肉；3—皮肤；4—疝轮；5—疝囊；6—疝内容物；7—疝液。

（资料来源：王洪斌．兽医外科学．5 版．北京：中国农业出版社，2012.）

1. 疝孔

疝孔是指自然孔的异常扩大（如脐孔、腹股沟环）或是腹壁上任何部位病理性的破裂孔（如钝性暴力造成的腹肌撕裂），内脏可由此而脱出。

2. 疝囊

疝囊由腹膜及腹壁的筋膜、皮肤等构成，腹壁疝的最外层常为皮肤。

3. 疝内容物

疝内容物为通过疝孔脱出到疝囊内的一些可移动的内脏器官。常见的疝内容物有小肠、肠系膜、网膜，其次为瘤胃、真胃、肝脏等。

（三）疝的病因

引起疝的常见病因有某些解剖孔（脐孔、腹股沟环等）的扩大、膈肌发育不全、机械性外伤、腹压增大、小母猪阉割不当等。

（四）疝的分类

（1）根据疝部是否突出体，疝可分为外疝和内疝。凡突出体表者叫外疝（如脐疝）；凡不突出体表者叫内疝（如膈疝）。

（2）根据发病的解剖部位，疝可分为脐疝、腹股沟阴囊疝、腹壁疝、会阴疝等。

（3）根据发病的原因，疝可分先天性疝和后天性疝。先天性疝多发生于初生幼畜，后天性疝则见于各种年龄的动物。

（4）根据疝内容物可否还纳，疝可分为可复性疝与不可复性疝。前者当改变动物体位或压挤疝囊时，疝内容物可通过疝孔还纳腹腔；后者指不管是改变体位还是挤压，疝内容物都不能回到腹腔。

二、脐疝

（一）脐疝的病因

各种家畜均可发生脐疝，但以仔猪、犊牛为多见，幼驹也不少。一般脐疝以先天性病因为主，见于初生时，或者出生后数天或数周。犊牛的先天性脐疝多数在出生后数月逐渐消失，少数会越来越大。其发生原因是脐孔发育不全、没有闭锁，脐部化脓或腹壁发育缺陷等。

（二）脐疝的症状

病畜脐部出现局限性的、柔软无痛的半球形肿胀，大小不定，多为可复性的。当发生嵌闭性脐疝时，动物出现腹痛症状。猪、犬有时可见呕吐症状。

（三）脐疝的治疗

1. 保守疗法

保守疗法适用于疝轮较小、年龄小的动物。可用疝带（皮带或复绷带）、强刺激（幼驹用赤色碘化汞软膏，犊牛用重铬酸钾软膏）等促使局部炎性增生闭合疝口。幼龄动物可用一个大于脐环的、外包纱布的小木片抵住脐环，然后用绷带加以固定，以防移动。若同时配合疝轮四周分点注射 10% 氯化钠溶液，效果更佳。

2. 手术疗法

对于可复性疝，手术疗法比较可靠。本手术应按无菌技术要求仔细、小心地切开皮肤，切口为梭形，分离并切开疝囊（根据需要），特别要注意剥离肠管的粘连部分。若无粘连即可将疝内容物直接还纳（一般进行仰卧保定或半仰卧保定时疝内容物可自然地还纳至腹腔），并进行袋形（烟包）缝合以封闭疝轮。如果病程稍长，疝轮的边缘坚硬而厚，则最好将疝轮削薄成为一新鲜创面，再用重叠式褥状缝合，皮肤做结节缝合（如皮肤依然突出很多可以适当修整）。

三、会阴疝

会阴疝是由于盆腔肌组织缺陷，腹膜及腹腔脏器向盆腔后结缔组织凹陷内突出，以致向会阴部皮下脱出的现象。

（一）会阴疝的病因

本病的发生与多种因素有关。其中盆腔后结缔组织无力和肛提肌的变性或萎缩是发生本病的常见原因；性激素失调、前列腺肿大及慢性便秘等因素及其相互影响对本病的发生起重要的促进作用。公犬激素不平衡可引起前列腺增生和肿大，前列腺肿大可引起便秘和持久性里急后重，长期的过度努责又可导致盆腔后结缔组织无力，从而促使本病发生。

（二）会阴疝的症状

病畜在肛门、阴门近旁或其下方出现无热、无痛、柔软的肿胀，常为一侧性肿胀，对侧肌肉松弛。如果疝内容物为膀胱，则挤压肿胀有时可见到喷尿。病畜频频排尿，但量不多或无尿。若肿胀物硬并出现疼痛，则常为嵌闭性会阴疝。犬的疝内容物常为直肠囊（或直肠袋），其次为膀胱或前列腺。

（三）会阴疝的治疗

依据本病患部相对固定，触摸隆起部大多柔软、可复、无炎性反应，病犬排粪或排尿困难，即可做出初步诊断。结合直肠指检或对突起部位进行穿刺等检查结果，容易确诊本病。

1. 保守疗法

保守疗法适用于前列腺增生、肿大和直肠偏移积粪的病畜。可应用醋酸氯地孕酮每千克体重 2.2 mg 口服，每日 1 次，连用 7 天，以减轻前列腺增生；应用甲基纤维素或羧甲基纤维素钠，0.5 ~ 5 克 / 次，口服，具有保持粪便水分，刺激肠壁蠕动的轻泻作用。

2. 手术疗法

术前禁食 12 ~ 24 小时；温水灌肠，清除直肠内蓄粪，导尿；犬行俯卧保定；全身麻醉。皮肤切口选在疝囊一侧，自尾根外侧至坐骨结节做弧形切口。钝性分离皮下组织和疝囊，充分显露并辨认疝内容物。先在尾肌和肛外括约肌前部缝合3～4针；再从闭孔内肌到肛外括约肌间缝合1～2针，最后在闭孔内肌与尾肌间再缝合1～2针。常规闭合皮下组织与皮肤切口。疝修复手术结束后，可对动物施行去势术，以防止本病复发。

第八节 眼科疾病

一、眼科检查方法

（一）眼的一般检查法

1. 视诊

视诊时，应将动物安置或牵至安静场所使其头部向着自然光线，由外向内逐步进行，依次为眼睑、结膜、角膜、巩膜、眼前房、虹膜、瞳孔、晶状体。

2. 触诊

触诊主要检查眼睑的肿胀、温热程度和眼的敏感度以及眼内压的增减。

（二）眼的器械辅助检查

1. 光源辅助检查

光源辅助检查主要用于检查结膜、角膜、虹膜、瞳孔及眼前房，检查者站于被检动物眼的前方，应用凹面反光镜收集照射光源再反射到被检动物眼内，然后由反光镜的中央孔观察眼前部；或者用电筒光源从侧方直接照射，观察眼前部的结构有无变化。

2. 检眼镜检查

检眼镜种类很多，可分为直接检眼镜和间接检眼镜。用直接检眼镜所看到的眼底像是较原眼底放大约16倍的正像；用间接检眼镜所看到的眼底像是放大4～5倍的倒像。

3. 眼内压的测定

眼内压是眼内容物对眼球壁产生的压力。眼内压的测定对诊断青光眼有重要意义，因为当患青光眼时，动物的眼内压往往会升高。眼内压检查时将眼压计置于眼球突出部位的眼皮上测量。马的正常眼压为14～22 mmHg，牛的正常眼压为14～22 mmHg，绵羊的正常眼压为19.25 mmHg，犬的正常眼压为15～25 mmHg，猫的正常眼压为14～26 mmHg。

4. 荧光素照影辅助检查

荧光素是兽医眼科上最常用的染料，它的水溶液滞留在角膜溃疡部，能在溃疡处出现着色的荧光素，因而可测出角膜溃疡的所在。荧光素照影辅助检查也可用于检查鼻泪管系统的畅通性能。

二、眼睑内翻

眼睑内翻是指睑缘向眼球方向内卷，内翻后睑缘的睫毛对角膜和结膜有很大的刺激性，可引起流泪与结膜炎，如不去除刺激则可能发生角膜炎和角膜溃疡。

（一）眼睑内翻的病因

眼睑内翻多半是先天性的，常见于羔羊和犬，尤其是面部皮肤松弛的沙皮犬、松狮犬。后天性的眼睑内翻主要是由睑结膜、睑板瘢痕性收缩所致。眼睑的撕裂创和愈合不良以及结膜炎与角膜炎刺激也可引发眼睑内翻。

（二）眼睑内翻的症状

病畜表现为睫毛排列不整齐、向内向外歪斜；向内倾斜的睫毛刺激结膜及角膜，导致结膜充血潮红；角膜表层发生浑浊甚至溃疡；患眼疼痛、流泪、羞明、眼睑痉挛。

（三）眼睑内翻的治疗

在术部剃毛消毒及局部麻醉后，在离眼睑边缘 0.6 ~ 0.8 cm 处做切口，切去圆形或椭圆形皮片，去除皮片的数量应使睑缘能够覆盖到附近的角膜缘为度。然后做水平纽扣状缝合，矫正眼睑至正常位置（见图 2–4）。严重的应施行与眼睑患部同长的横长椭圆皮肤切片，剪除一条眼轮匝肌，用缝合线做结节缝合或水平纽扣状缝合使创缘紧密靠拢，7 天后拆线。

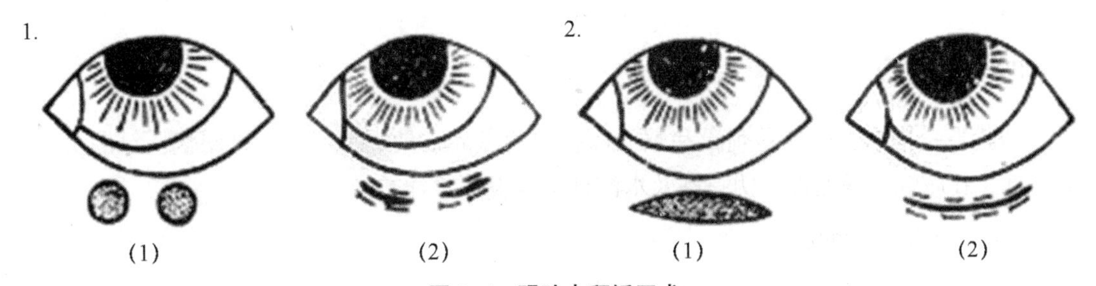

图 2–4　眼睑内翻矫正术

1. 圆形皮片切除法（1）切除皮片（2）水平纽扣缝合皮片

2. 椭圆形皮片切除法（1）切除皮片（2）水平纽扣缝合皮片

（资料来源：王洪斌．兽医外科学．5 版．北京：中国农业出版社，2012.）

三、角膜炎

角膜炎是最常见的眼病，可分为外伤性、表层性、实质性及化脓性角膜炎等数种类型。

（一）角膜炎的病因

角膜炎多由外伤，如鞭梢的打击、笼头的压迫、尖锐物体的刺激或碎玻璃、碎铁屑等异物进入眼内引起。细菌感染、邻近组织病变的蔓延等也可诱发本病。此外，某些传染病，如腺疫、牛肺疫等也可并发角膜炎。

（二）角膜炎的症状

角膜炎的共同症状是羞明、流泪、疼痛、眼睑闭合、角膜浑浊、角膜缺损或溃疡。轻微的角膜炎常不容易发现，只有在阳光斜照下可见到角膜表面粗糙不平。外伤性角膜炎常可见到伤痕以及透明的表面变为淡蓝色或蓝褐色。由于致伤物体的种类和力量不同，外伤性角膜炎可出现角膜浅创、深创或贯通创。由化学物质引起的热伤所导致的角膜炎，轻的仅见角膜上皮被破坏，表面银灰色浑浊；深层受伤时则出现溃疡；严重的可发生坏疽，角膜出现明显的灰白色。

角膜面上形成不透明的白色瘢痕时叫作角膜浑浊或角膜翳。新的角膜浑浊有炎症症状，界限不明显，表面粗糙、稍隆起。陈旧的角膜浑浊没有炎症症状，界限明显。

（三）角膜炎的治疗

为促进角膜浑浊的吸收，可向患眼吹入等份的甘汞和乳糖；可用 40% 葡萄糖溶液或自家血点眼；也可用 1%～2% 黄降汞眼膏涂于患眼内。大动物每日静脉注射 5% 碘化钾溶液 20～40 mL，连用 1 周。疼痛剧烈时，可用 10% 颠茄软膏或 5% 狄奥宁软膏涂于患眼内。1% 三七液煮沸灭菌，冷却后点眼，对角膜创伤的愈合有促进作用，且能使角膜浑浊减退。

四、结膜炎

结膜炎是指结膜受外界刺激和感染而引起的炎症，是最常见的一种眼病。结膜炎有卡他性、化脓性、滤泡性、伪膜性及水泡性结膜炎等数种类型。

（一）结膜炎的病因

结膜对各种刺激十分敏感，常由于外来的或内在的轻微刺激而引起炎症。其病因主要包括：机械性因素，如结膜外伤、异物、眼睑内翻或外翻、睫毛倒生等；物理性因素，如各种热伤及烫伤、日光长期直射、紫外线或 X 射线照射等；化学性因素，如各种化学药品或农药等刺激性药物误入眼内；传染性因素（结膜内常有各种微生物），如牛传染性鼻气管炎病毒可引起犊牛群发生结膜炎，衣原体可引起绵羊滤泡性结膜炎；免疫介导性因素，如过敏、嗜酸性细胞结膜炎等。另外，眼病常继发于邻近组织的疾病，如上颌窦炎、泪囊炎、角膜炎；多种传染病经过中常并发症候性结膜炎，如流行性感冒、腺疫、牛恶性卡他热、牛瘟、牛炭疽、犬瘟热等。

（二）结膜炎的症状

结膜炎的共同症状是羞明、流泪、结膜充血、结膜浮肿、眼睑痉挛、渗出物增多及白细胞浸润等。

1．卡他性结膜炎

卡他性结膜炎是临床上最常见的结膜炎类型，其症状表现为结膜潮红、肿胀、充血，流浆液、黏液或黏液脓性分泌物。卡他性结膜炎可分为急性和慢性两种。

（1）急性型。病畜起初结膜及穹隆部稍微肿胀，呈鲜红色，分泌物较少，呈水样，然后变为黏液性。重度结膜炎时，眼睑肿胀、热痛症状明显，羞明、充血显著，甚至出现出血斑。炎症可波及眼角膜，有时角膜面也有轻微的浑浊。如果炎症继续向结膜下发展，则结膜高度肿胀，疼痛剧烈。

（2）慢性型。慢性型常由急性型转变而来，症状往往不明显。其症状表现为轻微羞明或见不到羞明症状，充血较轻，结膜呈暗赤色、黄红色和黄色。时间久的病例，结膜变厚呈丝绒状，有少量分泌物。

2．化脓性结膜炎

化脓性结膜炎是由于感染了化脓菌或在某种传染病经过中发生的，特别是犬瘟热病例化脓性结膜炎症状十分明显。该病也可以是卡他性结膜炎的并发症。病畜症状较重，多见从眼内流出多量脓性分泌物，上、下眼睑常常被粘在一起。化脓性结膜炎经常波及角膜而形成溃疡，并常带有传染性。

（三）结膜炎的治疗

1．除去病因

首先应除去病因，如果是其他疾病的症候性结膜炎，则应以治疗原发病为主。

2．遮断光线

将病畜放在暗处或装上眼绷带。但是，如果眼分泌物量多，则以不装眼绷带为好。

3．清洗患眼

常用3%硼酸溶液冲洗患眼。

4．对症疗法

对于急性卡他性结膜炎，在充血显著时，初期用冷敷方法；当分泌物变为黏液时，则改为温敷。再用0.5%～1%硝酸银溶液点眼，每日1～2次。同时还能在结膜表面上形成一层很薄的膜，从而对结膜面起保护作用。若分泌物已见减少或处于吸收过程时，可用收敛药。临床上以 0.5% ~ 2% 硫酸锌溶液点眼效果较好，每日 2 ~ 3 次。

慢性结膜炎的治疗以刺激温敷为主。局部可用较浓的硫酸锌溶液、硝酸银溶液或硫酸铜溶液轻轻擦上、下眼睑，擦后立即用 3% 硼酸水冲洗，然后再进行温敷。也可用 2% 黄降汞眼膏涂于结膜囊内。

五、白内障

白内障是指晶状体囊或晶状体发生浑浊的疾病，各种动物都可发生。

（一）白内障的病因

先天性白内障是由于晶状体及晶状体囊在母体内发育异常，出生后所表现的异常。机械性损伤可导致晶状体营养障碍而发生外伤性白内障。症候性白内障多继发于睫状体炎和视网膜炎，如发生于牛恶性卡他热、马流行性感冒等传染病的经过中。中毒性白内障常见于家畜麦角中毒时。二碘硝基酚和二甲亚砜可引起犬的白内障。奶牛或犬患糖尿病时，常并发糖尿病性白内障。老年性白内障主要见于 8 ~ 12 岁的老龄犬。幼年性白内障常见于马和犬，病畜年龄小于 2 岁，多由代谢障碍（维生素缺乏、佝偻病）所致。

（二）白内障的症状

本病的特征是晶状体及晶状体囊浑浊、瞳孔变色、视力消失或减退。浑浊明显时，肉眼检查即可确诊，眼呈白色或蓝白色；否则，需要做烛光成像检查或检眼镜检查。当晶状体全浑浊时，烛光成像看不见第 3 个影像，第 3 个影像反而比正常时更清楚。检眼镜检查时可见到的眼底反射强度是判断晶状体浑浊度的良好指标：眼底反射下降得越多，晶状体的浑浊度越完全。浑浊部位呈黑色斑点。白内障不影响瞳孔的正常反应。

（三）白内障的治疗

1. 晶状体摘除术

与晶状体乳化相比，晶状体摘除术的优点是需要较少的器械，且术野暴露良好；缺点是手术时易发生眼球塌陷，晶状体周围的皮质摘除困难和角膜切口较大。

2. 晶状体超声乳化白内障摘除术

这种方法的优点是角膜切口小，术后可保持眼球形状，晶状体较易摘出，术后炎症较轻；缺点是晶体乳化的器械比较昂贵。

3. 人工晶状体植入

目前，国外已有用于马、犬、猫等动物的人工晶状体，待白内障摘除后可将其植入空的晶状体囊内。这种人工晶状体是塑料制成的，耐受性良好，可提供近乎正常的视力。

第九节 头颈部疾病

一、外耳炎

外耳炎是指发生于外耳道的炎症，犬、猫多发，且垂耳或外耳道多毛品种的犬更易发生。

（一）外耳炎的病因

外耳道内有异物进入（如泥土、昆虫、带刺的植物种子等）、存在较多的耳垢、进水或有寄生虫寄生（痒螨），垂耳或耳廓内被毛较多使水分不易蒸发而导致外耳道内长期湿润，湿疹、耳根皮炎的蔓延等诸多因素均可刺激外耳道皮肤引起炎症。

（二）外耳炎的症状

外耳炎的症状主要包括：外耳道排臭味分泌物；耳部瘙痒，严重时甚至导致耳廓皮下血肿；大动物常在墙壁、树干摩擦耳部，小动物常用后爪抓挠耳部、剧烈甩头；指压耳根部动物疼痛、敏感；慢性外耳炎时分泌物浓稠，外耳道上皮肥大、增生，可堵塞外耳道，使动物听力减弱。

（三）外耳炎的治疗

1. 局部处理

（1）止痛：对于耳部疼痛而高度敏感的动物，可向外耳道内注入可卡因油。

（2）清创：用 0.1% 新洁尔灭或 3% 双氧水清洗耳道，之后用温热的生理盐水清洗并用脱脂棉吸干。

（3）局部用药：局部使用抗生素和皮质固醇类软膏，也可使用氧化锌软膏，有助于收敛。

（4）外耳道切除术引流：对慢性外耳炎、炎性分泌物多、药物治疗时间长、较难根治的外耳炎，可施行部分外耳道切除术引流。

2. 全身抗生素治疗

对于体温上升者，可全身应用抗生素；对于真菌引起的外耳炎，可用抗真菌的药；对于寄生虫引起的外耳炎，则需要驱虫。

二、面神经麻痹

面神经为第 7 对脑神经，其控制面部肌肉的活动、感觉和唾液分泌等，临床上以单侧面神经麻痹多发。

（一）面神经麻痹的病因

根据神经传导障碍的原因，面神经麻痹分为外伤性、炎症性、侵袭病性、传染病性和中毒病性。按部位，面神经麻痹分为中枢性和末梢性两大类。

1. 中枢性面神经麻痹

中枢性面神经麻痹多半是由脑部神经受压引起的，如脑的肿瘤、血肿、挫伤、脓肿、结核病灶、指形丝状线虫微丝蚴进入脑内的迷路感染等。

2. 末梢性面神经麻痹

末梢性面神经麻痹主要是由神经干及其分支受到创伤、挫伤、压迫，长期侧卧于地，摔跌猛撞硬物等引起的。

（二）面神经麻痹的症状

1. 单侧性面神经全麻痹

单侧性面神经全麻痹的症状为患侧耳歪斜呈水平状或下垂，上眼睑下垂，眼睑反射消失，鼻翼塌陷，通气不畅，上、下唇下垂并向健侧歪斜，出现嘴歪，采食、饮水困难。

2. 单侧性上颊支神经麻痹

单侧性上颊支神经麻痹的症状为耳及眼睑功能正常，仅患侧上唇麻痹、鼻孔下塌且歪向健侧。

3. 单侧性下颊支神经麻痹

单侧性下颊支神经麻痹的症状为患侧下唇下垂并歪向健侧。

4. 两侧性面神经全麻痹

除呈现两侧性的上述症状外，两侧性面神经全麻痹的病畜还表现呼吸困难，采食障碍，并且有咽下困难等障碍。

（三）面神经麻痹的治疗

面神经麻痹的治疗方法包括：在面神经通路上进行按摩、温热疗法及配合外用刺激药；在神经通路附近或相应穴位交替注射硝酸士的宁和樟脑油；采用红外线疗法、感应电疗法或硝酸士的宁离子透入疗法；采用电针疗法，以开关、锁扣为主穴，分水、抱腮为配穴；两侧性面神经全麻痹并伴有鼻翼塌陷和呼吸困难的马，宜用鼻翼开张器或进行手术扩大鼻孔，以解除呼吸困难。

三、牙周炎

牙周炎是牙龈炎的进一步发展，累及牙周较深层组织，是牙周膜的炎症，多为慢性炎症。

（一）牙周炎的病因

齿龈炎、口腔不卫生、齿石、食物的机械性刺激、菌斑的存在和细菌的侵入，使炎症由牙龈向深部组织蔓延是牙周炎的主要病因。

（二）牙周炎的症状

牙周炎急性期齿龈红肿、变软，转为慢性时，齿龈萎缩、增生。由于炎症的刺激，牙周韧带破坏，使正常的齿沟加深，形成蓄脓的牙周袋，轻压齿龈，牙周有浓汁排出。

（三）牙周炎的治疗

牙周炎的治疗原则是去除病因、防止病程进展、恢复组织健康。局部治疗主要应刮除齿石，除去菌斑，充填龋齿和矫治食物嵌塞，无法救治的松动牙齿应拔除。

四、牙结石

（一）牙结石的病因

牙结石是由牙菌斑矿化而成的、黏附于牙齿表面的钙化团块，常见于犬和猫。

（二）牙结石的症状

根据牙结石形成的部位，可将其分为齿龈上牙结石和齿龈下牙结石。前者位于龈缘上方牙面上，直接可见，通常为黄白色并有一定硬度；后者位于齿龈沟或牙周袋内，牢固附着于牙面，质地坚硬致密。牙结石还可引起齿龈炎、牙周病，最后造成牙齿松动、脱落。其临床表现有口臭、进食困难、消化功能障碍等。

（三）牙结石的治疗

除去牙结石主要采用刮治法。可用刮石器或超声波除石器除去牙结石。清除齿龈下牙结石不宜使用超声波除石器，以免损伤牙周组织。

五、颈静脉炎

颈静脉炎是指颈静脉血管的急性无菌性炎症。

（一）颈静脉炎的病因

（1）颈静脉采血、放血、注射不当等操作可引起颈静脉炎。

（2）颈部手术时，如果食管梗塞时手术粗糙、消毒不严，则会造成颈静脉组织的损伤和继发感染。

（3）颈部附近组织发炎扩散可继发颈静脉炎。

（4）刺激性药物（氯化钙、10% 氯化钠、水合氯醛等）漏至颈静脉外，可引起严重的颈静脉炎。

（二）颈静脉炎的症状

根据炎症发生的范围和性质，颈静脉炎分为单纯性颈静脉炎、颈静脉周围炎、血栓性颈静脉炎、化脓性颈静脉炎、出血性颈静脉炎。

（1）单纯性颈静脉炎：紧急脉管壁增厚，在皮下可摸到结节状或条索状，有疼痛的肿胀物。

（2）颈静脉周围炎：患部肿胀热痛明显，患部下面紧，腹部和胸前长有炎性水肿，摸不到颈静脉。

（3）血栓性颈静脉炎：沿颈静脉周围出现明显的炎性水肿，局部热痛，颈静脉内有血栓形成，并在颈静脉沟内出现长索状粗大的肿胀物，质地较硬，血循环受阻。

（4）化脓性颈静脉炎：视诊及触诊可发现弥漫性温热疼痛及炎性水肿，肿胀，表面带有黄色渗出物，不易触知颈静脉。

（5）出血性颈静脉炎：多发生于化脓性和血栓性颈静脉炎的过程中，若不及时发现和治疗，病畜可因失血而死亡。

（三）颈静脉炎的治疗

治疗颈静脉炎时，要去除病因、限制运动、防止炎症扩散和血栓破裂。当注射刺激性药物失误而漏至颈外时，应立即停止注射，并向隆起部位注入生理盐水，同时用 20% 硫酸钠热敷，每日 2 ~ 3 次，每次 20 ~ 30 分钟；也可用盐酸普鲁卡因封闭。若是氯化钙漏出，则应局部注射 10% ~ 20% 硫酸钠。

第十节 胸腹部疾病

一、胸壁透创

胸壁透创是指穿透胸膜的胸壁创伤。

（一）胸壁透创的病因

胸壁透创多由胸壁的钝性伤和穿刺伤引起。胸壁钝性伤常因机动车碰撞、高处坠落或人为打击而发生；胸壁穿刺伤最常见的原因是尖锐物体刺入、牛角的顶撞、枪击伤或被其他动物咬伤。

（二）胸壁透创的症状

由于受伤的情况不同，胸壁透创的创口大小也不一样。病畜会表现为不安、沉郁，一般都有程度不等的呼吸，甚至出现呼吸困难的症状。胸壁透创通常会引起气胸、血胸、脓胸、胸膜炎等并发症。

（三）胸壁透创的治疗

发生胸壁透创时，应及时闭合创口，制止内出血，排出胸腔内的积气、积血，恢复胸腔内负压，维持心脏功能，防治休克和感染。

二、胃内异物

胃内异物是指动物吞食了除食物以外的难以消化或不能消化的异物，并将异物滞留于胃内，不易通过呕吐或肠道排出体外的一种疾病。异物可造成胃黏膜损伤，影响胃的蠕动功能，严重者可引起胃穿孔、继发腹膜炎等。本病多见于牛、羊、犬和猫，其他动物也有发生。

（一）胃内异物的病因

饲料单一、维生素和矿物质缺乏、长时间饥饿、营养不良、患有某种疾病［如代谢病、传染病（狂犬病等）、寄生虫病等］等，导致动物出现异食的现象，喜吞食各种异物而滞留胃内造成胃内异物。外源性异物指外界的各种异物，如骨头、石头、铁钉、铁丝、塑料、橡胶、破布、线团、毛团、沙土等。内源性异物主要是胃肠道内的寄生虫团块（如蛔虫）。

（二）胃内异物的症状

根据异物的种类、大小和存在部位不同，胃内异物的临床症状也有较大的差异。

（三）胃内异物的治疗

（1）保守治疗：对牛、羊胃内异物，保守治疗只能暂时缓解症状或增强体质，而手术治疗才有效。

（2）手术治疗：药物治疗无效的病例，应尽快进行手术治疗。

（3）术后护理：术后应严密观察动物的临床表现，维持静脉内补液和能量供给，纠正水电解质和酸碱平衡紊乱，应用抗生素并对症治疗。

三、胃扩张—扭转综合征

胃扩张—扭转是指犬胃扩张的同时，伴有胃体沿胃体纵轴发生旋转，使胃内容物不能后送，以全身性症候群为特征的一种急性疾病。

（一）胃扩张—扭转综合征的病因

胃扩张—扭转综合征的病因目前尚不十分清楚，但其与犬的品种、性别、年龄、饲养管理、环境因素及遗传因素等有密切的关系。犬的幽门活动性较大，饱食后，胃胀满体积增大，质量增加，胃下垂、胃十二指肠韧带松弛或断裂；犬迅速奔跑、跳跃、打滚、急速上下楼梯或马上训练，均可导致该病发生。胃肠功能差、脾肿大、钙磷比例失调、应激、呕吐等为此病的诱发因素。

（二）胃扩张—扭转综合征的症状

病犬突然出现腹痛、精神沉郁、呆立、弓腰、干呕、呻吟、口吐白沫，有的卧地不起，病情发展十分迅速。胃扭转可造成贲门和幽门都闭塞，胃内液体和食物既不能上行呕吐出去，也不能下行进入肠管，因而发生急性胃扩张，在短时间内可见到腹围迅速增大，叩诊腹部呈鼓音或钢管音，冲击胃下部，有时可听到拍水音。病犬呼吸困难、脉搏频数、黏膜苍白，很快休克，如不及时治疗，可在数小时内死亡，最长存活时间不超过 2 天。

（三）胃扩张—扭转综合征的诊断

根据犬的品种、体型、性别、饲养管理状况、病史和临床症状可做出初诊，胃管插管和 X 射线检查可确诊此病。胃扩张—扭转综合征在症状上与单纯胃扩张、肠扭转和脾扭转有相似之处，应注意鉴别诊断，简单易行的方法是插胃管进行鉴别。

单纯性胃扩张时，胃管可以插到胃内，并导出酸臭味气体和带食糜的液体，腹部胀满迅速减轻，病犬症状开始好转；胃扭转时，胃管插不到胃内，因而无法缓解胃扩张的状态；肠扭转时，胃管容易插到胃内，但腹部胀满不能减轻，并且即使胃内气体消失，病犬仍然逐渐衰竭。X 射线检查也可确诊胃扩张—扭转综合征。

（四）胃扩张—扭转综合征的治疗

为稳定病畜的病情，防止休克，应给予抗菌、补液、强心等相应的治疗。如果病畜发生呼吸困难，应进行输氧，同时插胃管或进行胃穿刺术，以缓解胃内压力。当动物病情稳定后，手术要尽快进行，因为即使胃已经进行减压，没有发生畸变的胃扭转也会影响胃血液流动，并可能发生胃坏死。对发生休克的犬要马上进行抢救。

第十一节 泌尿生殖系统疾病

一、膀胱结石

膀胱结石是指膀胱内结石或结晶数量过多，刺激膀胱黏膜而引起出血、炎症和阻塞的一种泌尿器官疾病。

（一）膀胱结石的病因

膀胱结石的形成是多种因素综合作用的结果，促进结石形成的因素主要有泌尿道感染、肝机能降低、遗传缺陷、日粮配合不当、维生素 A 缺乏、雌激素过剩、饮水不足等。

（二）膀胱结石的症状

结石较小时，病畜不表现明显的症状。当结石大而多时，可引起膀胱炎症，出现尿频、排尿困难、尿液带血等症状。经腹部（犬、猫）或直肠（牛、马）触诊，有时可发现膀胱内有移动感的结石。

（三）膀胱结石的治疗

1. 药物疗法

使用利尿剂配合适量饮水，增加尿量，有助于结石排出。尿液酸化剂（如氯化铵）可酸化尿液，以溶解磷酸铵镁结石。犬、猫磷酸铵镁和尿酸铵结石可使用处方粮进行辅助治疗，避免手术风险，减少护理。

2. 手术疗法

对于较大的膀胱结石，可进行膀胱切开术，取出结石。长期尿结石常因细菌感染而继发严重的尿道或膀胱炎症，甚至引起肾盂肾炎、肾衰竭和败血症。因此，在治疗尿结石的同时，必须配合局部和全身抗生素治疗。另外，酸化尿液、增加尿量有助于缓解感染。

二、隐睾

隐睾是一侧或两侧睾丸的不完全下降，滞留于腹腔或腹股沟管的一种疾病。本病可发生于牛、马、猪、羊、犬等多种动物。

（一）隐睾的病因

睾丸下降的真正原因尚不清楚，一般认为有以下几种原因：下丘脑—垂体轴缺陷及黄体激素不足；机械性缺陷，如引带异常；遗传性原因；导致睾丸雄激素缺乏的睾丸自身缺陷。

（二）隐睾的症状

一侧隐睾时，无睾丸侧的阴囊皮肤松软而不充实，触摸时阴囊内只有一个睾丸；两侧隐睾时，其阴囊缩小，触摸阴囊内无睾丸。

（三）隐睾的治疗

隐睾的治疗方法是采取手术的方法进行摘除。

第十二节 直肠和肛门疾病

一、锁肛

锁肛是肛门被皮肤所封闭而无肛门孔的先天性畸形，家畜中以仔猪最常见，犬、羔羊、驹及犊牛偶尔可见到。

（一）锁肛的病因

后肠、原始肛发育异常或发育不全，可导致锁肛或肛门与直肠之间被一层薄膜所分割的畸形。

（二）锁肛的症状

锁肛通常发生于初生仔畜，一时不易发现，但在 24 小时或数天后病畜腹围逐渐增大，频频做排粪动作，腹痛，病猪常发出刺耳的叫声，拒绝吮吸母乳，此时可见到肛门处的皮肤向外突出，触诊可摸到胎粪。如果在发生锁肛的同时并发直肠、肛门之间的膜状闭锁，则可感觉到薄膜前面有胎粪积存或波动。

（三）锁肛的治疗

锁肛的治疗方法是施行锁肛造孔术（人造肛门术）。

二、直肠和肛门脱垂

直肠和肛门脱垂俗称脱肛，是直肠末端的黏膜、直肠的一部分或大部分经肛门向外翻转脱出，而不能自行缩回的一种疾病。严重的病例可在发生直肠和肛门脱垂的同时并发肠套叠或直肠疝。本病常见于猪，特别是仔猪，马和牛等其他动物也可发生，且均以幼年动物易发。

（一）直肠和肛门脱垂的病因

直肠和肛门脱垂是多种原因综合的结果，但主要原因是直肠韧带松弛，直肠黏膜下层组织和肛门括约肌松弛及机能不全。

（二）直肠和肛门脱垂的症状

轻者，在卧地或排粪后直肠会部分脱出，即直肠部分性或黏膜性脱垂。在发生黏膜性脱垂时，直肠黏膜的皱襞往往在一定的时间内不能自行复位，若此现象经常出现，则脱出的黏膜发炎，很快地在黏膜下层形成高度肿胀，失去自行复原的能力。随着炎症和水肿的发展，直肠壁会全层脱出，即直肠完全脱垂。

（三）直肠和肛门脱垂的治疗

（1）整复：适用于发病初期或黏膜性脱垂的病例。

（2）黏膜剪除法：是我国民间传统治疗家畜直肠和肛门脱垂的方法，适用于脱出时间较长、水肿严重、黏膜干裂或坏死的病例。

（3）固定法：在整复后仍然继续脱出的病例，则需考虑将肛门周围予以缝合，缩小肛门孔，防止再脱出。

（4）直肠周围注射酒精或明矾溶液：本法是在整复的基础上进行的，其目的是利用药物使直肠周围的结缔组织增生，借以固定直肠；临床上，常用 70% 酒精或 10% 明矾溶液注入直肠周围的结缔组织中。

（5）直肠部分截除术：手术切除用于脱出过多、整复有困难、脱出的直肠发生坏死、穿孔或有套叠而不能复位的病例。

三、犬肛门囊炎

犬肛门囊炎是肛门囊内的腺体分泌物蓄积于囊内，刺激黏膜而引起的炎症。

（一）犬肛门囊炎的病因

犬肛门囊炎通常是由导管阻塞或感染所致，导管阻塞导致细菌的过度繁殖，进而引起囊壁的感染、肿胀和化脓。

（二）犬肛门囊炎的症状

病畜在近 1 ~ 3 周有腹泻症状、服用了粪便软化剂或处于发情期而出现肛周不适的反应，有追尾或咬尾表现。患病犬的两后肢前伸，臀部拖地摩擦患部，肛门排出恶臭味物质；肛门附近的皮肤出现炎症、肿胀、疼痛，局部对刺激反应敏感。

（三）犬肛门囊炎的治疗

可以通过人工排出、灌肠、抗生素、改变食物等措施治疗犬肛门囊炎。

第十三节 跛行诊断

一、跛行诊断概述

跛行即运动障碍，是动物四肢机能障碍的综合症状。跛行不是一种疾病名称，而是四肢病和蹄病等许多外科病常见的临床症状。跛行诊断是指对发生跛行的动物的患部、患肢和疾病做出诊断，以便为临床治疗提供依据。

（一）跛行的原因

在临床上，跛行诊断是比较困难的，需详细收集病畜的病史和各种临床症状，仔细观察、比较，综合分析，找出发病原因和部位。引起动物跛行的疾病较多，某些传染病、寄生虫病、产科病、内科病和外科病均能引起跛行。

（二）跛行的分类及临床特征

1. 跛行的分类

在空间悬垂阶段跛行明显称为悬垂跛行，简称悬跛；在触地支撑阶段跛行明显称为支柱跛行，简称支跛。混合跛行指在悬垂阶段和支撑阶段都表现有不同程度的机能障碍。另外还有以某些特有症状命名的跛行，如黏着步样、紧张步样、鸡跛等。

2. 跛行的特征

（1）悬跛。悬跛多在上部肌肉病、关节伸屈肌及其附件异常时出现。其最基本的特征是“抬不高”和“迈不远”。患部抬腿困难、运步缓慢、前方短步是临床上确诊悬跛的依据。

（2）支跛。支跛多发生于骨、蹄、下部关节及肌腱韧带等病变时。其最基本的特征是负重时间缩短和避免负重。患肢后方短步、减免或免负体重、系部直立和蹄音低是临床上确诊支跛的依据。

（3）混合跛行。混合跛行多见于上部骨关节病及某些骨膜炎、肌炎、滑膜囊炎等，其特征是兼有支跛和悬跛的某些症状。

（三）跛行的程度

（1）轻度跛行：患肢蹄底或指（趾）垫可以全部着地，但负重不确实或未负重，系部直立，运步时症状较轻。

（2）中度跛行：患肢以蹄尖或指（趾）尖着地，不能全蹄着地，运步时症状明显。

（3）重度跛行：患肢蹄部或指（趾）部完全不能着地，运步时拖行或呈三脚跳。

二、马、牛、犬跛行的诊断

（一）马跛行的诊断方法

1. 问诊

问诊的主要内容包括就医前的饲养管理、使役及发病前后的情况。

2. 视诊

（1）驻立视诊。

驻立视诊时，应离病畜 1 m 以外，绕病畜走一圈，由蹄到肢的上部或由肢的上部到蹄，从头到尾仔细观察，比较两肢的不同。同时应注意肢的驻立和负重，有无减负体重或频频交换负重现象；被毛有无逆立；若有可能存在肿胀，皮肤是否存在外伤；观察两侧蹄指（趾）轴及蹄形是否一致，蹄铁是否合适；骨的长度、方向、外形是否一致；关节的大小、轮廓和角度有无改变。

（2）运步视诊。

①确定患肢。主要通过蹄音、头部运动和尻部运动找出患肢。健蹄音比病蹄音强，声音高朗。某肢蹄音低则可能为患肢。

②确定跛行的种类和程度。确定患肢后，应观察短步情况，肉眼观察不清可借助尺子进行蹄印测量。

③初步发现可疑患部。根据驻立视诊可以观察到可疑的患部，根据运步视诊又可观察到患肢特有的临床症状，这样即可初步发现可疑患部，为进一步诊断提供线索。

3. 特殊诊断方法

在上述方法尚不能确诊时，可根据情况选择特殊诊断方法，包括测诊、麻醉诊断（外周神经麻醉诊断，关节内和腱鞘内麻醉诊断）、X 射线诊断、直肠内检查、热浴检查、斜板试验、电刺激或针刺激诊断、实验室诊断、温度记录法、运动摄影法、骨闪烁图法、定量计算机断层扫描法、定量超声技术和关节内窥镜检查法。

（二）牛跛行诊断的特殊性

牛运动器官发病最多的部位是蹄。牛跛行的诊断方法有两个基本步骤：一是进行详尽的调查和掌握病史，二是进行细致周密的检查。

（三）犬跛行诊断的特殊性

犬跛行的原因较为复杂。常见的引起犬跛行的四肢疾病有骨折、关节脱位、关节炎、风湿病、神经麻痹等。除四肢疾病外，颈椎、腰椎和荐腰部的疼痛性疾病也会引起跛行。除此之外，某些内脏器官疾病、代谢病、中毒病以及传染病也能引起跛行。

第十四节 四肢与脊柱疾病

一、骨折

由于外力作用，骨的完整性或连续性遭受机械破坏时称为骨折。骨折常伴有周围软组织不同程度的损伤，一般以血肿为主。各种动物均可发生骨折，以四肢长骨骨折较为常见。

（一）骨折的病因

1. 外伤性骨折

外伤性骨折的病因包括直接暴力、间接暴力和肌肉过度牵引。直接暴力骨折是受到各种机械外力作用引起的骨折（如撞击、压轧、外力打击等），常为开放性甚至粉碎性骨折，大多伴有周围组织严重损伤。间接暴力骨折为通过杠杆、传导等作用而发生的骨折（如奔跑中滑倒、肢蹄卡在缝隙时急速扭转等）。肌肉过度牵引骨折则为肌肉突然强烈收缩，导致肌肉附着部位骨的撕裂。

2. 病理性骨折

病理性骨折是指有骨质疾病的骨发生的骨折。例如，动物若患有骨髓炎、佝偻病、慢性氟中毒以及某些遗传性疾病等，则处于病理状态下的骨骼疏松脆弱、应力抵抗降低，很小的外力也可引起骨折。

（二）骨折的临床特点

1. 肢体变形

骨折两断端因受伤时的外力、肌肉牵拉力和肢体重力的影响等，形成骨折段的移位。

2. 异常活动

正常情况下，肢体完整而不活动的部位在骨折后负重或做被动运动时，会出现屈曲、旋转等异常活动。

3. 骨端摩擦音

骨折两断段相互触碰，可听到骨端摩擦音或有骨摩擦感。但在不全骨折、骨折部肌肉丰厚、局部肿胀严重或断端间嵌入软组织时，常听不到骨端摩擦音。骨骺分离时的骨端摩擦音是一种柔软的捻发音。

（三）骨折的愈合过程

骨折愈合是骨组织破坏后修复的过程，可分为 3 个阶段：血肿机化演进期、原始骨痂形成期和骨痂改造塑形期。

（四）骨折的急救

骨折急救的目的在于用简单有效的方法做现场就地救护。动物骨折后应限制其运动；大出血时应制止出血，防止休克；疼痛严重时可使用止痛药物；骚动不安时，宜使用全身镇静剂。开放性骨折在使用全身镇静剂后，进行清创，撒布抗菌药物，随后包扎。运送时，性情暴躁的动物可全身麻醉或镇静后运输；运送车辆应宽大，且铺厚垫草或棉垫。

（五）四肢长骨骨折外固定技术

由于骨折的部位、类型、局部软组织损伤程度的不同，骨折端再移位的方向和倾向力也各不相同，因而局部外固定的形式应随之而异。临床常用的外固定方法有夹板绷带固定法、石膏绷带固定法和改良的托马斯支架固定法。

二、骨关节炎

骨关节炎是关节骨系统的慢性增生性炎症，又称为慢性骨关节炎。因为病畜的关节软骨、骨骺、骨膜及关节韧带发生了慢性关节变形，并有机能障碍的破坏性、增殖性的慢性炎症，所以又称其为慢性变形性骨关节炎。骨关节炎最后会导致关节变形、关节僵硬与关节粘连。

（一）骨关节炎的病因

骨关节炎是急性关节炎症过程的晚期阶段。各种关节损伤，如关节扭伤、关节挫伤、关节骨折及骨裂等，都是发生骨关节炎的基本原因。甚至关节骨组织的轻微损伤，如骨小梁破坏、骨内出血及韧带附着部的微小断裂等引起轻微的或几乎不易见到临床症状的病理过程，最后都可能发展为骨关节炎。此外，骨关节炎也可能继发于风湿病、布氏杆菌病和化脓性关节炎。

（二）骨关节炎的症状

骨关节炎的主要症状是跛行和关节变形（畸形）。原发性急性关节炎时，有关节急性炎症病史，转为慢性炎症过程时会表现出骨关节炎的特有症状。关节骨化性骨膜炎时，形成骨赘或外生骨疣，关节周围结缔组织增生、关节变形以及关节粘连。跛行的特点是随运动而加重，休息后减轻。

（三）骨关节炎的鉴别诊断

病初诊断困难，若已发展为慢性变形性骨关节炎，则容易诊断。为了鉴别诊断骨关节炎与骨关节病和关节周围炎，须进行 X 射线检查，判明有无外生骨赘和关节粘连。若为骨关节病，则患骨可见骨质增生，无关节粘连。

（四）骨关节炎的治疗

合理地治疗早期的急性炎症，在病初控制与消除炎症，有利于防止本病的发生。当发现慢性渐进性骨关节炎的临床症状时，必须让病畜休息45～60天，并在其患部涂刺激性药物，或用离子透入疗法进行治疗。为了消除跛行，促进患关节粘连，可用关节穿刺烧烙法进行治疗。

三、关节脱位

（一）关节脱位概述

关节因受机械外力、病理性作用影响而引起骨关节面失去正常对合的现象，称为关节脱位。关节脱位多见于马、犬、牛的髋关节和膝关节，肩关节、肘关节、指（趾）关节也可发生。

1. 关节脱位的分类

按照病因，关节脱位可分为先天性脱位、外伤性脱位、病理性脱位、相关性脱位。按照脱位程度，关节脱位可分为完全脱位、不全脱位、单纯脱位、复杂脱位。

2. 关节脱位的病因

外伤性脱位是最常见的关节脱位。其病因以间接外力作用为主，如蹬空、关节强烈伸曲、肌肉不协调地收缩等；直接外力是第2位的因素，其能使关节活动处于超生理范围的状态下，破坏关节韧带和关节囊，使关节脱位，严重时引发关节骨或软骨的损伤。在少数情况下，关节脱位是由先天性因素引起的。例如，胚胎异常或者胎内某关节的负荷关系，引起关节囊扩大（多数不破裂），但造成关节囊内脱位，病畜表现为轻度运动障碍，不痛。

3. 关节脱位的症状

关节脱位表现为共同症状和各个不同关节脱位的特有症状。常见的共同症状有关节变形、异常固定、关节肿胀、肢势改变和机能障碍5种。

4. 关节脱位的诊断

由于脱位的位置和程度不同，这5种症状会有不同的变化，根据视诊、触诊、他动运动与双肢比较不难做出初步诊断。当关节严重肿胀时，X射线检查可做出正确的诊断。同时，应当检查肢的感觉和脉搏情况，尤其要检查是否存在骨折现象。

（二）牛、马、犬的髌骨脱位

1. 髌骨脱位的分类

马、牛髌骨脱位包括外伤性脱位（多见）、病理性脱位和习惯性脱位。根据髌骨变位方向，髌骨脱位可分为上方脱位、外方脱位和内方脱位 3 种。小型犬多发内方脱位，大型犬多发外方脱位。

2. 髌骨脱位的症状

（1）上方脱位。上方脱位会突然发生。牛在运动过程中，由于髌骨在上下滑动时被固定在滑车嵴近端，患关节不能屈曲；站立时大腿、小腿强直，呈向后伸直姿势（见图 2–5）；膝关节、跗关节均不能屈曲；运步时蹄尖着地，拖曳前进，同时患肢高度外展，或患肢不能着地，以三肢跳跃。

（2）内方脱位。驻立时，患肢呈弓形腿，膝关节屈曲，趾尖向内，后肢呈不同程度的扭曲性畸形，小腿向内旋转，股四头肌群向内移位，表现跛行。触摸髌骨或伸屈膝关节时，可发现髌骨脱位。一般可自行复位或易整复复位，但很快又复发。重者不能复位。

（3）外方脱位。外力作用引起髌内直韧带受牵张或断裂，会使髌骨外方脱位。病畜站立时，膝、跗关节屈曲，患肢前伸，蹄尖轻轻着地（见图 2–6）；运步时除髋关节能负重外，其他关节均高度屈曲，表现为支跛。

图 2–5　右后膝盖骨上方脱位

（资料来源：王洪斌. 兽医外科学. 5 版. 北京：中国农业出版社，2012.）

图 2–6　左后膝盖骨外方脱位

（资料来源：王洪斌. 兽医外科学. 5 版. 北京：中国农业出版社，2012.）

3. 髌骨脱位的治疗

对于不太严重的脱位，可进行人工整复或让动物行走自行恢复。对于习惯性反复发作的病例，可根据具体情况进行手术。牛髌骨上方脱位一般采用髌内直韧带切断术。内方脱位轻度者，为防止髌骨向内脱位，可在髌骨外侧加强其支持带作用。如果滑车沟变浅，可采用滑车成形术。如果胫骨已变形，上述手术方法难以矫正髌骨脱位，一般需做胫骨和股骨切除术。髌骨外方脱位可采用手术方法复位，复位的目的是加强内侧支持带和松弛外侧支持带。

四、犬髋关节发育异常

（一）犬髋关节发育异常的定义与病因

犬髋关节发育异常是生长发育阶段的犬出现的一种髋关节病，是以髋臼变浅、股骨头不全脱位、跛行、疼痛、肌萎缩为特征的一种疾病。本病多发生于大型和快速生长的幼年犬，如德国牧羊犬、圣伯纳犬、纽芬兰犬等。

本病与多种因素有关，如遗传、营养、骨盆肌肉状态、髋关节的生物力学、滑液量等。在未成年犬中，医源性原因也会引发此病。

（二）犬髋关节发育异常的症状

4～12 月龄的病犬常见活动减少、关节疼痛，行走时后肢拖地、抬起困难，步幅异常等症状。病犬运动后病情加重，股骨头外转时疼痛，触摸时疼痛明显且髋关节松弛，负重时出现跛行，髋关节活动范围受限制，可见后肢肌肉萎缩。

病犬髋关节受损，出现炎症、乏力等表现。最终骨关节炎加重、滑液增多。多环韧带水肿、变长，可能断裂；关节软骨被磨损，关节囊增厚，髋关节肌肉萎缩、无力。

（三）犬髋关节发育异常的诊断

根据病史、临床症状和触诊可进行初步诊断，确诊须经 X 射线检查。X 射线检查时使动物行仰卧保定，两后肢向后拉直、放平，并向内旋转，两膝髌骨朝上。X 射线球管对准股中部拍摄。轻度时，髋关节变化不明显；中度以上时，可见髋臼变浅，股骨头半脱位到脱位（是本病的特征），关节间隙消失，骨硬化，股骨头扁平，髋变形，有骨赘。X 射线检查所见不一定与临床症候呈正相关。

（四）犬髋关节发育异常的治疗与护理

初期控制运动，减少体重，可服用镇痛消炎类药物以减轻疼痛。散步、游泳等可缓解病情。也可以选择手术治疗，如矫正骨畸形、髋关节切除或置换术等。遗传因素所致的病畜禁止用于繁殖。

五、骨髓炎

骨髓炎实际上是骨组织（包括骨髓、骨、骨膜）炎症的总称。临床上以化脓性骨髓炎为多见。按病情发展，骨髓炎可分为急性和慢性两类。

（一）骨髓炎的病因

化脓性骨髓炎主要由骨髓感染葡萄球菌、链球菌或其他化脓菌而引起。

（二）骨髓炎的症状与诊断

化脓性骨髓炎经过急剧。病畜体温突然升高，精神沉郁。患部迅速出现硬固、灼热、疼痛性肿胀，呈弥漫性或局限性。压迫病灶区疼痛显著。局部淋巴结肿大，触诊疼痛。病畜出现严重的机能障碍，骨髓炎发生于四肢的呈现重度跛行，发生于下颌骨的出现咀嚼障碍、流涎等。血液检查白细胞增多，血培养常为阳性。严重的病情发展很快，通常发生败血症。

（三）骨髓炎的治疗

应使病畜保持安静，及早控制炎症的发展，防止形成死骨和败血症。发生急性骨髓炎时应运用大剂量敏感的抗生素以控制感染。必要时通过补液和输血来增强抵抗力，以控制病变的发展。出现脓肿时要及时扩创、冲洗，清除坏死组织、异物和死骨，用含有抗菌药物的溶液冲洗创腔；已形成脓肿或窦道的，应及时手术切开软组织，分离骨膜，暴露骨密质，用骨凿打开死骨腔，清除死骨片；对于慢性病例，可用锐匙刮去死骨、瘢痕和肉芽组织，消灭死腔，为骨的愈合创造条件。之后按感染化脓创的治疗原则进行处理。

六、腱与腱鞘疾病

（一）腱炎的类型与症状

腱炎是赛马及役用马、骡、驴和牛的常发疾病。临床上腱炎分为急性无菌性腱炎、慢性无菌性腱炎和化脓性腱炎 3 种。

1. 急性无菌性腱炎

病畜突然发生跛行，局部增温、肿胀及疼痛。转为慢性炎症后，腱变粗而硬固，弹性降低乃至消失，结果出现腱的机械障碍。或者因损伤部位有瘢痕组织形成，导致肌腱发生短缩、挛缩。

2. 慢性无菌性腱炎

其临床症状是患部硬固、疼痛及肿胀。运动开始时，病畜表现严重的跛行，随着运动的持续，跛行减轻或消失。休息后，患部迅速出现淤血，疼痛反应加剧。

3. 化脓性腱炎

其临床症状剧烈，常发部位在腱束间的结缔组织，因而经常并发局限性的蜂窝织炎，最终引起腱的坏死。

（二）腱鞘炎

腱鞘炎分为急性腱鞘炎、慢性腱鞘炎、化脓性腱鞘炎及症候性腱鞘炎 4 种。急性浆液性腱鞘炎较多发，病畜的腱鞘内充满浆液性渗出物；慢性浆液性腱鞘炎常由急性型转变而成或由慢性型渐进发生。慢性腱鞘炎常由急性型转变而成或由慢性型渐进发生。化脓性腱鞘炎的症状为跛行严重，并有剧痛，该病进而会引起周围组织的弥漫性蜂窝织炎，甚至继发败血症。症候性腱鞘炎是由分枝杆菌所引起的牛、猪结核性腱鞘炎。

（三）腱断裂

1. 腱断裂的诊断

（1）屈腱断裂：病畜突然重度支跛，站立时以蹄踵负重，蹄尖上翘，蹄心向前；断裂局部明显增温、肿胀和疼痛。

（2）跟腱断裂：跟腱完全断裂，站立时患肢前踏，不能负重，跗关节过度屈曲和下沉，跖部倾斜，触诊跟腱弛缓，有凹陷；局部增温、肿胀、疼痛。

2. 腱断裂的治疗

腱断裂的治疗原则是使病畜安静，缝合断端，固定制动，防止感染，促进愈合。第一，进行病因调查，包括有无骨病史，钙和磷的代谢水平等，考虑对原发病的治疗。第二，使病畜保持安静，固定制动，加强护理。第三，进行全身麻醉，在断腱处于弛缓状态下，进行皮外或皮内缝合。第四，装着特殊蹄铁，使断腱处于弛缓状态。

七、神经麻痹

（一）桡神经麻痹

桡神经是以运动神经为主的混合神经，出臂神经丛向下分布于臂部肌肉，并分出桡浅和桡深两大分支。桡浅神经分布于前臂背侧皮肤，桡深神经分布于前肢腕指伸肌。桡神经麻痹多发生于牛、马、犬，分为桡神经全麻痹、桡神经部分麻痹和桡神经不全麻痹3种类型。

1. 桡神经全麻痹

病畜站立时，肩关节过度伸展，肘关节下沉，腕关节形成钝角，此时掌部向后倾斜，球节呈掌屈状态，以蹄尖壁着地。运动时，患肢各关节伸展不充分或不能伸展，患肢不能充分提起，前伸困难，蹄尖曳地前进，前方短步，但后退运动比较容易。病畜在不平地面快步运动时容易跌倒，并在患肢的负重瞬间，除肩关节外，其他关节都屈曲。患肢虽负重不全，尚可负重。此点与炎症性疾患不同，临床诊断上应予注意。

2. 桡神经部分麻痹

桡神经部分麻痹主要因为支配桡侧伸肌及指伸肌的桡深支受损，而桡浅支及其支配的肌肉此时仍保持其机能。病畜在站立时，常以蹄尖负重；在平地、硬地上运动时，可见到腕关节、指关节伸展困难；当快步运动时，特别是在泥泞地时，症状加重，患肢常蹉跌，球节和系部的背面接触地。

3. 桡神经不全麻痹

原发性的桡神经不全麻痹出现于病初或全麻痹的恢复期。站立时，患肢基本能负重，随着不全麻痹神经所支配的肌肉或肌群过度疲劳，可能出现不同程度的机能障碍。运动时，病畜的肘关节伸展不充分，患肢向前伸出缓慢。为了代偿麻痹肌肉的机能，臂三头肌及肩关节的其他肌肉发生强力收缩，将患肢远远伸向前方。同时，在患肢负重瞬间，肩关节震颤，患肢常蹉跌，越是疲劳或在不平的地上运动时，症状越明显。

（二）闭孔神经麻痹

牛一侧闭孔神经麻痹时，患肢外展，运步时步态僵硬和小心。犊牛在站立和运步时均不会有明显异常（可能是由于体重较轻的缘故）。两侧闭孔神经麻痹时，成年牛不能站立，挣扎站立时，可呈现两后肢向后叉开的蛙坐姿势。犊牛站立时姿势无异常，运步时可见患肢外展。闭孔神经麻痹常与一些疾病同时发生，如髋股关节脱位、股骨颈骨折、股骨头韧带断裂、内收肌肌炎、肌肉变性和广泛出血等，使症状变得更为复杂。

（三）神经麻痹的治疗

神经麻痹的治疗原则是祛除病因、恢复机能、防止肌肉萎缩。

1. 药物疗法

硝酸士的宁适用于运动神经麻痹，尤其是脊髓性神经麻痹。对肌无力者，可应用新斯的明、异氟磷等。对末梢性神经麻痹、风湿性麻痹等，可使用抗风湿类药物，如水杨酸制剂、阿司匹林、氨基比林等。

2. 物理疗法

应用针灸、电刺激或电热疗法，均可收到一定治疗效果。为预防肌肉萎缩，可进行按摩。

3. 中药疗法

中药疗法以舒筋活血为原则。

第十五节　蹄病

一、马属动物蹄病

（一）蹄钉伤

1. 蹄钉伤的病因

倾蹄或高蹄的蹄壁薄而峻立者，蹄壁脆弱而干燥者，过度磨灭的跣蹄，均易引起蹄钉伤。蹄的过削，蹄壁负面过度锉切，蹄铁过狭，蹄钉的尖端分裂，不良蹄钉、旧蹄钉残留在蹄壁内，蹄钉向内弯曲；装蹄技术不熟练，不能合理下钉或反下钉刃，均是发生钉伤的原因。

2. 蹄钉伤的诊断

对于直接钉伤，在下钉时就能发现肢蹄有抽动表现，造钉节时会再次出现抽动现象。拔出蹄钉时，钉尖有血液附着或由钉孔溢出。装蹄完成后即出现跛行，2 ~ 3 天后跛行加重。间接钉伤是敏感的蹄真皮层受位置不正的蹄钉压挤而发病，多在装蹄后 3 ~ 6 天出现原因不明的跛行。临床主要表现为蹄部增温，指（趾）动脉亢进，敲打患部钉节或钳压钉头时，出现疼痛反应，表现有化脓性蹄真皮炎的症候。如果耽误治疗，则经一段时间后，可从患蹄的蹄冠自溃排脓。

3. 蹄钉伤的治疗

在装蹄过程中发现直接钉伤时，应立即取下蹄铁，并向钉孔内注入碘酊，涂敷松馏油，再用蹄膏填塞蹄负面的缺损部。在拔出导致钉伤的蹄钉后，改换钉位装蹄。如果有化脓性蹄真皮炎发生，则应扩大创孔以利排脓。用 3% 过氧化氢溶液或 0.1% 高锰酸钾溶液冲洗创腔，涂敷松馏油，包扎蹄绷带。

（二）蹄冠蜂窝织炎

蹄冠蜂窝织炎是发生在蹄冠皮下、真皮和蹄缘真皮，以及与蹄匣上方相邻被毛皮肤真皮的化脓性或化脓坏疽性炎症。

1. 蹄冠蜂窝织炎的诊断

本病症状为蹄冠形成圆枕形的肿胀，有热、痛表现。蹄冠缘往往发生剥离。患肢表现为重度支跛。病畜体温升高，精神沉郁。局部形成一个或数个小脓肿，在脓肿破溃之后，病畜的全身情况有所好转，跛行减轻，蹄冠部的急性炎症平息（见图 2–7）。如果炎症剧烈，未及时治疗，或治疗不当，则可并发附近的韧带、腱、蹄软骨坏死，蹄关节化脓性炎症，转移性肺炎和脓毒血症。

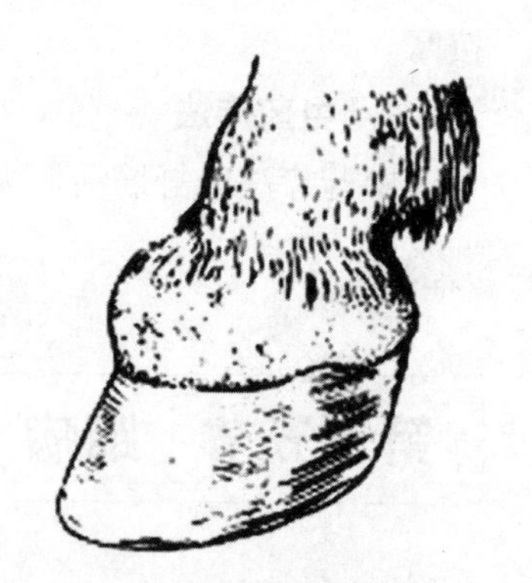

图 2–7 蹄冠蜂窝织炎

（资料来源：王洪斌．兽医外科学．5 版．北京：中国农业出版社，2012.）

2. 蹄冠蜂窝织炎的治疗

先将病畜放置于有垫草的马厩内，使其安静，并经常给其翻身，以免发生褥疮。可全身采用抗生素疗法或口服磺胺类制剂。处理蹄冠皮肤时，剥离部分用剃刀切除。病初在蹄冠部使用 10% 樟脑酒精湿绷带。如果病情未见好转，肿胀继续增大，为减缓组织内的压力和预防组织坏死，可在蹄冠上做多个长 2 ~ 3 cm、深 1 ~ 1.5 cm 的垂直切口。术后包扎浸以 10% 高渗氯化钠溶液的绷带。以后可按常规方法进行创伤治疗。

（三）蹄叶炎

蹄叶炎是蹄真皮的乳头层和血管层的弥漫性、浆液性以及无菌性炎症。

1. 蹄叶炎的病因

蹄叶炎的病因尚不明确，一般认为是变态反应性疾病。从疾病的发生来看，蹄叶炎可能是由多种因素造成的。过食精料且运动不足引起消化不良，消化道内腐败变质，肠道吸收毒素，血液循环紊乱可引起本病。动物长期服重役或长期休闲突然重役也常引发本病。本病也可继发于其他疾病，如感冒、胸膜肺炎、某些药物中毒、母畜妊娠期或产后疾病等。

2. 蹄叶炎的症状

本病多呈急性经过，以突然发病、疼痛剧烈、跛行显著为特征。如果治疗不及时往往会转为慢性炎症。两前蹄同时发病时，双前肢前伸，以蹄踵负重，两后肢伸于腹下。两后蹄同时发病时，前肢向后屈于腹下。四蹄同时发病时，四肢频频交互负重，体重尽可能落在蹄踵上。触诊蹄温增高，叩诊或压诊患蹄疼痛且敏感。当转为慢性炎症时，虽然患蹄的增温、疼痛和跛行症状有所减轻，但往往因蹄部严重受损而丧失使役能力。

3. 蹄叶炎的治疗

去除致病因素、解除疼痛、改善循环及防止蹄骨转位是防治本病的根本措施。急性蹄叶炎的治疗措施包括应用止痛剂、消炎剂，采用抗内毒素疗法、抗血栓疗法，应用扩血管药，合理削蹄和装蹄，以及必要采用手术疗法和限制病畜活动等。治疗慢性蹄叶炎时，首先应限制饲料、控制运动等，然后清除蹄部腐烂的角质以预防感染。刷洗蹄部后，将其放在硫酸镁溶液中浸泡。

二、牛的蹄病

（一）牛蹄叶炎

牛蹄叶炎分为急性、亚急性和慢性，通常侵害几个指（趾）。最常发病的是前肢的内侧趾和后肢的外侧趾。母牛发生本病与产犊有密切关系，年轻母牛发病率高。乳牛中以精料为主要饲养方式的发病率高。

1. 牛蹄叶炎的病因

牛蹄叶炎为全身性代谢紊乱的局部表现，但确切原因尚无定论，一般倾向于综合因素所致，包括分娩前后到泌乳高峰时期食入过多的含碳水化合物的精料、不适当运动、遗传和季节因素等。本病也可继发于其他疾病，如严重的乳腺炎、子宫炎和酮病等。

2. 牛蹄叶炎的症状

（1）急性蹄叶炎。本病症状非常典型。病牛运步困难，特别是在硬地上。站立时弓背，四肢收于一起，如果仅前肢发病，则症状更加严重，后肢向前伸，达于腹下，以减轻前肢的负重。

（2）亚急性蹄叶炎。本病全身症状不明显，局部症状轻微。

（3）慢性蹄叶炎。本病无全身症状。站立时病牛以球部负重，蹄底负重不确实。病程长者，全身体况不良，蹄变形，蹄延长，蹄前壁和蹄底形成锐角。由于角质生长紊乱，病牛会出现异常蹄轮。

3. 牛蹄叶炎的治疗

首先应去除病因。可给予抗组胺制剂，也可应用止痛剂。瘤胃酸中毒时，静脉注射碳酸氢钠溶液，并用胃管投给健康牛瘤胃内容物。慢性蹄叶炎时应注意护蹄，维持其蹄形，防止蹄底穿孔。

（二）腐蹄病

腐蹄病是偶蹄兽趾间皮肤的化脓性、坏死性炎症，多见于乳牛。

1. 腐蹄病的病因

腐蹄病由饲养管理差，趾间皮肤长期受粪尿浸渍，引起龟裂、发炎，或因趾间皮肤外伤后感染了化脓菌、坏死杆菌等细菌引起。

2. 腐蹄病的症状

病初趾间皮肤潮红、肿胀，感觉过敏，运动时表现出明显的支跛。两蹄或多蹄发病时，因站立行走都困难而卧地。由于病牛运动时患部不断遭受刺激，因而不易自愈。而且常蔓延至蹄冠部或趾间蹄球部，引起蹄冠蜂窝织炎，导致症状重剧。严重的病例，病变可侵害到腱、腱鞘、韧带以及骨和关节，形成管道弯曲的瘘管；病牛体温升高，食欲减退或废绝，精神沉郁，泌乳量下降，并逐渐消瘦，长期卧地不起时引起褥疮，衰竭死亡。

3. 腐蹄病的治疗

控制本病，重在预防。定期检查牛蹄，每年修蹄 1 ~ 2 次。平时注重饲养管理，保持卫生清洁。蹄部可使用高锰酸钾、硫酸铜溶液等进行局部消毒。皮肤化脓坏死时，应彻底清创，在除去坏死组织和脓汁后，再用硫酸铜液浸蹄或在患部撒布磺胺粉，外用松馏油后包扎蹄绷带，同时全身应用抗生素治疗。

思考题

1. 动物的术前准备包括哪些方面的内容？
2. 手术基本操作技术有哪些？
3. 外科感染的治疗原则和方法是什么？
4. 结膜炎的病因和治疗方法有哪些？
5. 疝的分类以及诊断与治疗方法有哪些？

6. 如何进行风湿病的诊断与治疗？
7. 各类跛行的特征如何？
8. 怎样对关节脱位进行诊断？
9. 蹄叶炎的症状有哪些？

第三章

家畜产科常见病

学习要求

掌握：动物性腺激素，常见动物的发情特点及发情鉴定，配种，妊娠诊断，分娩预兆，决定分娩过程的要素，流产的病因、症状、诊断及防治，难产的检查，助产手术，产力、产道、胎儿性难产，难产的防治，奶牛生产瘫痪的病因、症状、诊断、治疗和预防，卵巢机能减退的病因、症状、诊断、治疗和预防，持久黄体的病因、症状和治疗，乳腺炎的病因、分类、症状、诊断、治疗和预防。

熟悉：动物生殖激素中的下丘脑激素、垂体前叶激素，妊娠期，子宫脱出的病因、症状、诊断及治疗，防治母畜不育的综合措施。

了解：常见动物的妊娠期，妊娠期母体的变化，分娩过程，接产。

第一节　兽医产科学基础

一、动物生殖激素

一般来说，凡是与动物生殖活动有直接关系的激素均称为生殖激素。生殖激素与生殖器官的发育，生殖细胞的发生，发情、排卵、妊娠、分娩及泌乳等生理活动相关。

（一）下丘脑激素

下丘脑通常归属于中枢神经系统，但其也具有内分泌功能。下丘脑分泌的很多激素都参与调解垂体的内分泌活动，在动物生殖内分泌活动中起重要作用（见表 3–1）。下丘脑的生殖激素研究中最清楚、应用较多也是比较重要的激素是促性腺激素释放激素（gonadotropin-releasing hormone，GnRH）。

表 3–1　下丘脑产生的激素

激素名称	英文缩写	化学性质	主要作用
促性腺激素释放激素	GnRH	10 肽	刺激促性腺激素释放
促乳素释放抑制因子	PRIF	多肽?	抑制促乳素释放
促乳素释放因子	PRF	多肽?	刺激促乳素释放
生长激素释放激素	GHRH	44 肽	刺激生长激素释放
生长抑素	SST	14 肽	抑制生长激素释放
促甲状腺激素释放激素	TRH	3 肽	刺激甲状腺素和促乳素的释放
促肾上腺皮质激素释放激素	CRH	41 肽	刺激肾上腺皮质激素释放
促黑色素激素细胞释放因子	MRF	多肽?	刺激促黑素细胞激素释放
促黑色素激素细胞抑制因子	MIF	多肽?	抑制促黑素细胞激素释放
催产素	OXT	9 肽	刺激子宫收缩和放乳等
抗利尿激素	ADH	9 肽	升高血压，减少泌尿

注：带“？”表示尚未确定。

资料来源：章孝荣．兽医产科学．北京：中国农业大学出版社，2011.

GnRH 于 20 世纪 60 年代初被发现。20 世纪 70 年代科学工作者从猪和绵羊的下丘脑分离出一种 10 肽物质，并证明了其能够促进垂体释放促黄体素（luteinizing hormone，LH），故称之为促黄体素释放激素（luteinizing hormone releasing hormone，LHRH）。之后发现这种激素又能刺激垂体释放促卵泡素（follicle stimulating hormone，FSH），故又称其为促性腺激素释放激素。

GnRH 具有刺激垂体释放 LH 和 FSH 的双重功能，目前认为 GnRH 可能是 LH 和 FSH 的唯一调节者。

1. GnRH 的主要生物学功能

GnRH 的主要生物学功能是刺激垂体前叶细胞释放促性腺激素，调节性腺分泌。

2. GnRH 在兽医临床上及畜牧业生产中的应用

天然的 GnRH 在体内极易受到酶解作用而失去活性。目前科学工作者根据 GnRH 的分子结构及特点合成了 1 000 多种具有不同生物学活性的 GnRH 类似物，有的 GnRH 类似物活性比天然的 GnRH 还高，甚至高出几十倍至上百倍，现在已广泛应用于人类医学、兽医学及畜牧业生产实践中。GnRH 在兽医临床上及畜牧业生产中的应用有以下几方面。

（1）诱导动物发情和排卵。例如，使用人工合成的促排卵 3 号（LRH-A_3），给产后乏情母牛肌肉注射 50 ~ 100 μg，给断奶母猪肌肉注射 20 ~ 30 μg，均能诱导动物发情和排卵。

（2）提高家畜受胎率。根据报道，在母牛配种时肌肉注射促排卵 3 号 20 μg 可提高受胎率 27.3%。

（3）提高超数排卵效果。在操作牛、羊超数排卵时，在第一次配种的同时注射促排卵 3 号可增加可用胚胎数。

（4）治疗雄性动物不育。GnRH 可用于治疗动物少精、无精或性功能障碍等疾病。

（5）其他方面应用。GnRH 还可用于免疫去势以及催醒抱窝母鸡等方面。

（二）垂体前叶激素

到目前为止，在垂体前叶发现的激素已有 30 多种。不过已经被研究清楚并且被有效分离和鉴定的只有 6 种（见表 3–2）。其中与动物生殖关系密切的是促性腺激素和促乳素。

表 3–2 垂体前叶产生的激素

激素名称	英文缩写	化学性质	主要作用
促卵泡素	FSH	蛋白质	刺激雌性动物卵泡发育和雄性动物生成精子
促黄体素	LH	蛋白质	刺激雌性卵泡成熟、排卵及生成黄体；刺激雄性间质细胞分泌雄性激素

续表

激素名称	英文缩写	化学性质	主要作用
促乳素	PRL	蛋白质	刺激乳腺发育和泌乳及刺激某些动物黄体分泌孕酮
生长激素	GH	蛋白质	刺激机体生长发育
促甲状腺激素	TSH	蛋白质	刺激甲状腺分泌甲状腺素及甲状腺增生
促肾上腺皮质激素	ACTH	多肽	刺激肾上腺皮质分泌糖皮质激素及皮质细胞增生

资料来源：章孝荣．兽医产科学．北京：中国农业大学出版社，2011．

1．促性腺激素

1912 年就发现了垂体对生殖有作用。1931 年证明促性腺激素是蛋白质并成功分离出两种，一种能刺激卵泡发育，称为促卵泡激素（follicle-stimulating hormone，FSH）；另一种能促进排卵和形成黄体，称为促黄体素（luteinizing hormone，LH）或黄体生成素。由于该激素对雄性动物有刺激间质细胞分泌雄性激素的作用，故又称为间质细胞刺激素。

（1）促性腺激素的主要生物学作用

FSH 对雌性动物的作用主要是刺激卵泡的生长发育，并在 LH 的协同作用下，刺激卵泡产生雌激素。另外，FSH 也与动物的发情和排卵等生殖活动有关。其对雄性动物的作用主要是刺激精细管上皮和次级精母细胞的发育，促进精子形成，并与 LH 协同作用刺激精子发育、成熟。

LH 对雌性动物的作用是刺激卵泡的发育成熟和排卵，以及排卵后形成黄体。LH 对雄性动物的作用有两个方面，一是刺激睾丸间质细胞发育及分泌睾酮，故又称为间质细胞刺激素；二是与 FSH 及睾酮协同作用，刺激精子发育成熟。

（2）促性腺激素在畜牧业生产中及兽医临床上的应用

①治疗不育。FSH 可用于治疗雌性动物卵巢机能减退、卵泡发育停滞，以及雄性动物性欲减退、少精等疾病。

②预防流产。对于黄体发育不全引起的胚胎死亡或习惯性流产，可在配种时或配种后连续注射 2 ~ 3 次 LH，防止流产。

③促进动物性成熟。给接近性成熟的母羊应用孕酮，再配合使用促性腺激素，可促使母羊提早发情、配种。

④诱导泌乳乏情动物发情。用促性腺激素处理产后 4 周的母猪，可诱导其发情，提高母猪受胎率，缩短胎间距，提高母猪繁殖效率。

2. 促乳素

在畜牧业生产中作为升高或降低促乳素的主要药物有以下几种。

（1）促进促乳素分泌的药物：如 α－甲基多巴、呱乙啶、利血平、灭吐灵及奋乃静等；此外，雌激素和前列腺素 $F_{2\alpha}$ 等，都可促进促乳素的分泌。

（2）抑制促乳素分泌的药物：主要是生物碱类，如使用溴隐亭给山羊肌肉注射会使其血浆促乳素迅速下降；用溴隐亭治疗假孕犬，每日每千克体重口服 30 μg，连用 16 天，能完全停止泌乳，缩小乳腺。

3. 催产素

催产素在畜牧业生产中及兽医临床上的应用如下所述。

（1）诱发分娩和同期分娩。给临近分娩的动物使用催产素能诱发其分娩。如给怀孕 112 天的母猪注射前列腺素 $F_{2\alpha}$，16 小时后再注射催产素，通常可在 4 小时内使其分娩。

（2）提高配种受胎率。在给奶牛人工授精前 1～2 分钟向子宫颈内注射催产素 5～10 国际单位（international unit，IU），然后输精，可提高 6%～22% 的受胎率。

（3）终止误配怀孕。如果在发现母牛误配种一周内，每日注射催产素 100～200 单位，可抑制黄体发育而终止妊娠。通常母牛可于处理后 8～10 天再发情。

（4）治疗产科疾病。催产素可用于治疗持久黄体和黄体囊肿，每 2 天注射催产素 100 单位，连续 4 次，可使大约 80% 的患病黄牛黄体消散，且通常可于 2～4 日发情；如果因宫缩无力导致难产，可小剂量注射催产素，缩短产程；在母畜流产后发生死胎停滞时，可用催产素和前列腺素 $F_{2\alpha}$ 联合静脉注射，促进死胎排出；当出现子宫出血时，可注射大剂量催产素，迅速引起子宫收缩而止血，但作用时间较短；治疗胎盘滞留时，每 2 小时肌肉注射一次催产素，能增强子宫收缩力，促进胎衣排出；治疗子宫蓄脓时，先注射雌激素以增强子宫对催产素的敏感性，48 小时后再注射催产素，可促进子宫排脓；当产后子宫复旧不良时，可注射催产素促进子宫复旧；催产素用于排乳不畅的，配合乳房按摩和挤乳，每天静脉注射 60 单位催产素，连续 4 天，能促进奶牛排乳。

（三）性腺激素

性腺是指雌性动物的卵巢和雄性动物的睾丸。性腺的作用主要包括两个方面：一是母畜卵巢产生卵子，公畜睾丸产生精子，以便繁衍后代；二是分泌两性特有的性激素，调解生殖活动。

1. 性腺类固醇激素

性腺类固醇激素包括雌激素、孕激素和雄激素。除性腺外，其他组织也能产生类固醇激素。此外，雌性动物也能产生雄激素，雄性动物也能产生雌激素，二者的区别在于分泌量的不同。

（1）性腺类固醇激素的主要生物学作用。

①雌激素对雌性动物的主要生理作用有：刺激和维持生殖器官发育，呈现第二性征；刺激并维持生殖机能；参与启动分娩过程和促进产后子宫恢复；与促乳素协同刺激乳腺发育和泌乳；促进骨骼沉积钙，降低血管通透性等。

②孕酮（黄体酮）对雌性动物的主要生理功能有：参与妊娠识别及维持妊娠状态；刺激子宫腺体增生及分泌；与雌激素一起维持雌性动物的正常生理功能；抑制雌性动物发情和排卵。

③雄激素中主要是睾酮，其对雄性动物的主要生理功能有：刺激并维持外生殖器官、副性腺发育及维持第二性征；刺激精子生成并维持性功能；促进蛋白质合成、骨骼肌生长及骨髓造血功能；提高免疫功能并增强耐受力。

（2）性腺类固醇激素的实际应用。

①实际应用的雌激素主要是人工合成的，其主要用途有：用于诱导发情，如肌肉注射 7 ~ 8 mg 苯甲酸雌二醇，可使 80% 的母牛在 2 ~ 3 小时内发情，不过这种诱导发情并不一定能排卵；用于治疗子宫疾病，由于雌激素能促进子宫收缩，松弛子宫颈，因此可用于促进子宫炎性分泌物排出，治疗子宫炎症；用于诱导泌乳，将雌激素和孕酮配合使用，每日给泌乳期奶牛皮下注射苯甲酸雌二醇 0.1 mg，孕酮 0.5 mg，连用 7 天，之后肌肉注射利血平 4 ~ 5 mg 或者前列腺素 $F_{2\alpha}$ 1 ~ 2 mg，连用 2 ~ 4 天，即可引发奶牛泌乳。

②临床常用的孕激素有甲孕酮、氯地孕酮等，孕酮主要用途有：

第一，用于同期发情。给一群母畜连续数天使用孕激素抑制它们发情，然后同时停止使用，通常该群动物可在预期内同时发情。在畜牧业生产中常使用孕激素皮下埋植或孕酮阴道栓法开展同期发情工作。

第二，用于预防流产。对于黄体功能失调等所致的习惯性流产病例，使用大剂量孕酮可达到保胎的目的。

第三，节育作用。对于宠物等，如果不希望其怀孕，可使用大剂量孕酮抑制其发情和排卵。孕酮和雌激素配合使用可用于诱导母畜泌乳。

③对于雄激素，目前除人工合成的睾酮外，还有很多睾酮衍生物，如丙酸睾酮、苯乙酸睾酮等。雄激素的主要用途有：治疗雄性动物性功能障碍、性欲不强、阳痿等；在鹿茸生长期，可使用雄激素促进鹿茸生长，提高经济效益；增强动物的主动、被动免疫功能；提高绵羊繁殖率，如双羔素的应用等。

2. 性腺蛋白或多肽激素

（1）松弛素：其主要生物学功能为扩张妊娠期耻骨韧带，抑制子宫收缩进而防止流产，配合雌激素松弛分娩时的产道。

（2）抑制素：其主要生物学功能为特异性作用于垂体前叶，抑制促卵泡激素的合成和分泌；另外，抑制素还能通过自身分泌途径及旁路分泌途径直接作用于性腺，影响其功能。

二、发情与配种

（一）常见动物的发情特点及发情鉴定

1. 常见动物的发情特点

（1）牛

牛是非季节性、多次发情动物。通常黄牛和水牛常年都可发情，但在不同季节发情率有所不同。一般牛在气候温暖的季节比在酷暑、严寒的季节发情率高，发情表现也明显。

黄牛平均发情周期为 21 天，发情期平均为 18 小时。黄牛的发情表现比较明显，初期表现为不安、哞叫、食欲下降；接着进入性兴奋期，常常摇尾、举尾，并做排尿状；公牛表现为爬跨其他母牛，母牛表现为愿意接近公牛并接受交配。但是有些母牛的发情表现不一定明显。

水牛发情周期差别较大，一般为 21 ~ 23 天，发情持续时间也有较大不同，从 36 小时到 62 小时不等。水牛常见发情表现不明显或者安静发情的情况。水牛发情表现与黄牛相似，但没有黄牛明显。统计表明水牛安静发情的比例为 14% ~ 16%。

母牛发情时生殖器官通常有如下变化：子宫颈口和阴道黏膜充血，子宫颈口稍开张，分泌的黏液增多，发情盛期会从子宫颈口流出大量清亮黏液，俗称“挂线”，此现象是判定母牛发情的重要依据之一。

（2）猪

猪是全年发情动物，发情周期平均为 21 天，发情期持续 2 ~ 3 天。猪发情时表现为食欲减退，神情不安，频繁排粪、排尿，公猪表现为爬跨其他母猪，母猪表现为愿意接近公猪，同时表现弓背、竖耳、呆立。人工压其背部出现“静立反射”，外阴红肿，从阴道流出黏液。

（3）羊

羊是季节性多次发情动物，发情季节为秋季。绵羊的发情周期一般为 17 天，发情持续 24 ~ 36 小时。山羊的发情周期为 20 ~ 21 天，发情持续约 40 小时。绵羊的发情表现不甚明显，鉴定绵羊发情要用公羊试情。山羊的发情表现比较明显，表现为咩叫、摇尾、阴唇充血、接受公羊交配。

（4）马（驴）

马（驴）属于季节性多次发情动物。其通常每年 3、4 月开始发情，到秋季结束。马的发情周期一般为 21 天，发情持续 5 ~ 7 天；驴的发情周期一般为 23 天，发情持续

5～6天。马发情时表现不安，后肢叉开，阴门频频闪开；驴发情征候明显，发情时除了与马表现相似外，还有头颈伸直，耳背向背后等情况。

（5）犬

犬是季节性单发或双发情动物，通常在每年3～5月或9～11月发情。发情时犬变得兴奋不安，阴门略肿，排出血样分泌物，接受公犬交配，一般发情维持9～12天。

（6）猫

猫是季节性多次发情动物，发情季节在每年12月下旬至来年的9月初，发情周期约为4天，接受交配的时间为1～4天。猫发情时发出类似小孩哭闹时的嘶叫，频频排尿，发出求偶信号，外出增多，静卧时间减少。

2. 发情鉴定

发情的鉴定方法有以下几种。

（1）外部观察法：主要通过观察动物的表现和精神状态来判断是否发情。

（2）试情法：用公畜对母畜试情，通过母畜对公畜的反应来判断是否发情及发情程度。

（3）阴道检查法：利用开膣器扩张阴道，检查黏膜颜色、充血及黏液分泌情况等判断是否发情。

（4）直肠检查法：将手臂伸入雌性大动物（牛等）的直肠内，隔着直肠壁触摸卵巢及卵泡状态，以此来判定发情情况。

（5）生殖激素检查法：使用激素测定技术检测体液中的生殖激素水平，根据雌性动物发情周期生殖激素变化规律来判定是否发情。

（6）其他方法：如使用发情鉴定器等。

（二）配种

配种是使母畜受孕的一种繁殖技术，一般有自然交配和人工授精两种方法。

1. 母畜配种时机的确定

母畜发情、排卵以及排出的卵子在生殖道保持受精能力的时间都有一定的规律，只有在母畜排卵后配种才能受孕。由于在生产实践中很难准确断定母畜的排卵时间，故一般采用两次复配法配种。具体方案如下所述。

①奶牛、黄牛：一般在发情后8～9小时配种，间隔10～12小时再复配一次。养牛人的一般经验是：早上发情傍晚配，次日早上再复配；傍晚发情明早配，傍晚再次做复配。

②水牛：通常最佳配种时期是发情后32～42小时。一般的经验是：年轻母牛当日配，老龄母牛三日配，不老不小二日配。

③羊：在发情后2～15小时配种，一般的做法是：清早发情的上午、下午各配种一

次；傍晚发情的在当晚和明早配种一次。

④猪：在发情后 24 ~ 48 小时配种。在生产实践中一般采取间隔 12 ~ 24 小时两次配种。

⑤马、驴：最佳配种时间要依靠直肠检查确定，一般在卵泡发育到第三或第四期时适宜配种。

2. 人工授精技术

人工授精是指用人工的方法将公畜的精液输送到母畜生殖道内，并使其受孕的过程。人工授精是比较先进的动物繁殖技术，不但可以提高公畜使用效率，还可以迅速扩大优良公畜基因的覆盖面，提高优良公畜使用效率，加速品种改良进程等。

（1）采集精液

各种动物采集精液（以下简称采精）的频率和精液质量如表 3-3 所示。

①采精前准备。采精场地要求平坦、安静，事先做好环境清洁、消毒。台畜可用发情母畜并做适当保定，或使用假台畜，用前将其清洗、擦干。严格消毒采精用品，用紫外线消毒采精室。采精前对公畜进行适当性刺激可增加公畜性反应和获得更多的精子。

②采精方法。采精方法有假阴道法和手握法等。

假阴道法主要用于牛、羊、马、兔、犬等小动物。假阴道主要模拟相应动物阴道形状、温度、压力及润滑度。采精员持假阴道立于台畜的右后方，当公畜爬跨台畜时，将假阴道套入勃起的阴茎。当公畜射精时固定好假阴道，当射精结束后操作好假阴道和采精杯，防止遗撒，排出假阴道内空气并拔下假阴道。

手握法适用于公猪、公犬的采精。当采集公猪精液时，采精员蹲在假台畜左侧（注意公猪状态，确保人身安全！），通常用带有灭菌的乳胶手套的左手握住公猪螺旋状阴茎头，有节奏挤压，刺激公猪射精。右手持盖有过滤纱布的采精杯收集精液，注意公猪有 2 ~ 3 次射精，待射精完全结束后松开阴茎。

其他采精方法还有按摩法及电刺激法等。

（2）评定精液品质

精液一般为不透明、灰白色或乳白色液体，无味或略带腥味。精液品质的评定主要包括 4 个方面：外观检查、显微镜检查、生化检查和精子对外界的抵抗力检查。进行人工授精时主要检查精子密度和活力，同时注意死精子和畸形精子的所占比例。

（3）稀释和保存精液

①精液稀释液的成分和作用。精液稀释液的成分一般包括营养物质、保护性物质、稀释剂和添加剂等。其主要作用是给精子提供能量、防止 pH 下降、防止精子冷休克、扩大精液容量、防止杂菌污染及提高受精率等。

表 3–3　各种动物采集精液的频率和精液质量

项目	奶牛	肉牛	水牛	绵羊	山羊	猪	马	犬
每周采精次数	2 ~ 6	2 ~ 6	2 ~ 6	7 ~ 25	7 ~ 20	2 ~ 5	2 ~ 6	2 ~ 3
射精量 /mL	5 ~ 10	4 ~ 8	3 ~ 6	0.8 ~ 1.2	0.5 ~ 1.5	150 ~ 300	50 ~ 100	20 ~ 30
每次射精精子数 /10^9	4 ~ 14	4 ~ 14	3.6 ~ 8.9	2 ~ 4	1.5 ~ 6.0	30 ~ 60	3 ~ 15	5
精子活力	50% ~ 70%	40% ~ 75%	60% ~ 80%	60% ~ 80%	60% ~ 80%	50% ~ 80%	40% ~ 75%	–
正常精子率	80% ~ 95%	75% ~ 90%	80% ~ 95%	80% ~ 95%	80% ~ 95%	70% ~ 90%	60% ~ 90%	72% ~ 98%
pH	6.9	6.7	6.7	6.5	6.5	7.5	7.4	–

资料来源：章孝荣．兽医产科学．北京：中国农业大学出版社，2011．

②精液的稀释。先将采集到的精液置于30 ℃的水浴中，迅速检查精液的密度和活力，然后将稀释液加温至30 ℃～35 ℃，慢慢加入精液中进行稀释，轻轻混匀，不可剧烈搅动。一般牛的精液稀释5～40倍，羊、猪的精液稀释2～4倍，马、驴的精液稀释2～3倍，犬的精液稀释3～7倍。当采用高稀释倍数及低剂量输精技术时，应按相应技术规定进行稀释。

③精液的保存和运输。精液可在常温和低温下保存。精液可在3个温区保存，即常温（15 ℃～25 ℃）、低温（0 ℃～5 ℃）及超低温（–196 ℃），猪的精液适于在15 ℃～20 ℃下保存。从30 ℃下降到5 ℃时，要以0.2 ℃/分钟的速度降温为宜。

将分装好的精液用纱布包好，套上塑料袋，装入保温箱，平稳运输。

（4）输精

①确定输精时间。通过准确的发情鉴定，确切了解排卵时间是确定输精时间的依据。在实践中，对于不同的家畜主要通过查情、试情及检测阴道情况来确定输精时间。大家畜一般以直肠检查来判断排卵时间。通常在一个情期要输精1～2次。

②输精前准备。输精前要做好所有输精物品的清洗、消毒工作。另外，输精前需要适当保定动物（除猪外），对于低温保存的精液要回温至35 ℃。

③各种家畜的输精方法。

给猪输精时，操作者熟练后，将猪用输精管通过子宫颈送入子宫，输精时配合子宫收缩缓慢输入，同时配合后腹侧部按摩。通常输精时将输精管弯向上方并固定，防止精液倒流。在进行深部输精时，使用专用器具按照相应技术规范操作。

给绵羊输精时，将发情母羊一后肢提起，这时用开膣器打开阴道容易看到子宫颈口，将输精管准确插入口内，输入1～2 mL精液。

给马、驴输精时，用手将输精胶管插入子宫进口内10 cm左右开始输精，之后缓慢拔出胶管，此时用手刺激子宫颈口使其收缩，防止精液外流。

三、妊娠

（一）妊娠期

常见动物的妊娠期，如表3–4所示。

表3–4　常见动物的妊娠期

单位：天

动　　物	妊娠期	动　　物	妊娠期
黄牛	280（260～290）	羊驼	342～346
水牛	307（295～315）	象（印度）	624（615～650）

续表

动 物	妊娠期	动 物	妊娠期
牦牛	255（226～289）	梅花鹿	229～241
猪	114（110～117）	马鹿	250
野猪	130（124～140）	家兔	31（28～35）
马	335（329～345）	大鼠	22（20～25）
马怀骡	351（321～374）	小鼠	19（18～21）
驴	370（350～396）	豚鼠	60（59～62）
绵羊	150（146～157）	仓鼠	16～19
山羊	152（146～161）	水貂	50（49～51）
犬	62（59～65）	貂	59
猫	58（55～60）	恒河猴	165
双峰驼	409（374～419）	熊	208～240
单峰驼	389（336～405）	虎	110（105～113）
美洲驼	348	狮子	105～113

资料来源：章孝荣．兽医产科学．北京：中国农业大学出版社，2011.

（二）妊娠诊断

1. 临床检查法

（1）外部检查法。外部检查法包括：问诊，即了解母畜的一般生理状况、繁殖及配种情况等；视诊，即体态观察、胎动观察、阴道检查等；听诊，即听取胎儿心音，牛、羊的听诊部位在右侧膝褶内，猪、犬等小动物两侧均可，一般听诊时间为妊娠后期；触诊，可用于中、小动物，如猪、羊、犬、猫等不能做直肠检查的动物。用上述方法可判断母畜的生理及妊娠情况。

（2）直肠检查法。直肠检查法是隔着直肠壁触诊母畜生殖器官、诊断妊娠的方法，是大动物妊娠诊断既经济又可靠的方法。具体方法及注意事项见有关产科直肠检查相关资料。

2. 实验室诊断法

（1）激素测定法。动物怀孕后黄体持续分泌孕酮，体液中孕酮水平升高；如果未孕，黄体会在下个发情周期退化，体液中孕酮水平降低。因此，测定动物体液中的孕酮水平可以诊断其是否妊娠。测定激素有放射免疫分析（RIA）和酶联免疫分析（EIA）测定法。具体测定方法参考相关资料。

（2）早孕因子诊断法。早孕因子（early pregnancy factor，EPF）与早孕直接相关，因其参与母体的细胞免疫，故又称为免疫抑制性早孕因子（immunosuppressive early pregnancy factor，IsEPF）。测定血液中是否存在EPF，可以作为超早孕诊断的方法。

3．特殊诊断法

①A型超声波诊断仪（A超）诊断法：母畜妊娠后，子宫随着胎儿发育增大而逐渐靠近腹壁，此时超声波就能探查已孕子宫，显示出妊娠波形。

②B型超声波诊断仪（B超）诊断法：B超是妊娠诊断常用的仪器，通过探查胎体、胎水、胎心波动及胎盘等可以判断妊娠阶段、胎儿数、胎儿性别及胎儿状态等。

③D型（多普勒）超声波诊断仪（D超）诊断法：用D超探查妊娠动物时，当发射的超声波遇到子宫动脉、胎儿心脏和胎动时，会产生特征性多普勒信号，依此可以进行妊娠诊断。

四、分娩

（一）分娩预兆

1．分娩前乳房的变化

①牛：经产母牛在产前10天左右乳头出现蜡样光泽，能挤出少量乳汁；产前2日左右乳头充满乳汁，如果有漏乳情况，分娩会发生在数小时至一天内。

②猪：在产前两周左右乳基部与周围分界明显，临产前3天左右中部乳头可挤出少量乳汁；在分娩前一天，前、后乳头都可挤出乳汁。

③马：在分娩前数小时乳头变粗大，并可出现漏乳现象。

④驴：分娩前乳头变为长的圆锤形，里面充满乳汁，漏乳现象明显，如漏乳成流，则可在半天左右分娩。

⑤犬：在分娩前两周左右乳房膨大，分娩前数天能从乳腺挤出乳汁。

2．分娩前软产道的变化

母畜在分娩前数天到一周左右阴唇逐渐变软、充血及肿胀，皮肤褶皱变平，同时子宫颈也开始膨大、变软，子宫颈管内黏液栓变软，因而有黏液从阴道流出。

3．分娩前骨盆韧带的变化

牛的荐坐韧带从分娩前1～2周开始软化，在分娩前12～36小时外形消失，只能摸到一堆松软的组织，称为“塌窝”。当山羊的荐骨两侧各出现一纵沟，荐坐韧带后缘完全松软时，一般分娩不会超过一天。猪、马和驴的荐坐韧带在分娩前也松软，但变化不如牛明显。

4．分娩前行为与精神状态的变化

母畜在分娩前都会出现精神抑郁，有离群寻找安静地方分娩的习性。母畜临产前有食欲不振，频频排粪、排尿的现象。

猪在临产前 6 ~ 12 小时会有衔草做窝现象，地方品种的猪尤为明显。马、驴在临产前数小时，肘后和腹侧部出汗，频频举尾、起卧，回顾腹部，用蹄踢下腹部。犬在分娩前不安，寻找角落、暗处筑巢，产前 24 ~ 36 小时食欲大减，用爪刨地，啃咬物品等，初产犬尤为明显。

（二）决定分娩过程的要素

1．产力

从子宫中排出胎儿的力量称为产力，其由子宫肌、腹肌及膈肌节律收缩共同构成。子宫肌收缩称为阵缩，是分娩的主要动力。腹肌、膈肌的收缩称为努责。单胎动物阵缩从子宫角尖端开始，多胎动物阵缩从靠近产道的胎儿前方开始。阵缩是一阵阵有节律性的收缩，每次由弱到强，持续一段时间后逐渐减弱至暂停。

2．产道

产道是产出胎儿的必经之道，由软、硬产道组成。软产道由子宫颈、阴道、前庭和阴门组成，分娩前数天开始松软，分娩时能够扩张；硬产道是指骨盆，是由荐骨、前三个尾椎、髂骨及荐坐韧带组成。

3．胎儿与母体产道的关系

胎儿与母体产道的关系包括以下几种。

（1）胎向，即胎儿在子宫和产道内的方向。有以下 3 种情况。

①纵向：胎头和前肢先入产道为正生，后肢和臀部先入产道为倒生。

②横向：指胎儿横卧在母体子宫内；胎儿背部向着产道为背横向，腹部向着产道（四肢先进入产道）为腹横向。

③竖向：胎儿纵轴与母体纵轴呈垂直状态；胎儿背向产道为背竖向，腹部向着产道（四肢先进入产道）为腹竖向。

纵向是正常胎向，横、竖向均属异常胎向，实践中真正的横、竖胎向不多见。

（2）胎位，即胎儿在子宫内的位置。有以下 3 种情况。

①背荐位：胎儿俯卧在子宫内，其背部朝上向着母体背荐部。

②背耻位：胎儿仰卧在子宫内，其背部朝下向着母体腹与耻骨部。

③背髂位：胎儿侧卧在子宫内，背部偏向一侧，向着母体左侧或右侧腹壁及髂骨。

背荐位是正常胎位，轻度侧位也属正常。

（3）胎势，即胎儿在子宫内的姿势。妊娠期间胎儿呈身体弯曲，四肢屈曲状态，分娩时由弯曲变为伸展。

（4）前置，指胎儿躯体先入产道部分，哪部分先入产道就叫哪部分前置，如头部前置、后肢前置等。

（三）分娩过程

1. 分娩过程的分期

分娩过程从出现阵缩开始，止于胎儿、胎衣全部产出。该过程虽然是分娩的连续过程，但是依据分娩过程的不同临床特征，一般分为3期。

（1）子宫颈开口期。该期是分娩的第一阶段，从子宫出现有规则阵缩开始到子宫颈口充分开大为止。该期只有阵缩而没有努责。产畜通过阵缩将胎儿和羊水推向子宫颈。此时产畜表现出一系列分娩前行为与精神状态的变化。

（2）胎儿产出期。该期是指子宫颈口完全开张至胎儿娩出期间。其特点是阵缩、努责都很强烈。此时产畜表现出强烈的分娩前行为与精神状态的变化。

（3）胎衣排出期。胎衣是胎膜的总称，包括部分断离的脐带。该期是指从胎儿娩出开始至胎衣完全排出为止。由于胎儿已经娩出，产畜稍微安静下来，但几分钟后再次阵缩，不过一般不出现努责现象。

各种动物分娩各期的时间如表3-5所示。

表3-5 各种动物分娩各期的时间

畜别	开口期	产出期	胎儿产出间隔时间	胎衣排出时间
牛	2～8小时 （0.5～24）小时	3～4小时 （0.5～6）小时	20～120分钟	4～6小时 （不超过12小时）
水牛	1小时 （0.5～2）小时	19分钟	—	4～5小时
绵羊	4～5小时 （3～7）小时	1.5小时 15分钟至2.5小时	15（5～60）分钟	0.6～4小时
山羊	（6～7）小时 （4～8）小时	3（0.5～4）小时	5～15分钟	0.5～2小时
猪	2～12小时	2～6小时	中国品种1～10分钟 引进品种10～30分钟	30（10～60）分钟
马	10～30分钟	10～20分钟	20～60分钟	5～90分钟
骆驼	—	8～15分钟	—	21～77分钟 长的达131～184分钟

续表

畜别	开口期	产出期	胎儿产出间隔时间	胎衣排出时间
犬	6～12 小时 初产可达 36 小时	3～4 小时	10 分钟～1 小时	5～15 分钟
猫	—	2～6 小时	5 分钟～1 小时	—
兔子	—	20～30 分钟	—	—

资料来源：章孝荣．兽医产科学．北京：中国农业大学出版社，2011．

2．主要动物的分娩特点

（1）牛、羊。牛的分娩过程较长，尤其是胎衣排出的时间较长。胎儿进入产道后努责强烈，通常尿膜绒毛膜破裂排出第一胎水，然后尿膜羊膜破裂排出第二胎水和胎儿。羊的产出过程与牛相似，只是排出胎衣的时间较短。

（2）马、驴。一般母马（母驴）分娩时侧卧，努责时阴门开张，尿膜绒毛膜破裂排出第一胎水，然后尿膜羊膜破裂排出第二胎水和胎儿，如果胎儿前置露出阴门，尿膜羊膜还没破裂，则要及时撕破，以免胎儿窒息。

（3）猪。由于猪是多胎动物而且是双角子宫，故分娩时除纵向收缩外还有分节收缩。两个子宫角轮流收缩，即一侧收缩先将一个胎儿娩出，再依次将两子宫角内的胎儿全部排出。

（4）犬。犬分娩时胎儿包在胎囊内产出，母犬会咬破胎囊和脐带，舔干胎儿。通常产出一个胎儿后就排出胎衣。

（5）猫。猫常在分娩时惊叫，每产出一个胎儿母猫就会快速舔干胎儿，咬断脐带。通常胎衣随胎儿一同排出。

（四）接产

1．接产的准备

（1）产房。给产畜准备专用产房或分娩栏。产房要求清洁、温暖、干燥及安静。猪的产床要有仔猪栏，以免母猪压死仔猪。母畜一般在产前 7～15 天进入产房，产房要提前升温，分娩及产后产房温度要求在 18 ℃～25 ℃。胎儿所处的局部环境温度要求更高些。

（2）用品。用品包括助产器械、消毒药品（如 70% 酒精，2%～5% 碘酊等）及催产素药品等。

（3）接产人员。接产人员应经验丰富，新手要经过严格培训才能上岗。由于动物很多在夜间分娩，故产房要有值班人员。

2. 正常分娩的接产

（1）清洗消毒。产前要用温的肥皂水清洗产畜外阴周围，用消毒毛巾擦干后再用0.1%高锰酸钾或0.05%新洁尔灭消毒外阴；用绷带缠好尾巴，拉向一侧并系于颈部。接产人员着消毒工作服及胶围裙、胶靴，接生前要清洗、消毒手臂。

（2）观察与检查。观察产畜分娩情况、精神状态和行为表现，如有异常，要查明原因，并及时处理。当胎儿前置进入产道时，可将消毒手臂伸进产道检查胎向、胎位、态势及产道是否正常。

（3）接产与助产。正常分娩无须干预。当产畜阵缩、努责微弱，无力产出胎儿时，要人工帮助拉出胎儿；胎儿口鼻已露出阴门外时，要撕破羊膜，擦干口鼻黏液；当胎儿后肢露出阴门外要及时拉出，免得胎儿因吸入羊水而窒息；当出现难产情况时，要按照应对难产的方法进行处理。

（4）检查胎衣。产出胎儿后，要及时检查胎衣排出情况及排出胎衣的完整性。如果出现胎衣不下，要按照有关胎衣不下的要求进行处理。马、猪对胎衣不下特别敏感，要予以特别注意。

第二节 妊娠期疾病

一、流产

流产就是妊娠的中断。本病对母、子都有极大的危害，可发生于各种母畜。

（一）流产的病因

流产的病因非常复杂，大致分为传染性流产和非传染性流产两类。传染性流产是由传染病和寄生虫病引起的。传染性流产和非传染性流产又各自分为自发性和症状性两类。

1. 传染性自发性流产

传染性自发性流产是由胎膜、胎儿及母畜生殖器官直接受微生物或寄生虫侵害所致，如布氏杆菌病、胎毛滴虫病、马沙门氏菌病及锥虫病等疾病导致的流产。

2. 传染性症状性流产

传染性症状性流产只是某些传染病和寄生虫病的一个症状，如结核病、马传染性贫血、牛球形泰勒焦虫病等疾病时常有流产症状。

3. 非传染性自发性流产

非传染性自发性流产多是由胎儿及胎膜的畸形发育以及由疾病所导致的。

4. 非传染性症状性流产

常见的非传染性症状性流产主要是由饲养管理不当造成的，如饲料数量不足和饲料营养不全或不平衡，特别是蛋白质、维生素 E、维生素 A、钙、磷、镁等的缺乏时更易造成流产。非传染性症状性流产也见于饲喂孕畜霉败、冰冻和有毒饲料。损伤及管理性流产多见于跌摔、顶碰、挤压、重役、鞭打、惊吓等应激情况。母畜的生殖器官疾病及机能障碍，严重大失血，疼痛，腹泻，以及高热性疾病和慢性消耗性疾病等也能引起流产。孕畜的全身麻醉，给予子宫收缩药、泻药及利尿药等可导致药物性流产。同一孕畜发生两次以上流产，可能与近亲繁殖、内分泌机能紊乱以及应激性有关，称为习惯性流产。

（二）流产的症状及诊断

1. 胎儿消失

胎儿消失也叫隐性流产。本病多发生在妊娠初期，胚胎的大部分或全部被母体吸收，体外见不到流产的迹象，也无明显的临床症状，在妊娠一段时间后性周期又重新恢复。一般牛经 40 ~ 60 天、马经 2 ~ 3 个月、猪经 1.5 ~ 2.5 个月后再现发情周期。

2. 排出未足月胎儿

排出未足月胎儿分为小产（半产）和早产。

（1）小产或半产是指排出未经变化的死胎，胎儿及胎膜很小，常在无分娩征兆的情况下排出，不易被发现。

（2）早产是指排出不足月的活胎，有正常分娩的征兆和过程，但不明显。早产的胎儿活力很低，有的可以成活。

3. 胎儿干尸化

胎儿死于子宫内，但由于黄体的存在，子宫收缩微弱、子宫颈闭锁，因而死胎不能被排出。经过一段时间后，胎儿及胎膜的水分被吸收，体积缩小、变硬，胎膜变薄而紧包干瘪的死胎，呈棕黑色，称木乃伊。

母畜表现为发情虽然停止，但随妊娠时间延长腹部并不继续增大，直肠检查也无胎动，子宫内无胎水，但有硬固物，子宫中动脉不变粗且无妊娠样搏动，牛的一侧卵巢有十分明显的黄体。

4. 胎儿浸溶

胎儿死于子宫内后，由于子宫颈开张，没有腐败性微生物侵入，使胎儿软组织液化分解后被排出，但因子宫颈没完全开张，胎儿骨骼滞留在子宫内。

母畜表现为精神沉郁，体温升高，食欲减退，腹泻，消瘦；随努责见有红褐色或黄棕色的腐臭黏液排出，且常带有小短骨片。阴道检查时，见子宫颈开张，阴道及子宫发炎，在子宫颈或阴道内可摸到胎骨。

5. 胎儿腐败分解

胎儿腐败分解也叫气肿胎儿，是指胎儿死于子宫内，由于子宫颈开张，多量腐败菌侵入，如厌氧细菌等的侵入，使胎儿软组织腐败、分解，产生的硫化氢、氨、丁酸及二氧化碳等气体积存于胎儿体内导致胎儿气肿的现象。

母畜表现为产道有炎症，子宫颈开张，触诊胎儿有捻发音。

（三）流产的防治

针对不同流产情况，采取相应的措施。

（1）对有流产征兆（如胎动不安，腹痛起卧，呼吸急，脉细数等）而胎儿未被排出者，以及对于习惯性流产者，应全力保胎，以防止发生流产。可肌肉注射黄体酮注射液，牛、马 50 ~ 100 mg，猪、羊 15 ~ 25 mg，每天一次，连用 2 ~ 3 次。亦可肌肉注射维生素 E。

（2）对于胎儿死亡且已排出干净的，应调养母畜，以备再孕。

（3）若胎儿虽死，但未排出，则应尽早完全排出死胎，并剥离胎膜，以防发生子宫内膜炎等继发病。

（4）对于小产及早产者，可进行中药保胎。在胎儿干尸化时，可往子宫内灌注灭菌石蜡油或植物油，然后将死胎拉出；再以复方碘溶液（用温开水 400 倍稀释）冲洗子宫。

（5）当子宫颈口开张不全时，可肌肉或皮下注射已烯雌酚（必要时，间隔 2 天重复注射），促使黄体萎缩、子宫收缩及子宫颈开张。

预防流产可实施如下综合防治措施：严禁饲喂冰冻、霉败及有毒饲料；防止饥饿、过渴以及过食、暴饮；孕畜要适当运动和使役，防止挤压、碰撞、跌摔；母畜的配种、预产，都要明确记载；配种、妊娠诊断、直肠及阴道检查要严格遵守操作规程，严防粗暴；对于疾病，要及时诊断，及早治疗，用药要谨慎，以防流产。

二、阴道脱出（牛、犬）

阴道的部分或全部脱出于阴门之外称为阴道脱出。以阴道下壁脱出为多见。多发生于妊娠中、后期，年老体弱的母畜发病率较高。

（一）阴道脱出的病因

1. 主要原因

日粮中缺乏矿物元素，运动不足，过度劳役，阴道损伤及年老体弱等，使固定阴道的组织松弛，为本病常见的主要原因。

2. 诱发原因

瘤胃臌气，便秘，腹泻，阴道炎，以及分娩和难产时剧烈努责等，致使腹内压增加，是本病的诱发原因。

（二）阴道脱出的症状及诊断

阴道脱出时，多见病畜不安、拱背、顾腹和频频做排尿姿势。当继发感染时出现全身症状。根据阴道脱出的程度，阴道脱出分为部分脱出和完全脱出。

1. 部分脱出

阴道部分脱出时，常在母畜卧下时，在阴门开张处见到如鹅蛋大小的红色或暗红色的半球状突出物，站立时缓慢缩回，但当反复脱出后，则难以自行缩回。

2. 完全脱出

完全脱出多由部分脱出发展而成。阴道完全脱出时，可见较大的球状物突出于阴门外，其末端的子宫颈外口、尿道外口常被压在脱出阴道部分的底部，故排尿不畅。

脱出的阴道，初呈粉红色，后因污染和摩擦而淤血、水肿，渐成紫红色肉冻状，进而出血、干裂、结痂及糜烂等。

（三）阴道脱出的防治

当阴道部分脱出时，对于站立时能自行缩回的，一般不需整复和固定。在加强运动、增强营养、减少卧地，并使其保持前低后高姿势的基础上，灌服具有“补虚益气”作用的中药，多能治愈。对于站立时不能自行缩回的阴道脱出，则应进行人工整复，并用荷包缝合法固定阴门，防止再次脱出。同时配以药物治疗。

当阴道完全脱出需要整复时，宜将病畜保定在前低后高的地方，裹扎尾巴并拉向体侧，选用 2% 明矾水或 1% 食盐水，彻底清洗脱出阴道局部及阴门周围。

当水肿严重时，可用热敷、挤揉法或划刺法使水肿液流出。然后再用消毒的湿纱布或涂有抗菌药物的油纱布包盖脱出的阴道，在母畜不甚努责时用手掌将脱出的阴道托送还纳回去，然后小心取出纱布。之后在两侧阴唇黏膜下蜂窝组织内注入 70% 酒精 30～40 mL，刺激阴门使其收缩，以防止还纳后再次脱出。亦可用消毒的粗缝线在阴门上 2/3 做减张缝合或荷包缝合，此法对防止阴道再脱出更有效。

当病畜剧烈努责而影响整复时，可先进行硬膜外腔麻醉或尾骶封闭。脱出的阴道有严重感染和坏死时可进行阴道部分切除术，并配合全身疗法。

关于预防，应加强饲养管理，给予母畜营养全面而足够的日粮，同时加强运动，增强体质和防止损伤阴道，预防和及时治疗其他相关疾病，尤其是增加腹压的各种疾病。

第三节 分娩期疾病——难产

一、产力、产道及胎儿性难产

在分娩过程中，胎儿不能被顺利地产出称为难产。此时，若助产不及时或助产不当，可以引起母畜生殖器官疾病，甚至造成胎儿和（或）母体的死亡。

怀孕期满，母体将发育成熟的胎儿、胎膜及胎水从产道排出体外的过程叫作分娩。分娩的正常过程，是由产力、产道和胎儿 3 个因素所形成。其中任何一个或几个因素的异常，都可引起难产。

（一）产力异常

产力异常是由于母体营养不良、疾病、疲劳及分娩时外界因素的干扰等，使孕畜产力减弱或不足的现象。

（二）产道异常

产道异常是指骨盆畸形，骨折，子宫颈、阴道及阴门的瘢痕、粘连和肿瘤，以及母畜先天发育不良等，造成的产道狭窄和变形。

（三）胎儿异常

胎儿异常包括发育异常、胎位异常、胎势异常和胎向异常。发育异常指胎儿活力不足、畸形等。胎位是指胎儿背部与母体背部或腹部的关系。胎位异常通常指胎位的下位和侧位等。胎势是指胎儿各部之间的关系。胎势异常一般有胎头弯曲、关节屈曲等。胎向是指胎儿身体纵轴与母体纵轴的关系。胎向异常通常有横向或竖向等。这些情况都可导致胎儿难以通过产道，造成难产。难产需要助产，助产前要进行详细的术前临床检查。

二、难产的检查

（一）术前检查

1. 询问病史

应问清妊娠的时间及胎次，分娩开始前及分娩时产畜的表现，胎膜是否破裂，做过何种处理等。对于猪，必须注意其已产出胎儿的数目和两个胎儿娩出的间隔时间。

2. 临床检查

（1）全身状态的检查。检查产畜的全身状态，尤其应注意体温、脉搏、呼吸及精神状况等一般检查。

（2）检查外阴部。产畜外阴部的检查包括检查阴门、尾根两旁及荐坐韧带后缘是否松弛，乳头中能否挤出初乳，以此推断妊娠是否足月；还要检查骨盆及阴门是否扩张等。

（3）检查产道及胎儿。先将消毒手臂伸入产道，检查阴道黏膜的松软、滑润程度，子宫颈的扩张程度和骨盆的大小等，进而判定胎儿的生死、胎位、胎向及胎势，以便决定助产的方法。

（4）判定胎儿生死。可间接（胎膜未破时）或直接（胎膜已破时）触诊胎儿的前置部分判断胎儿生死。正生时，将手指伸入胎儿口内或压迫眼球和牵拉前肢，感知其有无自主活动，可判断生死；倒生时，将手指伸入胎儿肛门感知有无收缩活动，可判断胎儿生存状况。但要注意，虚弱胎儿反应微弱，有时很难感知到其生理活动，故要耐心、细致地从多方面进行检查，审慎断定胎儿生死。

（5）判定胎位、胎向及胎势。胎头向着产道为正生，胎儿尾部向着产道为倒生。难产时的胎位，有正生下位等；难产时的胎向有腹部前置横向、背部前置横向等；难产时的胎势有正生时的头颈侧弯、头颈下弯，倒生时的髋关节、跗关节屈曲等情况。

（二）术前准备

1. 场地的选择和消毒

助产最好在手术室内进行。如果条件有限，亦可选在避风、清洁的室外进行。助产场地要用消毒溶液喷洒消毒，为避免术者手臂与地面接触，应在产畜后躯下面铺垫清洁的褥草，并在褥草上加盖宽大的消毒油布或塑料布。

2. 产畜的保定

最好使母畜取前低后高的站立姿势。牛左侧卧、马右侧卧，并予以适当保定。若产畜努责、腹痛剧烈，可进行硬膜外腔麻醉。

3. 术部及术者手的消毒

将产畜尾巴缠上绷带并拉向一侧，用肥皂水或消毒药液清洗外阴部及后躯，再用酒精棉球擦拭阴唇。按外科手术常规消毒程序对术者手臂进行消毒后，再涂擦上灭菌过的凡士林或石蜡油。

4. 常用的产科器械

产科绳用于矫正胎儿的异常部分和拉出胎儿。产科绳的使用方法有单滑结和活结两种。产科钩用于牵引胎儿，分为单钩、眼钩、复钩等。产科梃用于推退胎儿返回母体子宫，以便矫正胎位、胎向及胎势的异常部分。产钳用于钳夹动物胎头，以便拉出胎儿。产科刀用于肢解胎儿。产科线锯用于锯割胎儿。

5. 改善产畜全身状态

一般当产畜发生难产时，多已经过较长的分娩过程，此时体力消耗极大，身体虚弱。

故在进行助产手术前，在详细检查产畜全身状态的基础上，应先行调整、改善产畜的全身机能状态，恢复体力。例如，静脉注射糖盐水及营养物质等，以保证产畜有足够的体力支撑后续的分娩过程及助产手术。

三、助产手术

施行助产手术的目的是保全母、子的生命和避免产畜生殖器官与胎儿受损。当不能保证母子两全时，多保全母畜。助产手术要严格遵守操作规程。矫正胎儿异常时，应尽可能把胎儿推回子宫内进行。拉出胎儿时，应顺骨盆轴方向，并要配合产畜努责徐徐进行。助产手术一般先用手进行，必要时才使用产科器械，并注意防止锐部损伤产道。通常采用向产道内灌注灭菌的石蜡油或植物油的方法来润滑产道。常用的助产方法如下。

（一）子宫颈狭窄

如果产畜经较强和较长时间的阵缩而未见胎儿露出，阴道检查时见子宫颈缺乏弹性、颈口窄小或子宫颈紧箍胎儿的露出部分，则助产时可用产科绳系住胎儿的露出部分（前肢或后肢），随产畜努责而逐渐加力牵拉。如果宫颈管太窄，可用颠茄浸膏涂于宫颈口，或用 5% ~ 10% 可卡因溶液做宫颈注射，扩张宫颈后强行拉出胎儿。当上述方法无效时，施行子宫颈切开术或剖腹产术。

（二）胎儿过大

胎儿过大时，多采用产道灌注润滑剂后强行拉出胎儿的办法，如无效，可施行剖腹产术或截胎术。

（三）头颈侧弯

如果胎儿前肢一长一短地伸出产道，触诊可摸到屈转的胎儿头颈，则助产时先在胎儿的前肢系上绳子，一手牵拉胎儿眼眶或下颌，再用手推胎儿胸部，在回推胎儿的同时，牵拉胎头进行胎头的矫正。无效时，施行截胎术或剖腹产术。

（四）头颈下弯

当从阴门外看不见胎儿前蹄，或仅见蹄尖，从产道可摸到前置的胎儿额部或颈部，且额部前置时，只要将手伸向胎儿下颌的下面并向上抬，就能将胎头拉入骨盆而得到矫正。无效时，施行截胎术或剖腹产术。

（五）腕关节屈曲

阴门外仅见一前肢伸出，当两侧腕关节屈曲时，阴门外啥也见不到，且从产道可摸到一前肢或两前肢腕关节屈曲及正常的胎头，则助产时先用产科绳系在正常的胎头或前肢上，一手沿前肢伸入并握住蹄子，将产科梃置于两前肢间向子宫内推还胎儿，在推还胎儿的同时，抬拉屈曲的前肢，即能矫正。两侧腕关节屈曲时，同法矫正另一侧肢体。当矫正无效时，可施行截胎术或剖腹产术。

四、难产的防治

（一）改善母畜的饲养管理

对于营养不良的母畜，即使勉强妊娠，胎儿也不能正常发育，且其分娩时产力微弱。营养过剩和公畜体格过大，可使胎儿过大。运动不足可降低孕畜的产力，因此要加强母畜的饲养管理，使其有充足的体能迎接妊娠及分娩。此外，分娩时要保持环境安静，防止外界环境因素对产畜的干扰。

（二）及时治疗母畜疾病

应及时治疗母畜的任何疾病，使母畜保持身体健康，以便在分娩时有充足的产力。尤其要注意对阴道和子宫疾病的治疗，以防产道狭窄，引起难产。

（三）适时进行临产检查

临产检查应在产畜开始努责到胎膜露出或排出胎水时进行，过早则难以确定胎位、胎势及胎向是否正常，过迟则可能已成难产。在胎儿无异常时，应让母畜自然娩出，不必人为施加无用的干预；若有异常，应立即矫正。

第四节　产后期疾病

一、子宫脱出

子宫脱出分为子宫内翻和完全脱出两种。子宫内翻是指子宫角的一部分或全部翻转于阴道内。完全脱出是指子宫翻转并垂脱于阴门之外。该病多发生于牛、马，也见于猪。动物常在分娩后 1 天之内，子宫颈尚未缩小和胎膜还未排出时发病。

（一）子宫脱出的病因

1. 主要原因

体质虚弱，运动不足，胎水过多，胎儿过大和多次数妊娠，致使子宫肌收缩力减退和子宫过度伸张所引起的子宫弛缓，是导致子宫脱出的主要原因。

2. 诱发原因

分娩超过预产期太长时，子宫黏膜紧裹胎儿，助产时子宫黏膜随胎儿被迅速拉出，造成宫腔负压，可引发子宫脱出。难产和胎衣不下时，产畜强烈努责，便秘、腹泻及腹痛等凡是能引起腹压增大的情形，都可诱发子宫脱出。

（二）子宫脱出的症状及诊断

一般子宫脱出开始阶段未见明显全身症状，只见到子宫出血、坏死现象。当脱出的子宫被严重感染后可引起败血症，出现重剧的全身症状。

1. 子宫内翻

子宫内翻即子宫部分脱出。病畜表现不安、努责及举尾等类似腹痛的症状。阴道检查时，可见翻入阴道的子宫角尖端。

2. 完全脱出

完全脱出时，见有不规则的长圆形物体垂突于阴门之外，在脱出的子宫黏膜表面剥去未脱落的胎膜后，呈粉红色或红色，后因淤血而变为紫红色或深灰色，随着水肿情况加重呈肉冻状，且脱出的子宫多被粪土污染和被摩擦而出血，进而出现结痂、干裂及糜烂等变化。有的子宫脱出同时还伴有阴道脱出。

牛脱出的子宫表面布满圆形或半圆形的海绵状母体胎盘，且分为大小两堆，胎盘极易出血。羊的情况与牛相似，但其胎盘呈圆形，其内有一凹陷。猪脱出的子宫似两条肠管，黏膜呈绒状，上面有横的皱襞。

（三）子宫脱出的治疗

子宫脱出的治疗以整复为主，配合药物。但是，当子宫被严重损伤而不宜整复时，应实施子宫截除术。

整复时的病畜保定及还纳子宫的方法与整复阴道脱出相同。为使脱出子宫缩小，可向子宫壁内注射垂体后叶素。当遇有胎盘出血情况时，可用缝线结扎出血的血管或使用药物止血。

还纳子宫的方法有两种。一是从子宫角尖端开始，术者用拳头顶住一子宫角尖端的凹陷处，小心而缓慢地将子宫角推入阴道，另一只手和助手从两侧辅助配合，防止送入的子宫再度脱出。用同法处理另一子宫角，逐渐将脱出的子宫全部送回骨盆腔内。二是从子宫基部开始，从两侧压挤并推送靠近阴门的子宫部分，一部分一部分地推还，直至脱出的子宫全部被送回骨盆腔内。待子宫被全部还纳后，将手臂伸入其中，使子宫恢复正常位置并防止再脱出。

整复后向子宫内注入抗生素类药物，防止感染后发生子宫内膜炎。为使复位后的子宫不再脱出，可实施稀疏缝合等措施缩小阴门外口，同时配合使用子宫收缩剂。

二、生产瘫痪

生产瘫痪也叫乳热症，常在母畜分娩后 1 ~ 3 天内突然发生，是以昏迷和瘫痪为特征的急性低血钙症。本病多发生于高产奶牛（见图 3–1）。

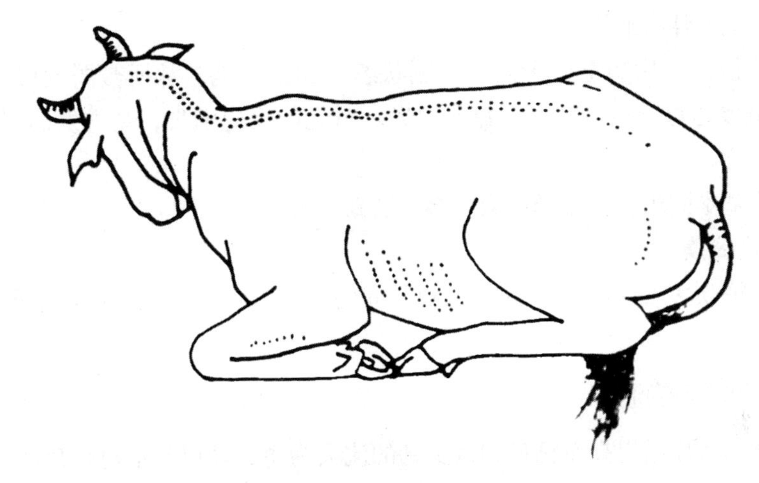

图 3–1　牛生产瘫痪时的头颈弯曲——“S”状弯曲

（资料来源：高作信 . 兽医学 .3 版 . 北京：中国农业出版社，2001.）

（一）生产瘫痪的病因

生产瘫痪的病因尚未完全清楚，一般认为与以下因素有关。

1．主要原因

多胎、多产、产乳量高、摄入能量不足是奶牛发生生产瘫痪的主要原因。

2．诱发原因

产后大量泌乳而失钙是本病发生的诱因。在高钙饲养条件下，产畜甲状旁腺机能降低，分娩后骤然泌乳，随着钙的大量流失使血钙降低，此时又不能引起甲状旁腺素的充分分泌，使骨钙动员迟缓，从而导致低血钙症。当血钙降低时，血镁相应地增高，神经肌肉的应激性增强，故有时见到病畜出现搐搦症状。在血钙降低的反应过程中，由于胰岛 β 细胞的胰岛素分泌受到干扰，从而出现高血糖症，这是病理性增高。正常分娩时血糖的增高是由催产素引起胰岛素降低导致的。

（二）生产瘫痪的症状及诊断

牛、羊、猪生产瘫痪的症状各有不同。

1．牛、羊生产瘫痪

牛、羊生产瘫痪的症状分为 3 个阶段：前驱阶段、僵卧阶段、昏迷阶段。

①前驱阶段。此阶段，病畜表现兴奋不安，紧张乱动，对刺激敏感，采食、排尿及排粪停止，头和四肢震颤。

②僵卧阶段。病畜很快由前驱阶段转入该阶段，表现为四肢发僵，步幅不均及共济

失调，站立困难，最终卧倒。卧地后，头颈常扭曲呈“S”状弯曲，或头后转并置于肩胛上呈“胸卧式”姿势。病畜鼻镜干燥，体温降低，眼凝视，嗜睡，痛觉反应低下，肛门反射消失并松弛，伴有瘤胃膨气。

③昏迷阶段。最后病畜处于高度抑制状态，侧卧于地，脉搏微弱或根本触摸不到，心跳微弱而增数达每分钟 120 次，瞳孔散大，对光的反应消失，易继发瘤胃膨气。若不及时治疗可致死。

羊的症状基本同牛，但排粪次数较多，心跳缓慢。

2. 猪生产瘫痪

猪的生产瘫痪多发生于产后的几天到几周内，症状近似于牛，但没牛严重，体温正常或略升高。

（三）生产瘫痪的治疗

生产瘫痪的治疗以提高血钙量和减少钙的流失为主，辅以其他对症疗法。

1. 补钙疗法

可用 20% ~ 30% 的含 4% 硼酸的葡萄糖酸钙溶液缓慢地进行静脉注射，效果良好，牛一次量为 300 ~ 500 mL，猪、羊为 50 ~ 100 mL。用 4% 硼酸溶液做溶媒，不仅可以增加钙的溶解度，而且可以使其性质稳定。也可用 10% 葡萄糖酸钙溶液进行静脉注射，牛一次量为 300 ~ 500 mL，猪、羊为 50 ~ 100 mL。

2. 乳房打气法

乳房打气法是指将空气打进乳房使乳腺受压，引起泌乳减少或暂停，以使血钙流失减少。其具体操作方法为：将乳房、乳头消毒后，挤净乳房中的乳汁，然后将消毒的送风管经乳头管插入并固定，随即安上乳房送风器，手握橡皮球，徐徐打入空气，以乳房皮肤紧张，弹击呈鼓响音为度；此后拔出乳导管，用纱布条轻轻扎住乳头或用胶布贴住，防止空气逸出。再用同法操作另一个乳室。乳房打气法操作前，要先注入 1% 碘化钾溶液，再进行打气。

当有乳房炎时，应给予抗生素治疗。

3. 其他疗法

①补磷。当输钙后，病畜机敏活泼，欲起而不能时，多伴有严重的低磷血症。此时，用 20% 磷酸二氢钠溶液 200 mL，或 30% 次磷酸钙溶液 100 mL，一次静脉注射，有较好的疗效。

②补糖。随着钙的补给，血中胰岛素的含量很快提高而使血糖降低，故补钙的同时也要补糖。

（四）生产瘫痪的预防

分娩前限制日粮中钙的含量和分娩后增加日粮中钙的含量是预防本病的有效措施。

在分娩前 4 ~ 5 周内，可将奶牛日粮中的钙镁比例调整为 1∶10 ~ 1∶3；在牛分娩前 5 ~ 6 天，可肌肉注射 1 000 万单位的维生素 D_3；在分娩后立即补钙，对于泌乳量一般的奶牛，其日粮中钙的含量应增加至 100 ~ 150 g。

第五节　母畜不育

一、卵巢机能减退

卵巢机能减退是卵巢发育不全或卵巢机能发生暂时性或长久性的衰退，致使母畜无发情周期，从而表现为不发情的疾病。引起卵巢机能减退的疾病有卵巢发育不全、卵巢萎缩、卵巢硬化及持久黄体等。卵巢机能减退是母畜不孕的重要原因。

（一）卵巢机能减退的病因

（1）营养不良：长期饲料不足或饲料质量不高，特别是蛋白质、维生素 A 及维生素 E 等重要营养元素的缺乏等。

（2）消耗增多：过度使役、长期哺乳或慢性消耗性疾病，使母畜过多消耗营养，引起垂体产生卵泡刺激素（follicle-stimulating hormone，FSH）的机能降低。

（3）其他因素：如气候过热、过冷和骤变，患有其他生殖器官疾病等。

（二）卵巢机能减退的症状及诊断

本病的特征是不发情：母畜到应该发情的年龄而无发情表现；母畜在分娩以后长期不见发情；母畜在分娩后只出现 1 ~ 2 次发情，以后长期不再发情。对于大动物，直肠检查是诊断本病的主要手段。直肠检查后可间隔 5 ~ 6 天再检查一次，并结合上述症状进行确诊。本病分为以下几种情况。

（1）卵巢发育不全。母畜性成熟以后不见发育，卵巢很小且无卵泡发育。

（2）卵巢静止。母畜分娩后仅出现 1 ~ 2 次发情，以后长期不再发情。马、驴卵巢大小和质度正常，但无卵泡发育；牛卵巢较硬，表面不平滑，多伴有黄体残迹。

（3）卵巢萎缩。母畜分娩后长期不见发情。牛的卵巢如豌豆大，马的卵巢像鸽蛋，驴的卵巢如核桃。卵巢上既无黄体又无卵泡发育迹象，质度稍硬。

（4）卵巢硬化。母畜长期不见发情，卵巢硬如木质，无卵泡发育。

（三）卵巢机能减退的治疗

1. 卵巢按摩

通过直肠对卵巢进行按摩可增加卵巢的血液循环和代谢机能，故能促进卵巢机能的恢复。该法对卵巢静止和持久黄体尤为有效。

2. 激素疗法

①促卵泡素：牛 50 ~ 100 单位，肌肉注射，每日一次，共注射 3 ~ 4 天；当卵巢静止时，注射剂量应适当增加。

②绒毛膜促性腺激素：马、牛 2 500 ~ 5 000 单位，猪、羊 500 ~ 1 000 单位，肌肉注射；必要时，间隔 1 ~ 2 天后重复注射一次。

③马绒毛膜促性腺激素：马、牛 1 000 ~ 1 500 单位，羊、猪 500 ~ 1 000 单位。

④雌激素：苯甲酸雌二醇，牛、驴 20 ~ 25 mg，马 30 ~ 45 mg，猪 4 ~ 6 mg，羊 1 ~ 2 mg；己烯雌酚，牛 25 ~ 30 mg，马 35 ~ 50 mg，猪 3 ~ 10 mg，羊 1 ~ 3 mg，肌肉注射；一般在用药后 2 ~ 4 天即可出现发情表现，但无卵泡发育和排卵情况，故在用药后的第 1 ~ 2 个发情期不必配种。

（四）卵巢机能减退的预防

卵巢机能减退的预防包括：给予母畜合理的日粮，特别应注意供给足够的蛋白质、维生素、常量元素和微量元素；改善管理方式，合理使役，防止过劳和不运动；哺乳期应添精料，并适时断乳；越冬时应储备充足的青储料，以备冬末春初饲用；防治母畜生殖器官疾病及其他疾病。

二、持久黄体

在母畜发情周期终了或分娩之后，发情周期黄体或妊娠黄体持续存在的情况称为持久黄体。

（一）持久黄体的病因

1. 激素不足

卵泡刺激素分泌不足，促黄体生成素和促乳素分泌过多，可引起持久黄体，从而导致卵泡的生长发育和成熟受到抑制，发情周期停止。

2. 其他因素

营养物质消耗过大可引起高产母牛卵巢机能减退。此外，胎盘滞留、子宫内膜炎等疾病或胚胎早期死亡等均能影响黄体的吸收、消散而发生持久黄体。

（二）持久黄体的症状

病畜发情周期停止，外阴皱缩，阴道黏膜苍白，不见阴道分泌物。直肠检查时，卵巢表面有一到数个黄体明显突出（牛）或稍突出（马）于卵巢表面，大部分包埋在卵巢的基质内，故触诊感觉卵巢比正常的大而硬实；间隔一定时间经两次检查时，在卵巢的同一部位有同样的黄体，未见有任何变化。

（三）持久黄体的治疗

卵巢机能减退的各种疗法都适用于持久黄体，目前以前列腺素 $F_{2\alpha}$（氯前列腺烯醇）效果较好，也可注射胎盘组织液等药物。

（四）持久黄体的预防

持久黄体的预防同卵巢机能减退。

第六节　乳房疾病——乳腺炎

乳腺炎也称为乳房炎，是母畜乳腺的炎症，多发生于乳用家畜的泌乳期，有时也见于猪、羊和马。

一、乳腺炎的病因

（一）损伤后感染

乳腺炎可因摩擦、挤压、碰撞以及刺划等造成乳腺损伤，尤以幼畜吮乳时用力碰撞奶头和徒手挤乳方法不当使乳腺损伤，并通过厩舍、运动场、挤乳手指和用具等感染而发病。

（二）诱发原因

泌乳期饲喂精料过多，乳腺分泌机能过强，应用激素治疗生殖器官疾病而引起激素平衡失调等，是本病的诱发原因。

（三）某些疾病的并发症

布鲁氏菌病、结核病等传染病也常并发乳腺炎。

二、乳腺炎的分类、症状及诊断

（一）急性乳腺炎

乳腺患部有不同程度的充血、肿胀、变硬、温热和疼痛，乳房上淋巴结肿大，排乳不畅或困难，泌乳减少或停止，乳汁稀薄，内含凝乳块或絮状物，有的混有血液或脓汁。严重时伴有食欲减退、精神不振和体温升高等全身症状。

（二）慢性乳腺炎

乳腺患部组织弹性降低、硬结，泌乳量减少甚至无乳，挤出的乳汁变稠，呈黄色，有时内含乳凝块，多无明显全身症状。

（三）乳汁检查

乳汁检查在乳腺炎的早期诊断和定性上有重要意义。乳汁检查的方法、内容及意义如下。

（1）乳汁采样：先用70%酒精擦净乳头，待干后挤出最初乳汁弃去，再直接挤取乳汁于灭菌的广口瓶内以备检查。

（2）乳汁感观检查：乳汁稀薄似水，进而呈污秽黄色，放置后有厚层沉淀物，是结核性乳腺炎的特征；乳汁内有絮片和凝块，是无乳链球菌感染的特征；乳汁呈黄色均匀浓汁，是大肠杆菌感染的特征；乳腺患部肿大并坚实，是绿脓杆菌和酵母菌感染的症状。当凝块细微而不明显时，可用黑色做背景来观察。

（3）乳汁碱度检查：向试管内或玻片上的乳汁中滴入数滴0.5%溴煤焦油醇紫或溴麝香草酚蓝指示剂，或在蘸有指示剂的纸或纱布上滴上数滴乳汁，当出现紫色或紫绿色时，即表示碱度增高，证明是乳腺炎。

（4）其他检查：必要时，进行乳汁的细菌学检查等。

三、乳腺炎的治疗

1. 急性乳腺炎的治疗

局部疗法：每个患病乳叶用青霉素50万单位、链霉素0.25～0.5 g，溶于50 mL蒸馏水中，或再加入0.25%普鲁卡因溶液10 mL，经乳导管注入，每天1～2次。给药前，应将乳汁挤净，给药后用手捏住乳头向乳房基部轻推数下，以使药液充分扩散。下次给药前再挤净乳汁。

对于羊和猪，可用药液注入患叶局部皮下；也可用青霉素50万～100万单位，溶于0.25%普鲁卡因溶液200～400 mL中，乳房基部环行封闭注射，每日1～2次。

2. 慢性乳腺炎的治疗

（1）局部刺激疗法：将乳房洗净擦干后，将鱼石脂、鱼肝油或樟脑软膏涂擦于乳房患叶皮肤。也可温敷。

（2）全身疗法：以青霉素与链霉素、青霉素与新霉素的联合疗法或四环素疗法效果为优，四环素用于慢性乳腺炎比急性乳腺炎的疗效要好。

四、乳腺炎的预防

乳腺炎的预防包括：保持畜舍、运动场、挤乳人员手指和挤乳用具的清洁；做好传染病的防检工作；挤乳前先用温水将乳房洗净并认真按擦，挤乳时用力均匀并尽量挤尽乳汁，先挤健畜后挤病畜；停乳后注意乳房的充盈度和收缩情况，发现异常要及时检查处理；分娩前，要适当减少多汁饲料和精料的饲喂量；分娩后，适当控制饮水，并适当增加运动和挤乳次数；有乳腺炎时，最好根据情况隔离病畜。

思考题

1. 奶牛体况正常，乳房检查未见异常，但泌乳情况不理想，如何解决？
2. 母猪已经到了发情时期，但人工查情尚不能确定是否发情，如何处理？
3. 牛发情后如何配种？
4. 如何给公猪采精？
5. 母猪的人工授精如何操作？
6. 各种家畜的输精方法是什么？
7. 临床妊娠诊断如何进行？
8. 如何根据孕畜乳房的变化判断分娩时间？
9. 分娩过程的三要素及其在难产过程的意义是什么？
10. 如何预防流产？

第四章

畜禽常见传染病

学习要求

掌握：传染病的概念、特征及发展阶段，传染病流行过程的基本环节，传染病的综合防控措施；高致病性禽流感、狂犬病、布鲁菌病；口蹄疫；猪瘟、非洲猪瘟、猪繁殖与呼吸综合征；新城疫、鸡传染性支气管炎、鸭瘟、鸭坦布苏病毒病。

熟悉：感染及其分类；结核病、大肠杆菌病、沙门菌病、猪 2 型链球菌病；伪狂犬病；猪圆环病毒病、猪流行性腹泻、猪支原体肺炎；马立克病、传染性法氏囊病、鸭病毒性肝炎、小鹅瘟。

了解：猪乙型脑炎、炭疽、马鼻疽；多杀性巴氏杆菌病、梭菌性疾病；猪细小病毒病、猪传染性胃肠炎、猪传染性胸膜肺炎；牛流行热、牛传染性鼻气管炎、绵羊痘和山羊痘、马传染性贫血；本书没有涉及的执业兽医师资格考试大纲的内容。

第一节　传染病概论

一、感染与传染病

（一）感染及其分类

感染又称为传染，是指病原微生物侵入动物机体，在一定部位定居、生长和繁殖并引起动物机体不同程度的病理反应的过程。病原微生物进入动物机体后不一定都能引起感染，只有侵入易感动物体内才能引起感染。

感染受多种因素的制约，包括病原微生物的毒力、数量，入侵门户，动物机体的健康与免疫状态等。因此，同一种病原微生物感染动物后的表现形式和后果会有很大差别，可从隐性感染到临床发病甚至死亡或耐过康复等。了解和认识这些感染形式和过程，有助于传染病的诊断和防控。

对于感染，根据不同角度分为不同类型。根据感染动物有无临床症状，感染分为显性感染与隐性感染；根据病程长短和轻重缓急，感染分为最急性感染、急性感染、亚急性感染与慢性感染；根据感染病原的数量，感染分为单独感染与多重感染（也叫混合感染）。当前临床生产中的感染多属于混合感染。

（二）传染病的概念及特征

由病原微生物引起，具有一定的潜伏期和临床表现，并具有传染性的疾病称为传染病。与非传染性疾病相比，传染病具有一些共同特征。每种传染病都是由某种特定的病原微生物引起的，具有一定的临床表现（临床症状和病理变化）和流行规律（如季节性与周期性），具有传染性和流行性，感染机体会产生特异性免疫学反应（如产生抗体），动物耐过某种传染病后能产生特异性免疫力。

（三）传染病的发展阶段

传染病的发展阶段，又称为病程，一般可分为以下 4 个阶段。

1. 潜伏期

潜伏期是指从病原微生物侵入动物机体到出现临床症状的这段时间。不同传染病的潜伏期长短差异很大；即使是同一种传染病，其潜伏期长短也不尽相同。一般急性传染病潜伏期较短且变动范围较小，而慢性传染病潜伏期较长且变动范围较大。

2. 前驱期

前驱期是指从该病的潜伏期到典型症状显露的一段时间。此阶段患病动物表现出体温升高、精神异常、食欲减退、呼吸异常、生产性能降低等一般性临床症状。

3. 明显期

明显期是该病典型症状充分表现出来的一段时间。此阶段典型临床症状和病理变化相继出现，有些传染病出现某些具有诊断意义的特征性症状，因而进行临床诊断比较容易。

4. 转归期

转归期为疾病发展的最后阶段。此阶段患病动物可能死亡，也可能逐步康复，并且机体能够在一定时期内保留免疫学反应特性。

二、传染病流行过程的基本环节

传染病的流行过程是指病原微生物从传染源排出，经过一定的传播途径侵入另一易感动物，形成新的感染并不断传播的过程，也就是从动物个体感染发病到群体感染发病的过程。传染病的流行必须具有 3 个基本条件，即传染源、传播途径和易感动物，而且这 3 个条件缺一不可，必须同时存在并相互联系才能使传染病在动物群体中流行。

（一）传染源

传染源是指体内有某种病原微生物寄居、生长、繁殖，并能排出体外的动物机体，具体来说就是传染病患病动物、病原携带者和被感染的其他动物。易感动物机体相对来说是病原微生物最适宜的生存环境，而被病原微生物污染的各种外界环境因素，如动物圈舍、用具、饲料、水源、空气、土壤等，并不适于病原微生物长期生存和繁殖，因此一般被视为传播媒介。

传染源分为患病动物和病原携带者两种类型。一般来说，患病动物是最重要的传染源，因其排出的病原微生物数量多、毒力强、传染性大。病原携带者包括潜伏期携带者、恢复期携带者、健康病原携带者 3 种类型。病原携带者由于缺乏临床症状并在群体中自由活动，因而是非常危险的传染源。

（二）传播途径

病原体从传染源排出后，再侵入其他易感动物体内所经历的途径称为传播途径。传播途径可分为水平传播和垂直传播两种方式。

1. 水平传播

水平传播是指病原微生物在动物群体或个体之间横向平行的传播方式，包括直接接触传播和间接接触传播。

（1）直接接触传播是指在没有外界因素参与的情况下，通过传染源与易感动物直接接触而引起的传播，如舔咬、触嗅、交配等。例如，狂犬病主要通过咬伤途径传播。

（2）间接接触传播是指在有外界因素参与的情况下，病原微生物通过传播媒介侵入易感动物而引起的传播。大多数传染病以间接接触传播为主，同时也可以通过直接接触传播。以此方式传播的传染病称为接触性传染病。常见的间接接触传播途径有以下几种。

①经消化道传播：多种传染病，如口蹄疫、猪瘟、新城疫等都可经消化道感染，其传播媒介主要是被病原微生物污染的饲料和饮水等。

②经呼吸道传播：所有的呼吸道传染病，如流感、结核病、新城疫等都可经呼吸道感染，其传播媒介主要是被病原微生物污染的空气中的飞沫和尘埃等。

③经土壤传播：随患病动物排泄物、分泌物或尸体进入土壤并能长期存活的病原微生物称为土壤性病原微生物，如炭疽杆菌、破伤风梭菌等，它们能够经过土壤传播疾病。

④经活媒介传播：活媒介主要有节肢动物、野生动物和人类，节肢动物中的蚊、蝇、虻、虱等能够通过在患病和健康动物之间刺蜇吸血而散播病原微生物，如蚊可传播猪乙型脑炎等。

2. 垂直传播

垂直传播是指病原微生物从亲代到其子代的传播方式，从广义上讲属于间接接触传播。常见的垂直传播途径有经胎盘传播、经卵传播和经产道传播等。

（1）经胎盘传播是指已被感染的妊娠动物通过胎盘将其体内的病原微生物传给胎儿的感染。可经胎盘传播的疾病有猪瘟、猪繁殖与呼吸综合征、布鲁菌病等。

（2）经卵传播是指携带病原微生物的种禽卵子在发育过程中将其中的病原微生物传给下一代的感染。可经卵传播的病原微生物有禽腺病毒、鸡白痢沙门菌等。

（3）经产道传播是指存在于妊娠动物阴道和子宫颈口的病原微生物在分娩过程中造成新生儿感染的传播。可经产道传播的病原微生物主要有大肠杆菌、沙门菌等。

（三）群体易感性

一个动物群体对某种传染病的病原微生物感受性的大小和强度称为群体易感性。群体易感性的高低虽然与病原微生物的种类和毒力强弱有关，但主要取决于动物的遗传特性和特异性免疫状态等内在因素。一定区域内动物群体中易感个体所占的比例和机体的免疫强度，决定了传染病能否在该地区动物群体中流行及流行的严重程度。值得注意的是，其他外界因素，如气候、饲料、饲养管理、卫生条件、健康状况和应激因素等也可影响群体易感性。

因此，可通过抗病育种、隐性感染、有计划的免疫接种、加强饲养管理、减少应激因素、提高动物健康水平等方式，降低群体易感性、减少或减轻传染病的发生与流行。

（四）传染病流行过程及其影响因素

1. 传染病流行过程的表现形式

在传染病流行过程中，其流行范围、传播速度、发病率的高低及病例之间的联系程度等称为流行强度，根据流行强度大小，传染病流行过程的表现形式可分为以下几种。

（1）散发性：是指传染病在一定时间内呈散在性发生或零星出现，无规律可言，如狂犬病等。

（2）地方流行性：是指在一定地区或动物群中，发病动物数量相对较多，但流行范围较小并具有局限性传播的特性，如炭疽等。

（3）流行性：是指在一定时间内一定动物群中发病率超过平常预期水平、传播范围较广的现象，如猪瘟、新城疫等。一般来说，流行性疾病具有传播能力强、传播范围广、发病率高等特性，且多为急性经过。“暴发”可视为流行性的同义词或流行性的一种特殊形式。短时间在一定范围内突然出现很多病例时，可称为暴发。

（4）大流行性：是一种传播速度快、发病率高、传播范围广的流行现象，可迅速扩大至一个国家或几个国家，甚至整个大陆，如口蹄疫、禽流感、非洲猪瘟等。

2. 传染病流行过程的季节性和周期性

某些动物传染病经常发生于一定的季节，或在一定的季节出现发病率明显上升的现象，称为传染病流行过程的季节性。传染病流行过程出现季节性的主要原因有季节对病原微生物在外界环境中存活和散播的影响、季节对活的传播媒介（如蚊、蝇）的影响以及季节对动物活动和抵抗力的影响。

某些传染病，如口蹄疫、禽流感等，经过一段的间隔时间，还可以再度流行，这种现象称为传染病流行过程的周期性。

3. 疫源地

疫源地是指有传染源及其排出的病原微生物存在的地区，其含义比传染源要广泛得多，除包括传染源之外，还包括被污染的物体、房舍、牧地、活动场所，以及这个范围内怀疑有被传染的可疑动物群和储存宿主等。在防疫方面，对传染源要采取隔离、治疗或扑杀的方式进行处理；而对疫源地，除以上措施外，还应包括污染环境的消毒、杜绝各种传播媒介、防止易感动物感染等一系列综合措施，其目的在于阻止疫源地内传染病的蔓延和杜绝向外散播、防止新疫源地的出现、保护广大的受威胁区和安全区。

根据范围大小，疫源地可分为疫点和疫区。通常将范围小的疫源地或单个传染源所构成的疫源地称为疫点；当若干个疫源地连成片且范围较大时称为疫区。但疫点与疫区的划分不是绝对的。

4. 影响传染病流行过程的因素

多种因素会对传染病的流行过程造成影响，这些影响因素可分为两大类，即自然因素和社会因素。这些因素主要通过影响传染源、传播途径和易感动物这 3 个环节而影响流行过程。

自然因素对传染媒介的影响非常明显。例如，夏季气温升高，蚊子等吸血昆虫的活动增强，由吸血昆虫传播的传染病（如流行性乙型脑炎）的发生增多；寒冷的冬季有利于病原微生物经空气传播，因此呼吸道传染病的发生率在冬、春季常常增高。自然因素对传染源的影响也很显著。一定的地理条件（海、河、高山等）会对传染源的转移产生一定的限制，成为天然的隔离条件。自然因素还能影响动物的抵抗力，如在低温和高湿条件下，动物机体抵抗力往往降低，较易感染呼吸道传染病和条件致病性传染病。

影响动物传染病流行过程的社会因素主要包括社会生产力、经济、文化、科学技术水平，特别是贯彻执行兽医法规的情况等。很多国家防控传染病的实践表明，严格执行兽医法规和防治措施是控制和消灭传染病的重要保证。

三、动物流行病学分析

（一）群体中疾病发生的度量

常用发病率、死亡率、病死率等描述疾病在动物群中的分布。

发病率是指一定时期内某动物群中某病新病例的出现频率，可用来描述疾病的分布、探讨疾病的病因、评价防治措施的效果，同时也可反映疾病对动物群体的危害程度等。

死亡率是指某动物群体在一定时间内死亡动物的总数与该群体同期动物的平均数之比，能够反映疾病的危害程度和严重程度，并对疾病诊断具有参考价值等。

病死率是指一定时期内某种疾病的患病动物发生死亡的比率，病死率比死亡率能更精确地反映传染病的严重程度，如狂犬病的死亡率低，但病死率很高。

（二）动物流行病学调查

动物流行病学调查对传染病的预防和控制十分重要。调查对象为动物群体，但有时会涉及人群和野生动物群体。调查的主要方法是对群体中的传染病进行调查研究，收集、分析和解释资料，并进行生理学推理。调查任务是确定病因、阐明分布规律、制定防治对策，并评价其效果，以达到预防、控制和消灭动物疾病的目的。动物流行病学调查不仅可以给流行病学诊断提供依据，而且也能为拟定防治措施提供依据。

实践中，动物流行病学调查可通过多种方式进行，如以座谈方式向畜主或相关知情人员询问疫情，或对现场进行仔细观察、检查，取得第一手资料，然后进行综合归纳、分析处理，做出初步诊断。动物流行病学调查的内容按照不同的传染病和要求而制定，一般应摸清疾病流行情况、疫情来源、传播途径和方式等具体而详细的内容。

四、传染病的综合防控措施

传染病的发生和流行是由传染源、传播途径和易感动物相互联系所引起的复杂过程，因此制定的传染病的综合防控措施，要能消除或切断三者之间的相互联系，从而阻止传染病的发生和流行。

（一）防疫工作的基本原则和基本内容

1. 防疫工作的基本原则

防疫工作的基本原则主要有：建立和健全各级兽医防疫体系和兽医卫生监督控制体系，建立、健全并严格执行各项兽医法规，贯彻“预防为主”的方针。

2. 防疫工作的基本内容

在进行防疫工作时，必须采取包括“养、防、检、治”4个基本方面的综合防疫措施。养殖场应贯彻“预防为主、防重于治”的原则，严格实行兽医生物安全措施，力争避免和消除传染病发生的各种因素，将传染病拒之门外。综合防疫措施可分为平时的预防措施和发生传染病时的扑灭措施，二者不是截然分开的，而是相互联系、相互配合、相互补充的。

（1）平时的预防措施。该措施包括健全动物饲养方式，推行兽医生物安全体系，提高动物群的一般抗病能力；强化动物繁育体系建设，引进动物时要进行严格的检疫和隔离，防止病原微生物的传入；适时进行预防接种，认真执行强制性免疫计划；定期进行杀虫、灭鼠、消毒工作，及时无害化处理污物；认真执行国境国内检疫，及时发现并消灭传染源；建立传染病流行病学监测网络，系统地监测和调查传染病的分布情况，明确预防工作对象，有计划、有目的地进行预防工作。

（2）发生传染病时的扑灭措施。该措施包括及时发现、诊断和上报疫情；及时对患病动物群采取隔离措施，对污染场所进行紧急消毒；立即对疫点和疫区周围的动物群进行疫苗紧急接种，并根据传染病性质对患病动物进行及时、合理的治疗或处理；按照法定程序合理处理患病死亡或淘汰的动物及尸体；发生法定一类疫病或外来疫病时，要立即采取以封锁疫区和扑杀传染源为主的综合防疫措施。

（二）疫情报告和诊断

从事动物疫情监测、检验检疫、传染病疫病研究与诊疗以及动物饲养、屠宰、经营、隔离、运输等活动的单位和个人，发现动物传染病或者疑似传染病的，应立即向当地兽医主管部门、动物卫生监督机构或者动物疫病预防控制机构报告，并采取隔离等控制措施，防止动物疫情扩散。接到动物疫情报告的单位，应当及时派人到现场进行诊断，采取必要的控制处理措施，并按照国家规定的程序上报。若为紧急疫情，要以最迅速的方式上报有关领导部门。

及时正确的诊断是防控工作的关键环节，关系到能否正确制定有效的防控措施。诊断传染病的方法很多，大体可分为两类，即现场诊断和实验室诊断。现场诊断又叫作临床综合诊断，包括流行病学诊断、临床症状诊断、病理解剖学诊断（即剖检诊断）。实验室诊断包括病理组织学诊断、病原学诊断［含分子生物学诊断，如聚合酶链式反应（polymerase chain reaction，PCR）诊断］和免疫学诊断（包括血清学诊断和变态反应诊断）。现场诊断得出的一般只是初步诊断，实验室诊断的结果才是确诊。虽然传染病的诊断方法很多，但任何一种诊断方法都有其不足或局限性。因此，在实际工作中特别强调综合诊断，注意各种诊断方法的配合使用、各种诊断结果的对比分析，最后做出确诊。

（三）控制和消灭传染源

1. 检疫

检疫是指利用各种诊断和检测方法对动物及其产品与物品进行传染病、病原或抗体的检查，目的是查出传染源、切断传播途径、防止传染病传播。动物检疫是遵照国家法律、运用强制性手段和科技方法来预防和阻断动物传染病的发生或跨地区传播的防疫措施。通过一系列有效的检疫措施，可以防止传染病由外地侵入，可以阻止重大疫情的发生和流行，从而减少传染病所造成的损失、保护养殖业发展、促进经济贸易、保护人类自身健康。

2. 隔离

隔离是指将不同健康状态的动物严格分离、隔开、切断其间的来往接触，以防传染病传播和蔓延。隔离是为了控制传染源，是防控传染病的重要措施之一。隔离有两种情况，一种是正常情况下对新引进动物的隔离，目的是防止引入某些传染病；另一种是发生传染病时实施的隔离，目的是把发病动物和可疑感染动物隔离开，以便将疫情控制在最小范围内，并就地消灭。因此，在发生传染病时，要根据诊断结果，将全部受检动物分为患病动物、可疑感染动物和假定健康动物 3 类，并分别按照有关规定进行隔离和处理。

3. 封锁

封锁是指切断或限制疫区与周围地区的日常交通、交流或来往，对疫区及其动物群采取划区隔离、扑杀、销毁、消毒和紧急免疫接种等强制性措施，目的是阻止传染病向外散播，将传染病控制在封锁区内就地消灭。封锁是传染病控制和扑灭措施中非常严厉的一种。当发生法定一类传染病或外来传染病时，当地兽医行政部门应根据传染病的流行特点、疫情状况和当地具体条件，划定疫点、疫区和受威胁区，分别按照有关规定进行处理。当疫区内最后一个病例消失后，在该病的最长潜伏期内未再发现新的感染或发病动物时，经过彻底终末消毒后，可宣布解除封锁。

4. 患病动物的扑杀

扑杀政策是在兽医行政部门的授权下，宰杀感染特定传染病的动物及同群感染动物，并在必要时宰杀直接接触动物或可能传播病原微生物的间接接触动物的一种强制性措施，需要与隔离、封锁、消毒等措施结合使用。扑杀政策是传染病控制和扑灭措施中最严厉的一种，目的是从物理上彻底消灭传染源，其适用疾病包括法定一类疫病、外来病、人畜共患病，如动物发生高致病性禽流感、狂犬病等传染病时，需要采取扑杀政策。

5. 患病动物的治疗

患病动物的治疗一方面可以救治患病动物而减少损失，另一方面可以消除传染源，属于综合防控措施的一个组成部分。患病动物的治疗，既要考虑有助于该传染病的控制和消灭，也要需要考虑经济问题；必须在隔离条件下，进行早期治疗、综合治疗、标本兼治。患病动物的治疗方法通常分为针对病原微生物的对因治疗和针对动物机体的对症治疗。

（1）对因治疗：主要有特异性疗法、抗菌药物疗法、抗病毒药物疗法。

①特异性疗法。特异性疗法又称为血清疗法，即使用高免血清、康复血清（或全血）、卵黄抗体等用于某些急性传染病的治疗，如炭疽、犬瘟热、猫泛白细胞减少症等。该方法特异性很高，一般在发病初期注射足够量的药物，可收到良好效果，但要注意防止过敏反应。

②抗菌药物疗法。抗菌药物为细菌性传染病的主要治疗药物，包括抗生素和化学药物。常用的化学药物有磺胺类药物、抗菌增效剂、喹诺酮类和中药抗菌药（如黄连素、大蒜素等）。在进行抗菌药物疗法时，必须弄清楚待使用药物的药理作用、适应症和使用方法，且要注意合理使用，不能滥用，以防止机体不良反应、药物残留和细菌耐药性的产生。

③抗病毒药物疗法。抗病毒药物较少，毒性一般也较大，包括黄芪多糖、板蓝根、干扰素，以及中药复方等。

（2）对症治疗：主要有护理疗法、对症疗法和针对群体的治疗。

①护理疗法。对患病动物要加强护理，改善饲养环境，冬季要注意防寒保暖，夏季要注意通风降温；保持通风良好、安静、干爽清洁的饲养环境，并经常消毒；供给充分的清洁饮水，饲喂新鲜、易消化的饲料，少喂勤添，必要时人工灌喂，也可注射葡萄糖、维生素或其他营养物质。

②对症疗法。对症疗法是为减缓或消除某些严重症状，调节和恢复机体生理机能而按病症选用药物的疗法。常用的对症疗法有解热、镇痛、止血、利尿、强心、补液、缓泻、止泻、镇静、助消化、止咳、平喘、防止酸中毒或碱中毒、调整电解质平衡，以及某些急救性和局部性的处理措施等。

③针对群体的治疗。除对患病动物进行护理和对症治疗之外，还有必要针对整个群体进行预防性治疗，包括药物治疗、疫苗或特异性血清的紧急注射。

（四）切断传播途径

切断传播途径的措施主要有消毒、杀虫、灭鼠和患病动物尸体的无害化处理。

1. 消毒

消毒是切断传播途径、阻止传染病流行的一种非常重要的措施。根据消毒的目的和时机不同，可将其分为预防消毒、临时消毒和终末消毒。预防消毒又称为定期消毒，是在未发生传染病时的平时饲养管理中按计划定期进行的；临时消毒又称为随时消毒、紧急消毒，是在发生传染病时应急性进行的；终末消毒是在解除隔离或解除封锁前进行的。具体的消毒方法包括以下几种。

（1）机械性清除。该方法包括机械性清扫、洗刷、通风换气等，是最普通、最常用的消毒方法，不仅能够除去环境中大多数病原微生物，还能够提高随后的化学消毒效果。

（2）物理消毒法。该方法包括阳光、紫外线、干燥和高温消毒等。高温是最彻底的消毒方法之一，包括烧灼或焚烧、烘烤、煮沸消毒、蒸汽消毒。

（3）化学消毒法。化学消毒的效果取决于多种因素，主要包括病原微生物的种类及其抵抗力（如细菌有无芽孢、病毒有无囊膜）、所处环境的情况和性质（如环境湿度、酸碱度）、消毒剂的性质与浓度、消毒时的温度及消毒时间长短等。在选用消毒剂时，宜考虑强力、安全、作用时间长、价廉易得和使用方便等因素。常用的消毒剂主要有醇类（医用酒精）、碱类（如氢氧化钠、石灰乳）、醛类（如甲醛或福尔马林、戊二醛）、酚类（如来苏儿、农乐或农福等复合酚）、卤素类（如漂白粉、二氯异氰尿酸钠、碘酊、碘伏）、氧化剂类（如过氧乙酸、高锰酸钾）、表面活性剂类（如新洁尔灭、洗必泰、度米芬、消毒净、百毒杀）、挥发性烷化剂（如环氧乙烷）。

（4）生物热消毒法。该方法主要用于污染的粪便、垃圾及垫草等的无害化处理，通过堆积发酵、沉淀池发酵、沼气池发酵等产热，使温度达到 70 ℃以上，可杀死多数病毒与细菌繁殖体而达到消毒目的。

2. 杀虫

蚊、蝇、蜱、蠓、虻等节肢动物都是传染病的重要传播媒介。因此，杀灭这些媒介昆虫和防止它们的出现，在预防、控制和扑灭传染病方面具有重要实践意义。常用的杀虫方法有物理、化学、生物杀虫法，对难以杀灭的昆虫，可采用驱避方法。

3. 灭鼠

鼠类是多种人畜共患传染病的传播媒介和传染源，经其传播的传染病有炭疽、布鲁菌病、结核病、伪狂犬病等。因此，灭鼠对传染病防控具有重要的意义。灭鼠的方法包括生态学灭鼠和直接灭鼠。

4. 患病动物尸体的无害化处理

患病动物的尸体内含有大量病原微生物，是一种特别危险的传播媒介。因此，正确及时地处理患病动物尸体，在防控传染病和维护公共卫生安全方面均具有重要意义。患病动物尸体的无害化处理方法包括高温消毒、掩埋、焚烧等。

（五）保护易感动物

保护易感动物的措施主要有两种，即免疫接种和药物预防。

1. 免疫接种

应用疫苗进行免疫接种是一种非常重要的传染病预防措施。按照接种时机可将免疫接种分为预防接种和紧急接种。预防接种是指为了防患于未然，在平时按照一定的免疫程序有计划地对健康动物进行的疫苗免疫接种。紧急接种是指在发生传染病时，为了迅速控制和扑灭疫情，对疫区和受威胁区内尚未发病的动物进行的应急性免疫接种。

一定地区、养殖场应当考虑当地传染病的流行情况及危害程度、动物体内的抗体水平、疫苗的种类和免疫学特性、接种方法和途径、各种疫苗接种的间隔时间以及能否联合使用等因素制定出一个适宜且有效的免疫程序，做好免疫接种工作。

2. 药物预防

传染病的药物预防也称为药物保健，是指为了控制某些传染病而在动物的饲料、饮水中加入某种安全的药物来进行群体性化学预防，是预防传染病的一种有效措施。目前，药物预防对尚无疫苗或虽有疫苗但实际应用不够理想的疫病显得更为重要。

在生产实践中，必须选择合适的药物，严格掌握药物的种类、剂量和用法，掌握好用药时间和时机，实行穿梭用药、轮换用药，从而科学、合理地做好药物预防工作。同时，还要避免细菌耐药性和动物产品中药物残留的产生，以免给人类健康带来危害。

第二节 人畜共患传染病

一、高致病性禽流感

（一）高致病性禽流感的概念

高致病性禽流感是由A型流感病毒引起的以禽类为主的烈性传染病，也叫欧洲鸡瘟、真性鸡瘟。

（二）高致病性禽流感的病原

禽流感病毒，属于A型流感病毒。该病毒的基因组核酸类型为核糖核酸（ribonucleic acid，RNA），有囊膜，具有血凝素（hemagglutinin，H）和神经氨酸酶（neuraminidase，N）。该病毒具有凝集红细胞的特性，这种血凝现象又能被抗禽流感病毒的抗体所抑制。禽流感病毒表面的H抗原和N抗原容易变异，二者均具有多个亚型，它们之间的不同组合构成了众多的血清亚型，不同血清亚型之间只有部分交互保护作用。禽流感病毒对环境的抵抗力不强，不耐热，70 ℃以上温度和常用消毒剂都容易将其灭活。

（三）高致病性禽流感的流行病学

易感动物包括鸡、火鸡、鸭、鹅、鹌鹑、鹧鸪、雉鸡、孔雀、鸵鸟等禽类，多种野鸟也可感染发病。传染源主要是病禽（野鸟）和带毒禽（野鸟），病毒可长期在污染的水、粪便中存活。除直接接触传播外，本病主要通过呼吸道、消化道传播，也可通过气源性媒介传播。本病无明显季节性，但常以寒冷季节多发。本病常突然发生、传播迅速，易出现流行性或大流行形式，鸡和火鸡感染本病后的病死率非常高。

（四）高致病性禽流感的临床症状与剖检变化

1. 高致病性禽流感的临床症状

病禽常表现为突然发病，体温升高，呆立，闭目昏睡。产蛋鸡的产蛋量大幅度下降或停止。病禽头面部水肿、流泪；鸡冠、肉髯、无毛处皮肤出血、发绀；呼吸高度困难，不断吞咽、甩头，口流黏液，叫声沙哑；头颈部上下点动或扭曲震颤；拉黄白、黄绿或绿色稀粪。鸭、鹅等水禽可见神经和腹泻症状，有的可见角膜炎、甚至失明。急性者发病后数小时就死亡，多数病例病程约 3 天，致死率可达 100%。

2. 高致病性禽流感的剖检变化

病禽皮下、浆膜下、黏膜、肌肉及各内脏器官有广泛性出血，与急性新城疫相似，但出血更广泛、更严重。腺胃黏膜可呈点状或片状出血，腺胃与食道交界处、腺胃与肌胃交界处有出血带或溃疡；整个肠道，特别是小肠，浆膜层肠壁有大量黄豆大至蚕豆大的出血斑或坏死灶（即枣核样坏死）；盲肠扁桃体肿胀、出血、坏死。胰腺出血、坏死；卵巢和卵子充血、出血；卵泡充血、出血、萎缩、破裂；输卵管内有多量黏液或干酪样物。有的病例头颈部皮下水肿；腿部充血、出血；脚部鳞片淤血、出血、呈紫黑色，脚趾肿胀，伴有瘀斑性变色；鸡冠、肉髯极度肿胀并伴有眶周水肿。

（五）高致病性禽流感的诊断

根据流行特点、临床症状及剖检变化可做出初步诊断；确诊需要进行实验室检查，常用血凝试验与血凝抑制试验、逆转录聚合酶链反应技术（reverse transcription PCR，RT-PCR）和病毒分离鉴定等。

（六）高致病性禽流感的防控措施

我国对高致病性禽流感实行强制免疫制度，免疫密度必须达到 100%，抗体合格率要达到 70% 以上。所有易感禽类的饲养者必须按国家制定的免疫程序做好免疫接种，定期对免疫禽群进行免疫水平监测，根据群体抗体水平及时加强免疫。

一旦发生高致病性禽流感，应立即封锁疫区，对所有感染禽和可疑禽（包括相关产品）一律进行扑杀、焚烧，封锁区内要严格消毒。

二、狂犬病

（一）狂犬病的概念

狂犬病又称为恐水症，是由狂犬病毒引起的人和动物的一种接触性共患传染病，致死率接近100%。

（二）狂犬病的病原

狂犬病的病原为狂犬病毒。该病毒的基因组核酸类型为RNA，有囊膜。该病毒对环境的抵抗力弱，对酸、碱及常用消毒剂敏感，2%肥皂水、70%酒精等易将其灭活。

（三）狂犬病的流行病学

易感动物包括人和所有恒温动物，尤以犬科、猫科动物和蝙蝠更易感染，并常成为狂犬病毒的自然储存宿主和传染源。传染源主要是患病动物和带毒动物，而危害人和畜禽的传染源主要是病犬和带毒犬。在患病动物体内，以中枢神经组织、唾液腺或唾液中的含毒量最高。该病毒可在感染的神经组织胞浆内形成特异性嗜酸性包涵体，称为内基小体。本病主要通过咬伤、抓伤及皮肤黏膜伤口感染，因此本病发生呈散发，并具有明显的连锁性，容易追查到传染源。

（四）狂犬病的临床症状与剖检变化

本病潜伏期范围很大，从1周到数月或数年不等。

1. 狂犬病的临床症状

各种动物的临床症状基本相似，主要是兴奋、狂暴、行为异常、意识障碍和麻痹等，以犬的症状最为典型。典型病犬初期精神沉郁、呆立凝视、意识模糊，但对反射的兴奋性明显增高，对光、声音或抚摸等刺激敏感；同时出现生活习性异常，不认识主人，唾液增多，食欲反常、喜吃异物；随后出现狂暴症状，到处乱跑，常攻击人畜；后期出现下颌及尾巴下垂，张口垂舌、流涎，最后衰竭死亡。病犬的病程为1周左右，病死率几乎为100%。

病猫的症状与病犬相似。病猫喜躲暗处，并发出刺耳的粗厉叫声，继而出现狂暴症状，凶猛地攻击人和其他动物。病猫的病程为2~4天。

2. 狂犬病的剖检变化

患病动物尸体消瘦，体表有伤痕；口腔和咽喉黏膜充血或糜烂；胃内空虚或有异物，胃肠道黏膜充血、出血；内脏充血、实质器官变性。

（五）狂犬病的诊断

根据本病的流行特点、临床症状和病史可做出初步诊断，确诊要进行实验室检查，常用方法有RT-PCR技术、组织病理学检查（内基小体检测）等。

（六）狂犬病的防控措施

控制犬狂犬病是防控狂犬病的主要措施。平时对犬和猫进行强制性狂犬病疫苗普种并登记挂牌。发现病犬病畜，应立即扑杀，并将尸体深埋或烧毁，严禁剥皮吃肉。一旦人被患病动物咬伤，首先应及时处理伤口，让伤口局部出血，并用大量肥皂水冲洗，再用医用酒精、碘酊等消毒剂处理伤口，及早紧急接种狂犬病疫苗，咬伤严重时还应使用抗狂犬病血清进行防治。

三、猪乙型脑炎

（一）猪乙型脑炎的概念

猪乙型脑炎，简称猪乙脑，是由乙型脑炎病毒引起的一种经蚊媒传播的猪繁殖障碍性传染病。乙型脑炎是一种人畜共患传染病，人乙脑疫情发生和猪乙脑疫情发生相关。

（二）猪乙型脑炎的病原

猪乙型脑炎的病原是乙型脑炎病毒。该病毒的基因组核酸类型为 RNA，有囊膜，能够凝集雏鸡、鸭、鹅、鸽、绵羊的红细胞，这种血凝活性能被特异性抗血清所抑制。该病毒对外界的抵抗力不强，常用消毒剂对其都有良好的灭活作用。

（三）猪乙型脑炎的流行病学

易感动物包括人、蚊和多种动物，除马、猪和人外，其他动物多为隐性感染。猪是乙型脑炎病毒的主要增殖宿主，发病年龄多与性成熟相吻合。传染源主要是病猪和带毒猪。猪的感染率高但发病率低，多成为带毒猪，其他易感动物作为传染源的作用很小。蚊是乙型脑炎病毒的长期储存宿主和传播者。本病主要通过蚊虫叮咬传播，主要发生于炎热季节。人乙型脑炎和猪乙型脑炎之间具有明显相关性，猪乙型脑炎疫情通常较人乙型脑炎疫情早 1 个月左右，通过猪—蚊—人等的循环途径传播。

（四）猪乙型脑炎的临床症状与剖检变化

1. 猪乙型脑炎的临床症状

病猪体温升高达 40 ℃ ~ 41 ℃，精神沉郁，减食，口渴，眼结膜潮红；喜卧、嗜睡，咳嗽；粪便干燥，尿深黄色。有的病猪后肢关节肿大、跛行或麻痹，步态不稳。妊娠母猪突发流产，流产前有发热或减食症状，流产后体温和食欲恢复正常，不影响再次配种。流产胎儿多为死胎、木乃伊胎或弱仔，大小不一；有的出生后出现神经症状，全身痉挛，倒地不起，1 ~ 3 天死亡。公猪主要是在发热后出现睾丸炎，一侧或两侧睾丸明显肿大，阴囊褶皱消失，有痛感；2 ~ 3 天后肿胀消失、变硬，功能丧失。

2. 猪乙型脑炎的剖检变化

流产母猪子宫内膜充血、水肿，有胎盘炎。流产胎儿脑水肿，脑膜和脊髓充血，皮下水肿，胸腔和腹腔积液，肌肉褪色、似煮肉样外观；浆膜上游出血点，淋巴结充血，肝和脾内有坏死灶，部分胎儿大脑和小脑发育不全。公猪睾丸肿大，实质充血、出血，切面有黄色坏死灶、周围出血；阴囊鞘膜腔内有大量黄褐色不透明液体。

（五）猪乙型脑炎的诊断

根据流行特点、临床症状和病变特征可做出初步诊断；确诊需要进行实验室诊断，常用血凝抑制试验、乳胶凝集试验、RT-PCR 技术及病毒分离鉴定等。

（六）猪乙型脑炎的防控措施

疫苗免疫接种是预防本病的有效措施，要在蚊虫开始活动前 1 个月对抗体阴性或 4～5 月龄以上的种猪进行免疫接种，或在配种前 1 个月进行接种。此外，还要注意消灭传播媒介，加强防蚊和灭蚊。

四、炭疽

（一）炭疽的概念

炭疽是由炭疽杆菌引起的人畜共患的一种急性热性败血性传染病。

（二）炭疽的病原

炭疽的病原是炭疽杆菌，为革兰阳性菌，能形成芽孢。炭疽杆菌繁殖体抵抗力不强，但炭疽芽孢的抵抗力特别强，在自然条件下能存活几十年。煮沸需 25 分钟以上才能破坏炭疽芽孢。消毒剂常用 0.1% 升汞、2% 甲醛、20% 漂白粉。本菌对青霉素、头孢类等药物敏感。

（三）炭疽的流行病学

易感动物包括各种家畜、野生动物、人，尤其是草食动物，其中绵羊和牛最易感，其他草食动物次之，猪的易感性较低，犬和猫更低，家禽一般不感染。传染源主要是病畜，由于病原微生物排出体外后可形成炭疽芽孢，因此，污染的土壤、水源及牧场等都能成为长久疫源地。本病的传播途径有消化道、呼吸道、皮肤创伤及吸血昆虫叮咬等。本病多为散发，常发生于夏季。

（四）炭疽的临床症状与剖检变化

炭疽在临床上分为最急性型、急性型、亚急性型或慢性型。

1. 炭疽的临床症状

（1）羊多为最急性型。病羊表现突然倒地，全身战栗，磨牙，昏迷，天然孔出血，几分钟死亡。也有的羊为急性型，数小时内昏迷而死。

（2）牛多为急性型。急性型病牛体温高达 41 ℃以上，初兴奋后沉郁，食欲废绝，反乌泌乳停止，可视黏膜发绀出血，呼吸困难，肌肉震颤，死前天然孔流血，1～2天内死亡。亚急性型病牛病情较缓，常出现局限性炭疽痈，病程数日以上。最急性型病牛常迅速倒毙，无典型症状。

（3）猪多为慢性型。一般慢性型病猪，生前无明显症状，多在宰后发现。有的病猪发生咽炭疽，病初发热，咽喉部肿胀，吞咽及呼吸困难，严重时可窒息死亡。

2. 炭疽的剖检变化

炭疽病畜禁止剖检，应予焚烧或深埋。凡疑为炭疽的病畜，必须进行细菌学和血清学诊断，以防误剖散播病原。

急性炭疽为败血症变化，尸体明显膨胀，尸僵不全；全身多发性出血，血液呈煤焦油样，皮下、肌肉及浆膜下有出血性胶样浸润；脾脏肿大2～5倍，切面呈暗红色，软如泥状。

局部炭疽的病变常见于咽、肺、肠等处。咽炭疽多见于猪，病猪咽喉周围的结缔组织呈出血性胶样浸润，咽、喉及颌下淋巴结出血肿大，扁桃体肿大、出血及坏死。

（五）炭疽的诊断

根据流行特点、临床症状和病变特征可做出初步诊断；确诊需要进行实验室诊断，常用的方法有涂片镜检、Ascoli 反应、PCR 技术及细菌分离鉴定等。

（六）炭疽的防治措施

常发地区内的易感动物，每年应定期进行预防接种。常用疫苗有无毒炭疽芽孢苗或Ⅱ号炭疽芽孢苗，接种后14天可产生免疫力，免疫期为1年。注意无毒炭疽芽孢苗不宜用于山羊。发生炭疽时，应立即上报疫情、划定疫区，实行封锁、检疫、隔离、紧急免疫接种、治疗及消毒等综合防控措施。可疑动物可用青霉素治疗，必要时可使用抗炭疽血清进行治疗。

五、结核病

（一）结核病的概念

结核病是由结核分枝杆菌引起的人和动物共患的一种慢性传染病。

（二）结核病的病原

结核病的病原是结核分枝杆菌，为革兰氏阳性菌，有牛型、禽型、人型3个型。该菌对外界环境和一般消毒剂的抵抗力强，以20%漂白粉溶液、碘化物等进行消毒效果好。该菌对链霉素、异烟肼、对氨基水杨酸钠和环丝氨酸等药物较敏感。

（三）结核病的流行病学

本病易感动物多，其中以奶牛最易感，其次为黄牛、水牛、猪、家禽，野生动物中以猴、鹿的感染多见，人也易感染。传染源主要是患病动物和人，通过咳嗽、喷嚏、飞沫、呼吸道分泌物、粪尿和乳汁等排菌，主要经呼吸道和消化道感染。

（四）结核病的临床症状与剖检变化

自然病例以牛，尤其是奶牛最多。

1. 结核病的临床症状

病畜常呈慢性经过，病初症状不明显，仅见消瘦、倦怠，随后逐渐明显。常见的结核病有肺结核、乳房结核、淋巴结核，有时可见肠结核、生殖器结核等。肺结核时，病初病畜易疲劳，干咳；以后咳嗽逐渐加重，湿咳有痰；呼吸加快，严重时气喘；日渐消瘦，乳量大减。乳房结核时，病畜乳房上淋巴结肿大，乳房有硬结，无热无痛；泌乳量减少，乳汁变稀薄，甚至含有凝乳絮片或脓汁，严重时泌乳停止；两侧乳房不对称，乳头变形变位。淋巴结核时，病畜常见体表主要淋巴结肿大，但无热痛。肠结核多见于犊牛，表现为顽固性下痢和迅速消瘦。生殖器官结核表现为性机能紊乱。

2. 结核病的剖检变化

结核病的特征病变是在患病组织器官上发生增生性结核结节和渗出性干酪样坏死或钙化灶。牛结核病灶多见于肺、淋巴结、胸膜、腹膜、肝、脾、肾、骨、关节、子宫和乳房等。在胸膜和腹膜形成的结节，如珍珠样，称为“珍珠病”。

（五）结核病的诊断

根据流行特点、临床症状和病变特征可做出初步诊断；确诊需要进行实验室诊断，常用方法有涂片镜检、结核菌素试验（点眼法和皮内注射法同时进行）、PCR 技术及细菌分离鉴定等。

（六）结核病的防治措施

结核病的综合防控措施主要包括加强检疫、防止疫病传入，净化污染群、培养健康群，加强饲管和环境消毒等。下面以奶牛场为例进行说明。

①引进奶牛时需严格检疫，并隔离观察 1 个月以上，再经检疫确认健康后方可混群。

②健康奶牛群每年检疫 2 次，其他奶牛群每年检疫 4 次，检出的阳性牛应及时淘汰处理。

③每年定期进行 2 ~ 4 次环境消毒，发现病牛后要及时进行一次临时大消毒。

④病牛一般不进行治疗，应及时淘汰处理。

六、布鲁菌病

（一）布鲁菌病的概念

布鲁菌病简称布病，是由布鲁菌引起的人和动物的一种共患传染病。

（二）布鲁菌病的病原

布鲁菌病的病原是布鲁菌，为革兰阴性菌，分为6个种，临床上以羊、牛、猪3种布鲁菌的意义最大，都可感染人，其中羊布鲁菌分布最广、致病力最强。该菌对环境的抵抗力不强，对热和一般消毒剂的抵抗力弱，对庆大霉素、四环素等药物敏感。

（三）布鲁菌病的流行病学

本病易感动物多，以羊、牛、猪最易感，人的易感性也很强，其中性成熟动物较幼龄动物易感。传染源主要是患病动物和带菌动物，通过粪、尿、乳排菌，流产胎儿及分泌物也含有大量病菌，主要通过消化道、生殖道、皮肤黏膜等多种途径传播，也可垂直传播。

（四）布鲁菌病的临床症状与剖检变化

各种动物布鲁菌病的临床症状与剖检变化相似，主要表现为流产、睾丸炎、附睾炎、乳腺炎、子宫炎、关节炎、后肢麻痹或跛行等。

1. 布鲁菌病的临床症状

母畜主要是流产、产死胎，通常只发生1次流产，第2胎多正常。公畜发生睾丸炎和附睾炎，睾丸肿痛，性机能降低，甚至不能配种。部分病畜出现关节炎和滑液囊炎，关节变形，跛行。

2. 布鲁菌病的剖检变化

母畜胎衣水肿增厚、有出血点、呈黄色胶样浸润，表面覆以纤维素和脓汁；子宫绒毛间隙中有污灰色或黄色无气味的胶样渗出物；绒毛膜有坏死灶，表面覆以黄色坏死物；流产胎儿多呈败血症变化，黏膜和浆膜有出血斑点，皮下结缔组织发生浆液性出血性炎症，脾脏和淋巴结肿大，肺常有支气管肺炎。公畜可发生化脓性、坏死性睾丸炎和附睾炎，睾丸显著肿大，其被膜与外层浆膜相粘连。

（五）布鲁菌病的诊断

根据流行特点、临床症状和病变特征可做出初步诊断；确诊需要进行实验室诊断，常用的方法有涂片镜检、凝集试验（包括玻片凝集、试管凝集、虎红平板凝集、全乳环状试验）补体结合试验、PCR技术及细菌分离鉴定等。

（六）布鲁菌病的防治措施

布鲁菌病非疫区，应严格检疫，防止引入该病。保护好易感人群和健康家畜，防止感染布鲁菌病。每半年进行一次检疫，检出的阳性动物应及时淘汰处理，建立健康畜群。疫苗接种是预防布鲁菌病的有效措施，布鲁菌病流行地区可使用猪型二号菌苗、羊型五号菌苗进行免疫接种。病畜的流产物和死畜要进行无害化处理，搞好环境消毒和动物产品的消毒工作。

七、大肠杆菌病

（一）大肠杆菌病的概念

大肠杆菌病是由致病性大肠杆菌引起的多种动物不同疾病或病型的统称，包括局部或全身性大肠杆菌感染、腹泻、败血症和毒血症等，多发生于幼龄动物，危害较大。

（二）大肠杆菌病的病原

大肠杆菌病的病原是大肠杆菌，为革兰阴性菌，其有众多血清型，对环境的抵抗力不强，常用消毒剂均易将其杀灭。大肠杆菌易产生耐药性，但多数菌株目前对庆大霉素、丁胺卡那霉素（阿米卡星）、痢特灵等药物仍较敏感。

（三）猪大肠杆菌病

根据发病日龄及临床表现的差异，猪大肠杆菌病分为仔猪黄痢、仔猪白痢和猪水肿病。

1. 猪大肠杆菌病的流行病学

本病传染源主要是带菌母猪，主要通过消化道感染。仔猪黄痢发生于 1 周龄内仔猪，同窝发病率常在 90% 以上，病死率高。仔猪白痢多发生于 10 ~ 30 日龄仔猪，同窝发病率为 30% ~ 80%，病死率较低。猪水肿病主要发生于仔猪断奶后 1 ~ 2 周时，且多发生于生长快而肥壮的仔猪，发病率低，但病死率高。

2. 猪大肠杆菌病的临床症状与剖检变化

（1）仔猪黄痢。同窝仔猪突然有 1 ~ 2 头仔猪表现全身衰弱，很快死亡；而后其他仔猪相继发病，拉黄色稀粪，内含凝乳小片，迅速消瘦，昏迷死亡。剖检可见尸体严重脱水，皮下常有水肿；胃膨胀，内有酸臭凝乳块；肠道膨胀，有多量黄色液状内容物和气体。

（2）仔猪白痢。病猪突然拉灰白色稀粪，病程 2 ~ 7 天，能自行康复，死亡少，但生长发育变慢。剖检可见尸体外表苍白，消瘦，脱水，肠黏膜有卡他性炎症变化。

（3）猪水肿病。病猪突然发病，感觉过敏；脸部、眼睑、结膜、齿龈等处水肿，也有的无水肿变化；体温多正常，常便秘；神经症状明显，肌肉震颤、盲目运动或转圈、共济失调、倒卧、四肢作划水状；多数在神经症状出现后几天内死亡，病死率约 90%。剖检见胃壁和肠系膜水肿，水肿液呈胶胨状；无水肿变化者内脏出血明显，常见出血性胃肠炎。

3. 猪大肠杆菌病的诊断

根据流行特点、临床症状和剖检变化可做出初步诊断；确诊需要进行实验室诊断，常用的方法有 PCR 技术及细菌分离鉴定等。

4. 猪大肠杆菌病的防治措施

加强产房的卫生及消毒工作，定期对母猪进行预防性投药。加强仔猪饲养管理，保证仔猪及时吃够初乳，保障产房温度，通风换气，及时补铁补硒，仔猪出生后即口服微生态制剂预防。也可通过疫苗免疫来预防仔猪黄痢，可对妊娠母猪于产前6周和2周进行两次疫苗免疫。仔猪发生痢、白痢时，可进行全窝给药预防和治疗，常用药物有庆大霉素、阿米卡星等，治疗原则是抗菌、补液、母仔兼治。

（四）禽大肠杆菌病

禽大肠杆菌病包括多种病型，主要有急性败血症与卵黄性腹膜炎，此外还有气囊炎、输卵管炎、肺炎、脐炎、眼炎、关节炎、滑膜炎及肉芽肿等。

1. 禽大肠杆菌病的流行病学

本病传染源主要是患病动物和带菌者，主要经呼吸道、消化道传播，也可经人工授精、自然交配和种蛋传播。

2. 禽大肠杆菌病的临床症状与剖检变化

（1）急性败血症。病鸡精神沉郁、羽毛松乱、食欲减退或废绝，腹泻。剖检变化主要是纤维素性心包炎、纤维素性肝周炎和纤维素性气囊炎。

（2）卵黄性腹膜炎。病母鸡外观腹部膨胀、重坠，产蛋停止。剖检可见腹部积有大量卵黄，肠道和脏器之间相互粘连。

3. 禽大肠杆菌病的诊断

根据流行特点、临床症状和剖检变化可做出初步诊断；确诊需进行实验室诊断，常用方法有PCR技术和细菌分离鉴定等。

4. 禽大肠杆菌病的防治措施

加强饲养管理、做好环境卫生与消毒工作，必要时进行疫苗免疫预防，发病时使用敏感性药物进行治疗。

八、沙门菌病

（一）沙门菌病的概念

沙门菌病是由沙门菌属中的多种细菌引起的人和多种动物的一种共患传染病。

（二）沙门菌病的病原

沙门菌病的病原是沙门菌，为革兰阴性菌，其具有众多血清型，某些血清型菌株可使人发生食物中毒。沙门菌对环境的抵抗力较强，但对热和常用消毒剂的抵抗力弱。沙门菌容易产生抗药性，但多数菌株目前对庆大霉素、丁胺卡那霉素（阿米卡星）、痢特灵等药物仍较敏感。

（三）沙门菌病的流行病学

易感动物包括人和多种动物，幼龄动物较成年动物易感。传染源主要是患病动物和带菌动物，主要经消化道和呼吸道引起感染，也可经交配、人工授精、胎盘与种蛋感染。在鸡群中，水平传播与垂直传播同时存在并相互交缠，周而复始，形成复杂的传播循环。

（四）沙门菌病的临床症状与剖检变化

1. 猪沙门菌病

猪沙门菌病又称为猪副伤寒，主要由猪霍乱沙门菌、猪伤寒沙门菌、鼠伤寒沙门菌、肠炎沙门菌等引起，包括急性型和慢性型两种类型。

（1）急性型。病猪病初体温升高达 41 ℃以上，精神不振，不食；后期下痢，呼吸困难，耳根、胸前和腹下皮肤呈紫红色。本病多见于断奶前后仔猪，发病率低，病死率高，病程 2～4 天。剖检主见败血症变化，脾肿大、质地较硬、呈暗紫红色，淋巴结（特别是肠系膜淋巴结）充血、肿大，肝、肾肿大、充血和出血，胃肠黏膜有急性卡他性炎症。

（2）慢性型。病猪体温升高，精神不振，厌食，畏寒，很快消瘦；眼有黏脓性分泌物；初便秘后下痢，粪便恶臭、呈淡黄色或灰绿色、混有血液和坏死组织；中后期皮肤发绀、淤血或出血，有时出现湿疹并覆以干涸痂样物。本病病程为 2～3 周。剖检主见坏死性肠炎变化，结肠、回肠和盲肠肠壁淋巴结坏死、溃疡，表面覆有灰黄色或暗绿色麸皮样物质，以后小病灶融合、形成弥漫性坏死。

2. 禽沙门菌病

禽沙门菌病主要是鸡白痢，由鸡白痢沙门菌引起。

（1）雏鸡白痢。本病多于鸡出壳后 4～5 天开始发生，在第 2～3 周龄达到发病和死亡高峰。病雏鸡表现精神委顿，厌食，羽毛蓬乱，翅膀下垂，缩颈闭眼昏睡，不愿走动，拥挤在一起；拉白色浆糊状粪便，肛周羽毛被粪便污染，干结后影响排粪，排便时常发出叫声；有的出现呼吸困难、喘气，眼盲、肢关节肿胀和跛行。本病病程为 4～7 天，3 周龄以上发病的鸡很少死亡。剖检可见肝、脾、肾肿大、充血，各脏器和肌胃有坏死灶或结节，盲肠有干酪样物阻塞肠腔，输尿管充满白色尿酸盐，常见腹膜炎。

（2）育成鸡白痢。本病多发生于 40～80 日龄的鸡。本病发生时，全群鸡精神食欲无明显变化，但鸡群中不断出现精神食欲差和下痢者，常突然死亡，但无死亡高峰。本病病程较长，病死率为 10%～20%。剖检变化主要是肝肿大 2～3 倍，呈暗红色或深紫色，表面有散在或弥漫性红色或黄白色小坏死灶，易破碎。

（3）成年鸡白痢。本病多无明显症状，病母鸡产蛋及受精率降低，有的出现垂腹现象。剖检变化主要位于生殖系统，病母鸡卵泡变形、变色、变性，有些卵坠入腹腔引起腹膜炎及腹腔脏器粘连；公鸡病变常局限于睾丸及输精管，睾丸极度萎缩、有小脓肿。

（五）沙门菌病的诊断

根据流行特点、临床症状和剖检变化可做出初步诊断；确诊需要进行实验室诊断，常用的方法有 PCR 技术及细菌分离鉴定等，鸡还常用全血平板凝集试验。

（六）沙门菌病的防治措施

预防本病应加强饲养管理，保持饲料饮水的清洁卫生，消除发病诱因。在饲料中添加抗生素或饲喂活菌制剂有预防作用。猪沙门菌病可使用疫苗来免疫预防，禽沙门菌病目前尚无有效疫苗可用。因此，防控禽沙门菌病必须严格贯彻消毒、隔离、检疫、药物预防等一系列综合防控措施。对于有病鸡群，应采取检疫、淘汰措施，使鸡群净化。

发病动物应及时隔离、消毒，并及早用庆大霉素、阿米卡星等药物治疗。

九、猪 2 型链球菌病

（一）猪 2 型链球菌病的概念

猪 2 型链球菌病是由猪 2 型链球菌引起的一种人兽共患的传染病。

（二）猪 2 型链球菌病的病原

猪 2 型链球菌，属于革兰阳性菌，对外界环境的抵抗力较强，对青霉素、头孢类等药物敏感，常用消毒药都易将其杀灭。

（三）猪 2 型链球菌病的流行病学

易感动物主要为猪，以架子猪和仔猪发病较多，人也可感染发病。传染源主要是病猪和带菌猪，主要经呼吸道、消化道和伤口感染。病死猪肉、内脏及废弃物处理不当，活猪市场及运输工具的污染等都是造成本病流行的重要因素。本病在炎热季节易出现地方性流行，多呈败血型；人感染发病多呈散发性。

（四）猪 2 型链球菌病的临床症状与剖检变化

临床上猪 2 型链球菌病分为以下 3 种类型。

1. 急性败血型

病猪突然发病，病初高热达 41 ℃以上，全身症状明显；不食，便秘，呼吸加快，眼结膜充血，流泪，流鼻涕，跛行，颈、腹和四肢下部皮肤出现紫斑；有的出现共济失调、空嚼等神经症状；多数在 3 天内死亡，死前天然孔流出暗红色液体。剖检变化以出血性败血症病变和浆膜炎为主，血凝不良，皮下、黏膜和浆膜出血；浆膜腔积液，含有纤维素；心包积液，心内膜出血；淋巴结、肺、脾、肾等肿大、出血。

2. 脑膜炎型

该类型多见于仔猪，病初发热，不食，便秘，流鼻涕，迅速出现共济失调、转圈、磨牙、空嚼、仰卧、四肢划动等神经症状，最后昏迷而死，病程为几小时至几天。剖检变化主要表现为脑膜充血、出血、甚至溢血，其他与急性败血型相同。

3. 慢性型

该类型主要有关节炎、心内膜炎、淋巴结脓肿等，病程长，病猪很少死亡。

（五）猪 2 型链球菌病的诊断

根据流行特点、临床症状和剖检变化可做出初步诊断；确诊需要进行实验室诊断，常用的方法有涂片镜检、PCR 技术及细菌分离鉴定等。

（六）猪 2 型链球菌病的防治措施

加强饲养管理和卫生消毒工作，严禁病死猪肉上市交易。在流行猪场可用相应血清型菌株制备的猪链球菌灭活疫苗进行预防。病猪可用青霉素、头孢类药物及早进行足量治疗，必要时进行外科处理和对症治疗。病死猪尸体和外科处理物应做销毁处理。

十、马鼻疽

（一）马鼻疽的概念

马鼻疽是由鼻疽杆菌引起的一种慢性人畜共患传染病。

（二）马鼻疽的病原

马鼻疽的病原是鼻疽假单孢菌，惯称鼻疽杆菌，为革兰阴性菌，其对环境的抵抗力不强，常用消毒剂易将其杀灭，对土霉素、链霉素与磺胺类药物比较敏感。

（三）马鼻疽的流行病学

易感动物主要是马属动物，骆驼和猫科动物也易感，人也易感。传染源主要是病马和其他患病动物，尤其是开放性病马，主要经消化道、呼吸道或伤口感染。

（四）马鼻疽的临床症状与剖检变化

根据病程长短，马鼻疽分为急性型与慢性型。

1. 马鼻疽的临床症状

急性型多见于驴、骡。病畜表现为弛张热、精神沉郁、厌食，颌下淋巴结肿大；重症病例在胸腹、四肢下和阴筒处出现浮肿；有的出现关节炎、睾丸炎、胸膜炎等。根据病变部位，马鼻疽分为肺鼻疽、鼻腔鼻疽和皮肤鼻疽，后两者由肺鼻疽继发而来，并经常向外排菌，故称为开放性鼻疽。慢性型症状不明显，病程较长，可持续几个月或几年。

2. 马鼻疽的剖检变化

剖检只在特殊情况下进行，须做好防护工作，防止检查人员受感染。本病特异性病变多见于肺脏，其次是鼻腔、皮肤、淋巴结、肝和脾等处，形成肉芽肿样的鼻疽结节和溃疡等。在鼻腔、喉头、气管黏膜及皮肤上，可见结节、溃疡及疤痕。

（五）马鼻疽的诊断

根据流行特点、临床症状和剖检变化可做出初步诊断；确诊需要进行实验室诊断，常用的方法有凝集试验、变态反应诊断（常用鼻疽菌素点眼法）、补体结合试验及 PCR 技术等。

（六）马鼻疽的防治措施

本病尚无有效疫苗，防控工作必须抓好控制和消灭传染源这个主要环节。每年在春、秋两季对马属动物各进行一次检疫，对病马应一律扑杀、销毁，对阳性马应立即隔离和进行适当治疗，对污染的用具及环境进行彻底消毒。

第三节　多种动物共患传染病

一、口蹄疫

（一）口蹄疫的概念

口蹄疫是由病毒引起的偶蹄动物的一种急性、热性、高度接触性传染病。

（二）口蹄疫的病原

口蹄疫的病原为口蹄疫病毒，其基因组核酸类型为 RNA，无囊膜，分为 A、O、C、亚洲 1 型与南非 1–3 型等 7 个血清型。该病毒对环境的抵抗力强，在低温和冷冻肉中可长期存活；对酒精不敏感，但对酸、碱、高温敏感，在酸奶中迅速死亡；2% 氢氧化钠是良好的消毒药。

（三）口蹄疫的流行病学

本病易感动物多达 30 余种，但主要是偶蹄动物，牛最易感，猪次之，羊再次之。幼龄动物较成年动物易感。传染源主要是患病动物和带毒动物，潜伏期和康复后动物也可带毒、排毒。其传播途径主要为呼吸道、消化道、伤口感染。口蹄疫多发生于寒冷季节，其传播快，流行广，发病率高，病死率一般较低。

（四）口蹄疫的临床症状与剖检变化

1. 口蹄疫的临床症状

不同动物发病后的症状基本相似。

（1）牛。病牛体温升高到 40 ℃ ~ 41 ℃，精神沉郁，厌食，流涎，开口时有吸吮声。

1～2 天后，其唇内面、齿龈、舌面及颊部黏膜发生水疱，此时流涎增多。1～2 天后水疱破裂，形成溃烂，以后体温降至正常，溃烂逐渐愈合，全身状况逐渐好转。在口腔发生水疱的同时或稍后，趾间及蹄冠的柔软皮肤上也发生水疱，并很快破溃形成烂斑，然后逐渐愈合。若继发感染则发生化脓、坏死、跛行，甚至引起蹄匣脱落。有时乳头和乳房部皮肤上也有水疱，导致泌乳减少甚至停止。本病多取良性经过，经 1～2 周即可自愈，病死率在 3% 以下。有些病牛在恢复过程中突然恶化，表现为全身衰弱，肌肉震颤，突然死亡。

犊牛发病时水疱不明显，主要表现为出血性胃肠炎和心肌炎，病死率高。

（2）猪。病猪以蹄冠、蹄踵、副蹄及趾间等处病变为多见，口腔病变比较少见，有时在鼻吻、母猪乳房发生水疱。哺乳仔猪常因严重的胃肠炎和心肌炎而死亡。

（3）羊。羊的症状与牛相似，但感染率较牛低、症状也不如牛明显。绵羊水疱多见于蹄部，山羊水疱多见于口腔，羔羊常因出血性肠炎和心肌炎而死亡。

2. 口蹄疫的剖检变化

除口腔、蹄部和乳房部病变外，在咽喉、气管、支气管和反刍动物前胃黏膜上有水疱和溃烂，真胃和大小肠黏膜有出血性炎症。具有诊断意义的是心脏病变：心包膜有点状及弥漫状出血，心脏松软似煮过的肉，心肌切面有灰白色或淡黄色的斑点或条纹，形似老虎身上的条纹，因此称为“虎斑心”。

（五）口蹄疫的诊断

根据流行特点、临床症状与剖检变化可做出初步诊断；确诊需进行实验室检测，常用的方法有酶联免疫吸附试验（enzyme-linked immunosorbent assay，ELISA）、中和试验、RT-PCR 技术及病毒分离鉴定等。

（六）口蹄疫的防控措施

平时加强检疫，防止本病传入。口蹄疫感染地区主要通过疫苗接种来预防本病，易感动物每年接种 2～4 次口蹄疫灭活疫苗或合成肽疫苗。

发生口蹄疫时，应立即上报疫情，确切诊断，划定疫点、疫区和受威胁区，并分别进行封锁和监督，禁止人、动物和物品的流动。在严格封锁的基础上，扑杀患病动物及其同群动物并进行无害化处理，对污染的环境、用具和物料进行全面严格的消毒，对疫区内的假定健康动物和受威胁区的易感动物进行紧急免疫接种。

二、伪狂犬病

（一）伪狂犬病的概念

伪狂犬病是由伪狂犬病病毒引起的一种多种动物共患的传染病。

（二）伪狂犬病的病原

伪狂犬病的病原为伪狂犬病病毒，其属于疱疹病毒，基因组核酸类型为脱氧核糖核酸（deoxyribonucleic acid，DNA），有囊膜，目前只有一个血清型，对环境的抵抗力较强，对常用消毒剂都比较敏感。

（三）伪狂犬病的流行病学

本病易感动物很多，主要包括猪、小鼠，此外也包括牛、羊、马、犬、猫、家兔等。猪的日龄越小，感染后的发病率和病死率越高。传染源主要是病猪、带毒猪以及带毒鼠类。本病主要经直接接触、呼吸道、消化道传播，公猪精液与母猪乳汁都可带毒传播，也可经胎盘垂直传播，从而造成妊娠母猪的繁殖障碍。

（四）伪狂犬病的临床症状与剖检变化

自然病例主要是猪的感染发病。

1. 伪狂犬病的临床症状

病猪的临床表现因日龄大小和生理阶段不同而各异。

（1）新生仔猪。病猪表现为体温升高，达 40 ℃以上，精神委顿、咳嗽、采食停止、呕吐、腹泻、呼吸困难，继而出现神经症状，转圈运动，死亡前四肢呈划水状运动或倒地抽搐，衰竭而死亡，死亡率可高达 100%。

（2）3～4 周龄仔猪。其主要症状同新生仔猪，病程略长，多便秘，有时出现顽固性腹泻，病死率可达 40% 以上；部分耐过猪常有后遗症，如偏瘫和发育受阻等。

（3）2 月龄以上的猪。病猪症状轻微或隐性感染，表现为一过性发热，咳嗽、便秘。有的猪呕吐，多在 3～4 天恢复。多数猪发生呼吸道症状，饲料报酬降低，少部分病猪则表现为神经症状，震颤、共济失调，倒地后四肢痉挛，间歇发作。

（4）妊娠母猪。病猪常发生咳嗽、发热、精神不振；继而流产，产出死胎与木乃伊胎，以产死胎为主，胎儿大小差异不大。后备母猪和空怀母猪表现为不发情或返情率较高。

（5）公猪。公猪有些表现为睾丸肿胀、萎缩，丧失种用价值。

2. 伪狂犬病的剖检变化

剖检可见肾脏有针尖大小的出血点，脑膜明显充血，颅腔出血和水肿，脑脊液明显增多；扁桃体、肝和脾均有散在灰白色坏死点；肺水肿、小叶性坏死、出血和肺炎；胃黏膜有卡他性炎症、胃底黏膜出血。流产母猪有子宫内膜炎、子宫壁增厚和水肿；流产胎儿的脑部及臀部皮肤有出血点，肾脏和心肌有出血点。

（五）伪狂犬病的诊断

根据流行特点、临床症状与剖检变化可做出初步诊断；确诊需进行实验室检测，常用的方法有 ELISA、PCR 技术、家兔接种试验及病毒分离鉴定等。随着伪狂犬病 gE 基因缺失疫苗的广泛使用，在临床上可根据 gE 蛋白抗体的有无来区分野毒感染动物（有 gE 蛋白抗体）和疫苗免疫动物（无 gE 蛋白抗体）。

（六）伪狂犬病的防控措施

加强检疫，不引入野毒感染的种猪。猪场要做好灭鼠工作、防止鼠类进入。使用伪狂犬病 gE 基因缺失疫苗进行免疫接种，种猪每年免疫 2~3 次，仔猪在断奶时免疫一次、间隔 1 个月后再免一次。阳性猪场，尤其是种猪场，要实施伪狂犬病净化工作，利用伪狂犬病 gE 基因缺失疫苗进行免疫，采用配套的鉴别诊断方法对猪群进行野毒感染的抗体检测和监测，再根据野毒感染阳性率高低，分别制定全群（或部分）淘汰、再引种、高强度免疫、免疫与淘汰等净化方案，培育和建立健康后备种猪群，在种猪群中逐步净化伪狂犬病，为商品猪场提供健康的种猪。

三、多杀性巴氏杆菌病

（一）多杀性巴氏杆菌病的概念

多杀性巴氏杆菌病又名出血性败血症，是由多杀性巴士杆菌引起的多种动物共患的一种传染病。

（二）多杀性巴氏杆菌病的病原

多杀性巴氏杆菌病的病原为多杀性巴氏杆菌，其属于巴氏杆菌，为革兰阴性菌，具有众多血清型，对环境的抵抗力低，常用消毒药易将其杀灭。本菌对青霉素、头孢类、土霉素、磺胺类等药物敏感。

（三）多杀性巴氏杆菌病的流行病学

本病易感动物多，以禽、猪、牛、绵羊、兔的发病较多。传染源主要是患病动物和带菌动物，健康动物的上呼吸道也常常带菌。本病主要经消化道和呼吸道传播，亦可经皮肤黏膜伤口或吸血昆虫叮咬感染，一般呈散发或地方流行性。

（四）多杀性巴氏杆菌病的临床症状与剖检变化

自然病例以禽、猪相对较多。

1. 禽多杀性巴氏杆菌病

禽多杀性巴氏杆菌病又称为禽霍乱、禽出败，临床上分为 3 种类型。

（1）最急性型。该类型常见于流行初期，临床症状表现为个别禽类突然倒地，拍翅扑动几下就死亡；常无明显剖检变化。

（2）急性型。该类型最常见。病禽表现高热，精神萎靡，剧烈腹泻、粪便呈灰黄色或绿色，冠髯水肿、热痛、呈蓝紫色，呼吸困难，从口鼻流出带泡沫的黏液，最后衰竭而死。病程不超过 3 天。剖检主见典型败血症变化，全身黏膜、浆膜、实质器官广泛性出血，肝肿大、质脆、呈棕色或棕黄色、表面布满灰白色或灰黄色的坏死点。

（3）慢性型。该类型常见于流行后期。病禽多有慢性呼吸道炎症和胃肠炎表现；病鸡冠和肉髯肿大、苍白，随后干酪样化，甚至坏死脱落；关节肿大、跛行。病程可延续数周。剖检多见局限性病变，如鼻窦炎、肺炎、气囊炎、关节炎、肠炎、卵巢出血、卵黄破裂。

2. 猪多杀性巴氏杆菌病

猪多杀性巴氏杆菌病又称为猪肺疫、猪出败，临床上分为 3 种类型。

（1）最急性型。病猪呈败血病经过，常无明显症状而突然死亡。发展较慢者表现高热与衰弱症状，皮肤黏膜发绀，咽喉部发炎肿胀，呼吸极度困难。病程 1～2 天，病死率极高。剖检主见败血症变化，皮肤黏膜广泛性出血，咽喉部及其周围组织发生出血性浆液浸润，全身淋巴结肿胀、出血，肺淤血、水肿。

（2）急性型。该类型最常见，多呈纤维素性胸膜肺炎症状。病初病猪体温升高，咳嗽，有鼻涕和脓性结膜炎，呼吸困难，呈犬坐姿势，黏膜发绀，初便秘后下痢。病程 4～6 天。剖检除见到败血症病变外，特征性病变为纤维素性胸膜肺炎变化，心包和胸腔积液，气管内有多量泡沫黏液。

（3）慢性型。该类型多见于流行后期，主要表现慢性肺炎和慢性胃肠炎症状。病猪持续性咳嗽和呼吸困难，腹泻，逐渐消瘦；有时出现痂状湿疹，关节肿胀，多经 14 天以上衰竭死亡。剖检主见肺有多处坏死灶、内含干酪样物质，胸膜及心包有纤维素性絮状物附着，肋膜变厚、常与病肺粘连。

（五）多杀性巴氏杆菌病的诊断

根据流行特点、临床症状和剖检变化可做出初步诊断；确诊需要进行实验室诊断，常用的方法有涂片镜检、PCR 技术及细菌分离鉴定等。

（六）多杀性巴氏杆菌病的防治措施

平时加强饲养管理，可在饲料中定期添加合适的抗菌药物来预防。在本病多发地区，可每年对易感动物定期进行相应疫苗的免疫接种。发生本病时，应立即进行隔离、消毒，并对假定健康动物进行紧急接种或药物预防。可在隔离条件下用青霉素、头孢类等抗菌药物对患病动物进行治疗，也可使用相应高免血清或康复动物血清进行治疗。

四、梭菌性疾病

（一）梭菌性疾病的概念

梭菌性疾病是由梭菌引起的多种动物共患的一类传染病的统称，自然病例主要是羊的梭菌性疾病，包括羊快疫、羊猝疽、羊肠毒血症、羊黑疫、羔羊痢疾，其特点是发病快、病程短、病死率高，羊常无明显症状而突然死亡。

（二）梭菌性疾病的病原

梭菌性疾病的病原为梭状芽孢杆菌，简称梭菌，为革兰阳性菌，能形成芽孢。羊快疫由腐败梭菌引起，羊猝疽由C型产气荚膜梭菌引起，羊肠毒血症由D型产气荚膜梭菌引起，羊黑疫由B型诺维梭菌引起，羔羊痢疾由B型产气荚膜梭菌引起。梭菌的繁殖体抵抗力一般，但芽孢抵抗力强。一般消毒药均易杀死本菌繁殖体，但环境消毒时必须选用强力消毒药，如20%漂白粉、3%氢氧化钠等。本菌对青霉素、土霉素、磺胺类等药物敏感。

（三）梭菌性疾病的流行病学

（1）羊快疫主要发生于绵羊，尤其是6～18月龄绵羊，山羊也可感染。其主要通过消化道感染，在气候骤变、寒冷多雨季节多发，呈地方流行性。

（2）羊猝疽多发生于成年绵羊，以1～2岁绵羊多发。其主要通过消化道感染，多发生于冬、春季节，常呈地方流行性。

（3）羊肠毒血症多发生于绵羊，山羊少见，2～12月龄绵羊最易发病，发病的羊多为膘情较好的。其主要通过消化道感染，散发，多发生于春夏之交抢青时和秋季草籽成熟时。

（4）羊黑疫常发生于1岁以上绵羊，以2～4岁的肥胖绵羊多发，山羊和牛也可感染。其主要通过消化道感染，多发生于春夏有肝片吸虫流行的低洼潮湿地区。

（5）羔羊痢疾主要发生于7日龄内羔羊，尤以2～3日龄羔羊发病最多，7日龄以上羔羊很少发生。其主要通过消化道感染，也可通过脐带和创伤感染。

（四）梭菌性疾病的临床症状与剖检变化

（1）羊快疫。突然发病，病羊往往来不及出现症状就突然死亡。有的病羊离群独处，卧地、不愿走动；有的表现腹痛、腹胀，排粪困难；体温表现不一，有的正常，有的高热。病羊最后极度衰竭、昏迷，数分钟至数小时内死亡。剖检变化主要是尸体迅速腐败膨胀，可见黏膜出血呈暗紫色，特征病变是真胃、十二指肠黏膜有出血性、坏死性炎症。

（2）羊猝疽。病程短促，常未见到症状病羊就突然死亡。有时发现病羊掉群、卧地，虚弱和痉挛，在数小时内死亡。剖检变化主要是十二指肠和空肠黏膜严重出血、糜烂和溃疡，心包、胸腔、腹腔大量积液；特征变化是死亡3小时后骨骼肌气肿和出血。

（3）羊肠毒血症。突然发作，病羊常在出现症状后很快死亡，体温一般正常。临床上本病分为两种类型：一类以抽搐为特征，病羊在倒毙前四肢出现强烈的划动、肌肉颤搐、眼球转动、流涎、磨牙，随后头颈显著抽搐，多在4小时内死亡；另一类以昏迷和静静死亡为特征，病程较缓。剖检变化主要是肠黏膜充血、出血，心包、胸腔、腹腔有多量渗出液、易凝固，浆膜出血，肺脏出血、水肿，肝胆肿大；特征病变为肾脏软化如泥，易碎烂。

（4）羊黑疫。病程急促，多数病羊常未见症状就已死亡，少数病羊病程可延长1～2天。病羊表现高热、虚弱、掉群，不食，流涎，呼吸困难，呈俯卧昏睡状态死亡。剖检变化主要是皮下静脉显著充血，皮肤呈暗黑色外观（故名黑疫），胸部皮下组织水肿，心包、胸腔、腹腔大量积液，真胃幽门部小充血、出血；特征病变为肝脏充血肿胀，表面有若干个直径可达2～3 cm的灰黄色不规则坏死灶，周围常被一鲜红色充血带围绕。

（5）羔羊痢疾。病羔病初精神不好、低头拱背、不吃奶，不久腹泻；后期拉血便并含有黏液和气泡，严重脱水，病羔逐渐虚弱，卧地不起，若不及时治疗则常在1～2天内死亡。有的病羔主要表现神经症状，四肢瘫软、卧地不起、呼吸急促、口吐白沫，最后昏迷，头向后仰，体温下降至常温以下，常在数小时至十几小时内死亡。剖检特征性病变在消化道，真胃内有未消化的凝乳块；小肠特别是回肠黏膜充血发红，常可见到直径为1～2 cm的溃疡，其周围有一出血带环绕，肠内容物呈红色。

（五）梭菌性疾病的诊断

根据流行特点、临床症状和剖检变化可做出初步诊断；确诊需要进行实验室诊断，常用的方法有涂片镜检、PCR技术、细菌毒素试验及细菌分离鉴定等。

（六）梭菌性疾病的防治措施

本病往往来不及治疗，故重在预防和管理。应加强饲养管理，防止受寒感冒，避免采食冰冻饲料。在常发地区每年可定期注射羊梭菌病三联苗或五联苗。对发病后的病羊要进行隔离，对病程较长的病羊用青霉素等治疗；对未发病的羊转移放牧，同时紧急接种疫苗。

第四节 猪的传染病

一、猪瘟

（一）猪瘟的概念

猪瘟是由病毒引起的猪的一种具有高度传染性和致死性的传染病。

（二）猪瘟的病原

猪瘟的病原为猪瘟病毒，其基因组核酸类型为 RNA，有囊膜，只有一种血清型，对外界环境的抵抗力不强，但在猪肉和猪肉制品上可保持几个月的感染性。常用消毒药物，特别是 2% 氢氧化钠溶液能将其迅速灭活。

（三）猪瘟的流行病学

所有猪对猪瘟病毒都易感。病猪和感染猪是最重要的传染源，感染猪在潜伏期、整个病程与康复后一段时间内都能向外排毒。本病主要通过消化道、呼吸道、生殖道、眼结膜及受伤皮肤感染，也可经胎盘垂直传播。妊娠母猪感染低毒株时，可通过胎盘传给胎儿，导致流产，产木乃伊胎、死胎或弱仔等繁殖障碍，形成先天性感染；若先天性感染的仔猪不死亡，则可长期甚至终身排毒而不呈现症状、不产生免疫应答或产生免疫偏离现象。仔猪出生后感染低毒株时也可长期带毒、排毒，形成慢性感染。因此，先天性感染和慢性感染猪都可长期带毒、排毒而不表现症状，它们的存在是造成目前猪瘟持续存在、长期流行的主要原因。

带毒的猪、猪肉及猪肉制品的流动可造成猪瘟的远距离传播。病猪死后处理不当、死猪肉上市出售、屠宰间下脚料和厨房泔水喂猪或随意丢弃，都是传播本病的常见重要因素。

（四）猪瘟的临床症状与剖检变化

根据病情和病程不同，猪瘟在临床上主要分为以下 3 种类型。

1. 急性型

急性型猪瘟发生时，起初仅少数几只出现症状。病猪精神沉郁，表现呆滞，被驱赶时站立一旁，被毛粗乱，低头弓背，怕冷，厌食；体温升高 2 ℃左右或更高，呈稽留热型；初便秘后腹泻，有时呕吐，齿龈黏膜有溃疡；结膜发炎，流出黏脓性分泌物，眼睑粘连；公猪包皮发炎，积尿；白细胞减少；少数病猪发生惊厥，可能在 5 天之内死亡。随着病情发展，更多的猪发病，最初的病猪出现步态不稳、运动失调、后肢麻痹等症状。病初病猪皮肤充血发红，到后期发紫，常有点状出血或红斑，指压不褪色。多数病猪病程为 10 ~ 20 天，病死率为 50% ~ 60%。症状较缓和的亚急性型猪瘟病程一般超过 3 周，病死率为 30% ~ 40%。

剖检变化主要是呈出血性败血症变化特征。剖检可见全身皮肤、黏膜、浆膜和实质器官充血、出血；淋巴结肿大、出血，切面呈大理石样。剖检特征病变为脾脏梗死，周缘呈紫黑色，不肿大；咽喉、会厌软骨、扁桃体、心、肺、肾、胆囊、膀胱等多处有出血点。但以上这些典型病理变化在近年来并不多见。目前大多数猪瘟病例表现为黏膜表面有针尖状出血点；多数病猪扁桃体坏死，淋巴结肿胀、充血或出血；部分病猪小肠和大肠黏膜、肾脏表面有充血和出血点。

2. 慢性型

慢性型猪瘟症状不规则，病猪体温时高时低，食欲时好时坏，便秘与腹泻交替发生。病猪生长不良，消瘦，贫血，精神委顿，衰弱嗜睡；病程在1个月以上，预后不良，常成为僵猪。剖检时，出血和梗死变化不太明显，主要病变为体内部分实质器官有少量针尖状的陈旧性出血斑、点；特征病变为盲肠、结肠、回盲瓣处黏膜出现纽扣状坏死和溃疡变化。

3. 迟发型

迟发型猪瘟的感染猪本身无症状，但长期带毒、排毒，并可通过胎盘垂直感染胎儿，造成母猪流产，产出木乃伊胎、死胎、畸形胎、弱仔及外表健康仔猪。活仔大部分发病死亡，早期发病仔猪的症状似急性型，还有部分仔猪并不发病，但长期带毒、排毒。剖检病变主要是胸腺萎缩，肾脏表面有数量不一的陈旧性针尖状出血点或出血斑，淋巴结特别是颌下与肠系膜淋巴结等有陈旧性出血点，有时扁桃体也可见到少量出血点。

（五）猪瘟的诊断

根据流行特点、临床症状及病变可做出初步诊断；确诊需要进行实验室诊断，常用的方法有荧光抗体试验、ELISA和RT-PCR技术、病毒分离鉴定等。

（六）猪瘟的防控措施

疫苗接种是目前国内预防猪瘟最重要的措施，但要注意母源抗体可以影响免疫效果，且疫苗免疫对带毒猪多无明显保护作用。仔猪一般在20、60日龄各接种1次。在猪瘟多发地区可实行超前免疫，即仔猪出生后立即接种疫苗，1.5小时后再哺以母乳；种猪在每次配种前免疫1次。

一旦发生猪瘟，应采取紧急扑灭措施，及时隔离病猪及可疑病猪，并根据具体情况予以急宰。对同群未发病以及受威胁的猪，用猪瘟兔化弱毒疫苗2～4头份进行紧急接种。被污染的猪舍及用具均应彻底消毒，病死猪尸体要进行高温处理或深埋。

二、非洲猪瘟

（一）非洲猪瘟的概念

非洲猪瘟是由病毒引起的猪的一种急性、热性、高度接触性传染病。

（二）非洲猪瘟的病原

非洲猪瘟的病原为非洲猪瘟病毒，其基因组核酸类型为DNA，有囊膜，对环境的抵抗力很强，对常用消毒剂敏感，10%邻苯基苯酚是对其非常有效的消毒剂。

（三）非洲猪瘟的流行病学

易感动物主要是猪和野猪，一些软蜱是重要的保毒宿主。传染源主要是病猪和带毒猪。本病主要通过直接接触传播，也可通过消化道和呼吸道传播，污染的泔水、饲料、垫草、车辆、设备、衣物等是重要的传播媒介，多种软蜱也是重要的传播媒介。猪群一旦受感染，发病率与病死率都可达 100%。

（四）非洲猪瘟的临床症状及剖检变化

本病临床症状和剖检变化与猪瘟相似，可分为最急性型、急性型、亚急性型与慢性型 4 种类型。

1. 非洲猪瘟的临床症状

最急性型症状不明显，病程在 1 天以内。急性型可见食欲废绝，体温升高到 40 ℃以上、甚至达 42 ℃，呈稽留热型，精神萎靡，站立困难、行走无力，腹泻或血痢，耳朵、腹部及四肢皮肤常见明显充血、紫斑和出血点，咳嗽，呼吸急促；白细胞减少，妊娠母猪流产；病程不超过 7 天，病死率在 80% 以上。亚急性型与急性型相似，但病情相对较轻，病程超过 7 天，病死率在 50% 以上。慢性型可见发热、精神沉郁，呼吸急促，消瘦，皮肤溃疡坏死，呕吐或腹泻，粪便带有黏液或血液，妊娠母猪流产、产死胎。

2. 非洲猪瘟的剖检变化

急性型和亚急性型主要是败血症变化，心、肺、肾等实质器官严重出血，淋巴结肿大出血、严重的似血块，脾脏肿大发黑；有的心包膜出血，心包积液，胸膜出血，肺水肿，胸水与腹水增多，整个消化道水肿和出血，膀胱黏膜出血。慢性型主要是呼吸道的变化，包括肺炎与纤维素性胸膜炎、心包炎。

（五）非洲猪瘟的诊断

根据流行特点、临床症状及剖检变化可做出初步诊断；确诊需要进行实验室诊断，常用的方法有红细胞吸附试验、免疫荧光试验、ELISA、PCR 技术及病毒分离鉴定等。

（六）非洲猪瘟的防控措施

目前尚无有效疫苗用于预防本病。发现非洲猪瘟疫情后，相关部门应按有关法规和农业农村部 2018 年 8 月以来的要求，及时上报疫情，迅速封锁疫区，扑杀疫区内的病猪和带毒猪，实施环境消毒，对死亡猪进行无害化处理，严防疫病扩散，以彻底扑灭此病。严格对进口猪、猪肉及其制品、猪体内组织器官与生物材料进行检疫，严禁从有非洲猪瘟疫情的国家或地区进口猪及其产品。防止进境运输工具、机械带毒传播，对途经我国的国际运输工具的废弃物和泔水等要严格进行无害化处理。加强养猪场防疫监管，提高生物安全水平，杜绝病原传入猪场，包括防止野猪进入猪场、防止蜱的叮咬等。

三、猪繁殖与呼吸综合征

（一）猪繁殖与呼吸综合征的概念

猪繁殖与呼吸综合征（porcine reproductive and respiratory syndrome，PRRS）又称为猪蓝耳病，是由病毒引起的猪的一种接触性传染病。

（二）猪繁殖与呼吸综合征的病原

猪繁殖与呼吸综合征的病原为猪繁殖与呼吸综合征病毒（porcine reproductive and respiratory syndrome virus，PRRSV），其基因组核酸类型为 RNA，有囊膜，对环境的抵抗力弱，常用消毒剂均可将其杀灭。PRRSV 能够损害猪的免疫防御机能，引起免疫抑制，易导致继发感染或并发其他传染病，对养猪业的危害甚大。

（三）猪繁殖与呼吸综合征的流行病学

易感动物主要是猪，以怀孕母猪和初生仔猪最易感。传染源主要是病猪和带毒猪。本病主要通过呼吸道和公猪精液传播，也可经胎盘垂直传播。

（四）猪繁殖与呼吸综合征的临床症状与剖检变化

1. 猪繁殖与呼吸综合征的临床症状

病猪的临床表现随其年龄、性别和生理状态不同而异。

（1）繁殖母猪。繁殖母猪主要表现为厌食，发热，沉郁，有时出现呼吸道症状；多数繁殖母猪在妊娠后期发生流产，产死胎、弱仔、木乃伊胎，产后少奶或无奶。

（2）仔猪。仔猪表现发热，厌食，腹泻，嗜睡，眼睑水肿，打喷嚏、呼吸困难等呼吸道症状，肌肉震颤、后肢麻痹与共济失调等神经症状；有的耳朵和躯体末端发绀。流产仔猪脐带有出血点，早产仔猪在几天内死亡，哺乳仔猪常由于继发感染而导致病情加重、死亡率增加。

（3）种公猪。种公猪出现一过性食欲不振，除上述症状外，还有性欲减退、精液的数量和质量下降、精液带毒。

2. 猪繁殖与呼吸综合征的剖检变化

剖检可见间质性肺炎，肺肿胀、变硬、弥散性出血；淋巴结、尤其是肺门淋巴结肿大、出血；脾脏肿胀，周缘常成锯齿状；肾肿大、出血；心包与腹腔积液。

（五）猪繁殖与呼吸综合征的诊断

根据流行特点、临床症状及剖检变化可做出初步诊断；确诊需要进行实验室诊断，常用的方法有 ELISA、免疫荧光试验、RT-PCR 技术及病毒分离鉴定等。

（六）猪繁殖与呼吸综合征的防治措施

目前主要采取综合防控措施及对症疗法防治本病。防止引入带毒猪，加强饲养管理和环境卫生消毒，流行地区可通过疫苗接种来预防。活疫苗免疫效果较好，可用于仔猪和未怀孕母猪，后备母猪可在配种前 2 个月进行首次免疫，1 个月后进行二次免疫，但存在散毒和毒力返强的风险。灭活疫苗安全性高，但免疫效果差，适用于种公猪和妊娠母猪。

发生疫情时要隔离、淘汰病猪，做好消毒和无害化处理工作，也可对发病猪群使用替米考星、氟苯尼考、恩诺沙星等广谱抗生素来控制细菌继发感染，使用能够提高机体免疫力的中药制剂可减少死亡。

四、猪圆环病毒病

（一）猪圆环病毒病的概念

猪圆环病毒病是由病毒引起的猪的一种传染病，其临床表现多样，主要有断奶后多系统衰竭综合征、皮炎与肾病综合征和母猪繁殖障碍。

（二）猪圆环病毒病的病原

猪圆环病毒病的病原为猪圆环病毒 2 型，其基因组核酸类型为 DNA，无囊膜，对外界环境的抵抗力很强，对酒精不敏感，需要使用氢氧化钠、甲醛、氯制剂等强力消毒剂才可将其杀灭。

（三）猪圆环病毒病的流行病学

易感动物主要是猪，以仔猪和妊娠母猪最易感，成年猪为隐性感染。传染源主要是病猪和带毒猪。本病主要通过消化道与呼吸道传播，也可经胎盘垂直传染给仔猪，并导致繁殖障碍。

（四）猪圆环病毒病的临床症状与剖检变化

临床上猪圆环病毒病主要有以下几种类型。

（1）断奶后多系统衰竭综合征（postweaning multisystemic wasting syndrome，PMWS）。本病多发生于断奶仔猪（又叫保育猪）和生长期的猪。病猪主要表现为生长迟缓、进行性消瘦、皮肤苍白、被毛粗乱、咳嗽、呼吸急促、腹股沟浅淋巴结肿大、眼睑水肿，有的出现腹泻、贫血、黄疸甚至神经症状。剖检主见淋巴结肿大，尤其是腹股沟、肺门、纵膈及肠系膜等淋巴结，以及间质性肺炎等。

（2）猪皮炎与肾病综合征（porcine dermatitis and nephropathy syndrome，PDNS）。病猪皮肤表面出现圆形或不规则形状的隆起，周围呈红色或紫色而中央为黑色的斑点、斑块或丘疹。该症状首先出现在后躯、腿部和腹部，后逐渐蔓延至胸部、背部和耳部。严重者发病几天后就死亡，部分猪可自动康复。剖检主见肾肿大、苍白，有出血点或坏死点，肾盂水肿。

（3）母猪繁殖障碍。本病多见于妊娠后期，病猪表现为流产、产死胎和木乃伊胎。死亡胎儿出现心肌肥大和心肌损伤。

（五）猪圆环病毒病的诊断

根据流行特点、临床症状及病变可做出初步诊断；确诊需要进行实验室诊断，常用的方法有免疫荧光技术、免疫组化技术、PCR 技术及病毒分离鉴定等。

（六）猪圆环病毒病的防治措施

接种疫苗是本病的有效防治措施。现有疫苗主要有全病毒灭活疫苗和衣壳蛋白亚单位疫苗。仔猪在 3～4 周龄进行免疫，母猪应进行免疫。此外还应采取综合防治措施，加强环境消毒和饲养管理，减少仔猪应激，做好其他传染病的免疫预防或药物预防。

五、猪细小病毒病

（一）猪细小病毒病的概念

猪细小病毒病是由病毒引起的一种母猪繁殖障碍性传染病。

（二）猪细小病毒病的病原

猪细小病毒病的病原为猪细小病毒，其基因组核酸类型为 DNA，无囊膜，对外界环境抵抗力强，对酒精不敏感，需使用氢氧化钠等强力消毒剂才可将其杀灭。

（三）猪细小病毒病的流行病学

易感动物是猪，主要是初产母猪发病，而母猪本身和其他猪群无明显变化。传染源主要是病猪和带毒猪。传播途径包括胎盘感染、交配感染、呼吸道及消化道感染。

（四）猪细小病毒病的临床症状

本病主要表现为母猪的繁殖障碍，病猪出现产死胎、木乃伊胎、流产等不同症状。此外，病猪还可表现为产仔数减少、产出弱仔、延期分娩、发情不正常、久配不孕等。

（五）猪细小病毒病的诊断

根据流行特点与临床症状可做出初步诊断；确诊需要进行实验室诊断，常用的方法有血凝抑制试验、乳胶凝集试验、PCR 技术及病毒分离鉴定等。

（六）猪细小病毒病的防控措施

受威胁猪场，母猪在配种前 1～2 个月注射猪细小病毒灭活疫苗或弱毒苗可预防本病。严重污染猪场可采用自然感染的方法让后备母猪提前暴露，使其获得主动免疫力后再配种使用。

六、猪传染性胃肠炎

（一）猪传染性胃肠炎的概念

猪传染性胃肠炎是由病毒引起猪的一种急性胃肠道传染病。

（二）猪传染性胃肠炎的病原

猪传染性胃肠炎的病原为猪传染性胃肠炎病毒，其基因组核酸类型为RNA，有囊膜，不耐热，常用消毒药都易将其杀灭。

（三）猪传染性胃肠炎的流行病学

易感动物主要是猪，不同年龄的猪都易感，尤以10日龄内仔猪最易感。传染源主要是病猪和带毒猪。本病主要经消化道和呼吸道传播，在寒冷季节多发。

（四）猪传染性胃肠炎的临床症状与剖检变化

1. 猪传染性胃肠炎的临床症状

仔猪突然发病，呕吐，剧烈腹泻，粪便中常含有未消化的乳凝块。病猪极度口渴，明显脱水，体重迅速减轻。猪日龄越小，病程越短，病死率越高。10日龄以内仔猪的病死率可达100%，育成育肥猪和成年猪的症状较轻，极少死亡。

2. 猪传染性胃肠炎的剖检变化

本病的主要病变在胃肠道。剖检可见胃内容物呈黄色并充满白色乳凝块；整个小肠气性膨胀，内容物稀薄呈黄色，肠壁变薄呈透明状，肠系膜充血，肠系膜淋巴结肿胀。

（五）猪传染性胃肠炎的诊断

根据流行特点、临床症状与剖检变化可做出初步诊断；确诊需要进行实验室诊断，常用方法有免疫荧光试验、抗原捕获、ELISA、RT-PCR技术及病毒分离鉴定等。

（六）猪传染性胃肠炎的防治措施

疫苗免疫接种是控制本病的有效方法，一般对妊娠母猪在临产前45天和15天通过肌肉和鼻内各接种弱毒苗1头份。仔猪发病后可采取对症疗法来减轻脱水、纠正酸中毒和防止细菌继发感染，并为仔猪提供温暖干燥的环境、饮水和营养性流食，这样处理能够有效减少死亡。

七、猪流行性腹泻

（一）猪流行性腹泻的概念

猪流行性腹泻是由病毒引起的猪的一种急性胃肠道传染病。

（二）猪流行性腹泻的病原

猪流行性腹泻的病原为猪流行性腹泻病毒，其有囊膜，不耐热，常用消毒药都易将其杀灭。

（三）猪流行性腹泻的诊断

本病与猪传染性胃肠炎在流行病学、临床症状和病理变化上非常相似，必须依靠实验室诊断，如荧光抗体试验、RT-PCR 技术等才能区分开来。

（四）猪流行性腹泻的防治措施

本病的防治措施可参照猪传染性胃肠炎。

八、猪传染性胸膜肺炎

（一）猪传染性胸膜肺炎的概念

猪传染性胸膜肺炎是由细菌引起的猪的一种呼吸道传染病。

（二）猪传染性胸膜肺炎的病原

猪传染性胸膜肺炎的病原为胸膜肺炎放线杆菌，其属于革兰氏阴性菌，具有多种血清型，对外界环境的抵抗力弱，对青霉素、土霉素、头孢类和磺胺类药物敏感，常用消毒药都可将其杀灭。

（三）猪传染性胸膜肺炎的流行病学

易感动物是猪，以 3 月龄猪最易感。传染源主要是病猪和带毒猪。本病主要通过呼吸道传播和直接接触感染。

（四）猪传染性胸膜肺炎的临床症状与剖检变化

依临床表现，本病可分为最急性型、急性型和慢性型。

1. 猪传染性胸膜肺炎的临床症状

最急性型表现为少数突然病重，病猪可见高稽留热（41 ℃以上），沉郁，厌食，喜卧，心跳加快，鼻、耳及四肢皮肤发绀；后期出现严重呼吸困难，张口呼吸，呈犬坐姿势；临死前从口、鼻中流出大量带血色泡沫液体；病程多在 1 天以内，病死率很高。急性型多由最急性型转化而来，症状与最急性型相似，病程多在 4 天以内。慢性型症状不明显，主要是消瘦和生长缓慢。

2. 猪传染性胸膜肺炎的剖检变化

剖检变化主要是呼吸道病变。病猪肺炎多为两侧性，累及心叶和尖叶以及膈叶的一部分；纤维素性胸膜炎明显，胸腔有带血色的液体，胸膜粘连。迅速致死病例的气管和支气管充满带血色的黏液性泡沫渗出物，较慢性病例的肺膈叶上有大小不一的脓肿样结节。

（五）猪传染性胸膜肺炎的诊断

根据流行特点、临床症状与剖检变化可做出初步诊断；确诊需要进行实验室诊断，常用的方法有凝集试验、ELISA、PCR 技术及细菌分离鉴定等。

（六）猪传染性胸膜肺炎的防治措施

灭活疫苗接种可以很好地预防本病发生，但应注意选用针对当地流行株的疫苗。发病早期用青霉素、土霉素等药物治疗可减少病猪死亡。受威胁猪群可在其饲料中添加土霉素等进行预防。

九、猪支原体肺炎

（一）猪支原体肺炎的概念

猪支原体肺炎，俗称猪气喘病，是由支原体引起的猪的一种慢性、消耗性呼吸道传染病。

（二）猪支原体肺炎的病原

猪支原体肺炎的病原为猪肺炎支原体，其属于支原体，对外界环境的抵抗力弱，常用消毒剂均能将其杀灭。支原体对大环内脂类（如替米考星、泰乐菌素）、四环素族（如多西环素、土霉素）、泰妙菌素、氟苯尼考等药物比较敏感。

（三）猪支原体肺炎的流行病学

易感动物是猪，以仔猪最易感。传染源主要是病猪和带毒猪。本病主要经呼吸道传播，多发于在寒冷、多雨、气温骤冷季节。

（四）猪支原体肺炎的临床症状与剖检变化

1. 猪支原体肺炎的临床症状

病猪初期表现为干咳、气喘，尤其在驱赶时较为明显。多数病猪体温、食欲和精神状况正常。新生仔猪和小猪感染后，极少出现呼吸道症状，但表现为消瘦、生长缓慢、猪个体大小不一。中猪多数以肺炎症状为主，成年猪多为隐性感染。

2. 猪支原体肺炎的剖检变化

剖检可见双侧肺的心叶、尖叶、中间叶的腹面和膈叶，呈实变外观，颜色多为灰红，半透明，像鲜嫩的肌肉样，俗称肉变，病变部位与正常部位界限明显；肺门和纵膈淋巴结肿大、质硬、灰白色。

（五）猪支原体肺炎的诊断

根据流行特点、临床症状与剖检变化可做出初步诊断；确诊需要进行实验室诊断，常用的方法有间接血凝试验、ELISA、X 射线检查、PCR 技术等。

（六）猪支原体肺炎的防治措施

疫苗接种是预防本病的有效方法，有弱毒疫苗和灭活疫苗可供使用。此外还要加强饲养管理和保持环境卫生，必要时可使用替米考星、泰妙菌素等进行预防和治疗。

第五节　禽的传染病

一、新城疫

（一）新城疫的概念

新城疫是由病毒引起的禽类的一种急性高度接触性传染病，又称为亚洲鸡瘟、伪鸡瘟，在我国俗称鸡瘟。

（二）新城疫的病原

新城疫的病原为新城疫病毒，其基因组核酸类型为 RNA，有囊膜，表面有血凝素，能够凝集鸡红细胞，这种血凝现象又能被特异性抗体所抑制。目前本病毒只有一个血清型，但不同毒株对鸡的致病性差异很大，一般分为强毒株、中毒株及弱毒株等。新城疫病毒对外界环境的抵抗力不强，常用消毒剂都可很快将其杀灭。

（三）新城疫的流行病学

在自然条件下，本病主要发生于鸡和火鸡，但鸽、鹌鹑、野鸭、鹅、孔雀、鸵鸟、观赏鸟等也可感染发病。目前已知有 200 多种鸟可感染新城疫病毒。鸡对本病最易感，以雏鸡和中雏鸡的易感性最高。人也可感染此病，患者表现为结膜炎或类似流感症状。

病鸡及带毒鸡为本病的主要传染源，但鸟类的带毒作用也不可忽视。传播途径主要是呼吸道和消化道，眼结膜、皮肤伤口、交配、带毒鸡蛋亦可传播本病。本病在非免疫鸡群中常呈毁灭性流行，但近年来免疫鸡群常因免疫失败而发生非典型新城疫。

（四）新城疫的临床症状与剖检变化

本病的临床症状通常表现为 3 种类型：最急性型、急性型、亚急性或慢性型。

1. 新城疫的临床症状

最急性型多见于流行初期和雏鸡。病鸡表现为突然发病，常无特征症状而迅速死亡。急性型病初体温升高达 43 ℃，冠和肉髯呈深红色，翅、尾下垂，羽毛松乱，精神不振，似昏睡状；病鸡流涎，摇头吞咽，张口呼吸，不时发出“咕噜”声和咳嗽，常见黄绿色或黄白色下痢；嗉囊积液，倒提时常有大量酸臭液体从口内流出；产蛋母鸡产蛋量快速下降，软壳蛋明显增多；有的病鸡出现麻痹症状；病程为2~5天，但30日龄内的雏鸡病程较短，症状不明显，病死率高。亚急性或慢性型多发生于流行后期的成年鸡，病程为10~20天，病死率较低。病初症状与急性型相似，病鸡体温升高后，神经症状较明显，腿翅麻痹，跛行或卧地；全身部分肌肉抽搐，头颈扭转，有的仰头呈“观星状”姿势，有的做转圈、后退等异常运动，出现半瘫痪或全瘫痪。

2. 新城疫的剖检变化

剖检变化主要表现在消化道出现卡他性炎或出血，尤以腺胃、小肠、回盲口附近明显。剖检可见腺胃黏膜肿胀，常有大小不等的出血点和浓稠的黏液，腺胃乳头出血，在腺胃与食道或腺胃与肌胃交界处，呈条纹状不规则的出血斑或溃疡；小肠内充满乳糜样浆液，呈现出血性卡他性炎，病久常见溃疡；盲肠和直肠黏膜条纹状出血；慢性病例有纤维素性坏死点；在呼吸道鼻腔、喉头和气管内常积有大量污秽黏液，其黏膜充血及出血；气囊黏膜有充血或出血；肺有时可见淤血或水肿，或有间质性肺炎。

（五）新城疫的诊断

典型新城疫根据流行特点、临床症状与剖检变化可做出初步诊断；确诊需进行实验室检测，常用的方法有血凝试验、血凝抑制试验、病毒分离鉴定及RT-PCR技术等。

（六）新城疫的防控措施

定期预防接种是防止本病发生的根本措施。目前国内使用的新城疫疫苗主要有Ⅰ系苗、Ⅳ系苗及灭活油佐剂苗等。除Ⅰ系苗只可用于1月龄以上鸡外，其他疫苗对大小鸡都可应用。对于新城疫病毒污染的鸡场，采用弱毒疫苗和灭活疫苗同时免疫接种，能够获得良好的保护力。

发生本病时，应立即进行封锁、隔离、划定疫区；禽舍、运动场所和一切管理用具，要进行彻底消毒。对鸡群内其他隔离健康鸡，可用Ⅰ系或Ⅳ系疫苗4头份进行紧急接种，以控制疫情发展。对病鸡的尸体、粪便、垫草等，应进行焚烧或深埋。

二、马立克病

（一）马立克病的概念

马立克病是鸡的一种病毒性肿瘤性传染病。

（二）马立克病的病原

马立克病的病原为马立克病毒，其基因组核酸类型为DNA，在羽毛囊上皮细胞中的病毒粒子有囊膜，传染性很强，对外界环境抵抗力也很强，但对热敏感，常用消毒剂都可使病毒失活。

（三）马立克病的流行病学

鸡是本病毒最重要的自然宿主，火鸡、鹌鹑等亦可感染。病鸡与带毒鸡是本病的主要传染源，有些鸡可能终身带毒。病鸡羽囊上含有多量的完全病毒，易污染周围环境而经空气传播。

（四）马立克病的临床症状与剖检变化

按症状和病变发生部位，本病在临床上分为 4 种类型。

1. 内脏型

病鸡主要表现为精神沉郁，缩颈呆立，食欲下降，下痢，消瘦，突然死亡。剖检变化主要表现在多个内脏器官，如性腺、肝、脾、肾、心、肺、胰、腺胃、肠壁、骨骼肌及皮肤等出现大小不等的肿瘤，呈灰白色；法氏囊常发生萎缩，通常不形成肿瘤。

2. 神经型

病毒主要侵害周围神经，引起病鸡共济失调，出现单侧或双侧性肢体麻痹。坐骨神经受害时可引起病鸡一只脚向前、另一脚向后的特征性“劈叉”姿势，翅神经受害则引起翅下垂，颈部神经受害则引起头下垂或头颈歪斜，迷走神经受害可引起嗉囊扩张或喘息。剖检变化主要是受害神经横纹消失，肿大变粗，呈灰白色，病变神经多为一侧性。

3. 皮肤型

病鸡颈部、翅膀、大腿外侧体表毛囊腔可见灰黄色结节及小的肿瘤物。

4. 眼型

病鸡一侧或两侧眼睛失明，瞳孔边缘不整齐，虹彩消失，眼球如鱼眼，呈灰白色。

（五）马立克病的诊断

根据流行特点、临床症状与剖检变化可做出初步诊断；确诊需进行实验室检测，常用的方法有组织病理学检测和肿瘤标记检测；血清学方法和 PCR 技术主要用于鸡群感染情况的监测。

（六）马立克病的防控措施

疫苗接种是预防本病的主要措施，目前疫苗有单价苗、二价苗和三价苗，多价苗免疫效果更好，但需在液氮条件下保存和运输。此外，必须结合综合卫生防疫措施，防止出雏和育雏阶段早期感染，以保证和提高疫苗的保护效果。

三、传染性法氏囊病

（一）传染性法氏囊病的概念

传染性法氏囊病是由病毒引起的雏鸡的一种急性高度接触性传染病。

（二）传染性法氏囊病的病原

传染性法氏囊病的病原为传染性法氏囊病病毒，其基因组核酸类型为RNA，无囊膜。本病毒在外界环境中非常稳定，对酒精不敏感，消毒时可选用氢氧化钠、甲醛和氯制剂类等。

（三）传染性法氏囊病的流行病学

自然感染仅见于鸡，主要发生于2~15周龄的鸡，但以3~6周龄的鸡受害严重，成年鸡一般呈隐性经过。本病的主要传染源是病鸡和带毒鸡，感染途径主要包括消化道、呼吸道、眼结膜等。本病发病急，传播快，发病率高，病程短，呈尖峰式死亡曲线。

（四）传染性法氏囊病的临床症状与剖检变化

1. 传染性法氏囊病的临床症状

病初常见个别鸡突然发病，一天左右即波及全群。病鸡沉郁，厌食，腹泻，严重脱水，虚弱，后期体温下降，常在发病1~2天后死亡。整个鸡群死亡高峰在发病后3~5天，以后2~3天逐渐平息，呈尖峰式死亡曲线，病死率为30%~60%。

2. 传染性法氏囊病的剖检变化

病死鸡脱水，腿部和胸部肌肉出血；法氏囊初期肿胀、充血或出血，5天后开始萎缩，黏膜表面有点状或弥漫状出血，严重时有干酪样渗出物；腺胃和肌胃交界处出血；肾脏因尿酸盐沉积而苍白肿胀。

（五）传染性法氏囊病的诊断

根据流行特点、临床症状与剖检变化可做出初步诊断；确诊需进行实验室检测，常用的方法有琼脂扩散试验、病毒分离鉴定及RT-PCR技术等。

（六）传染性法氏囊病的防治措施

疫苗接种是预防本病最重要的措施，特别应做好种鸡的免疫以保护雏鸡。种鸡群在18~20周龄和40~42周龄时用灭活疫苗经两次接种；雏鸡用弱毒疫苗接种，一般可在7~10日龄或18~20日龄进行。此外还必须结合综合卫生防疫措施，加强环境消毒特别是育雏室消毒以防止早期感染。当发生本病时，可考虑用高免血清或鸡卵黄抗体进行治疗。

四、鸡传染性支气管炎

（一）鸡传染性支气管炎的概念

鸡传染性支气管炎简称鸡传支，是由病毒引起的鸡的一种急性、高度接触性呼吸道传染病。

（二）鸡传染性支气管炎的病原

鸡传染性支气管炎的病原为鸡传传染性支气管炎病毒，其基因组核酸类型为RNA，有囊膜，具有众多血清型，各血清型之间交叉免疫作用弱。本病毒的抵抗力较弱，常用消毒剂均可将其杀灭。

（三）鸡传染性支气管炎的流行病学

本病主要发生于鸡，以雏鸡最为严重。传染源主要是病鸡和带毒鸡。本病主要通过呼吸道传播，也可经消化道传染。本病传播迅速，新感染鸡群几乎全部同时发病。

（四）鸡传染性支气管炎的临床症状与剖检变化

本病病型复杂多样，主要有呼吸型和肾型。

1. 呼吸型

雏鸡感染除引起精神沉郁、怕冷、减食外，主要出现呼吸道症状，表现为甩头、咳嗽、打喷嚏、流鼻涕、流泪、气管啰音等。6周龄以上的鸡，症状与雏鸡相同，但其鼻腔症状退居次要地位。产蛋鸡呼吸道症状较温和，其症状主要表现在产蛋性能的变化上，即产蛋量明显下降，并产软壳蛋、畸形蛋或粗壳蛋，蛋的品质变差，如蛋黄与蛋白分离、蛋白稀薄如水。剖检可见鼻腔、喉头和气管黏膜肿胀、充血、发炎，有渗出物；气囊浑浊；有的雏鸡输卵管发育异常；产蛋母鸡卵泡充血、出血、变形，有卵黄性腹膜炎，有时可见输卵管退化。

2. 肾型

该病型主要发生于雏鸡。病雏初期可有短期呼吸道症状，但随即消失；临床症状主要表现为羽毛蓬乱、减食、渴欲增加、拉白色稀粪、严重脱水等。本病发病率高，病死率为10%～45%。剖检主见肾肿大、苍白、肾小管和输尿管尿酸盐沉积，呈“花斑肾”。

（五）鸡传染性支气管炎的诊断

根据流行特点、临床症状与剖检变化可做出初步诊断；确诊需进行实验室检测，常用的方法有血凝抑制试验、ELISA、病毒分离鉴定及RT-PCR技术等。

（六）鸡传染性支气管炎的防治措施

在加强一般性防疫措施的基础上做好疫苗接种工作，才能防止本病的发生与流行。对于呼吸型鸡传支，一般免疫程序为：5～7日龄时用H_{120}进行首次免疫，25～30日龄时用H_{52}进行二次免疫，种鸡在120～140日龄时用油苗进行三次免疫。对于肾型鸡传染性支气管炎，在1日龄和15日龄时各免疫一次。

五、鸭瘟

（一）鸭瘟的概念

鸭瘟，又名鸭病毒性肠炎，是由病毒引起的鸭和鹅等禽类的一种急性败血性传染病。

（二）鸭瘟的病原

鸭瘟的病原为鸭瘟病毒，其基因组核酸类型为DNA，有囊膜，对外界环境的抵抗力较强，对其进行消毒时可选用甲醛、漂白粉和氢氧化钠等。

（三）鸭瘟的流行病学

易感动物主要是鸭，以1月龄以上鸭发病多见。鹅也能感染鸭瘟而出现大量死亡，野鸭、野鹅等野生雁形目鸭科成员则常成为带毒者。传染源主要是病鸭和带毒鸭。本病主要经消化道、呼吸道、生殖器和眼结膜传播，常在春夏之际和秋季严重流行。本病发病急、传播快，发病率和病死率都很高。

（四）鸭瘟的临床症状与剖检变化

1. 鸭瘟的临床症状

鸭瘟的特征性症状为高稽留热，流泪，部分病鸭头颈部肿胀（俗称“大头瘟”），严重灰绿色下痢。病鸭精神萎靡，两腿麻痹，多蹲伏，不愿走动和下水，减食或停食，渴欲增加，流涎，流鼻涕，呼吸困难。严重者出现眼睑水肿甚至外翻，结膜充血或小点出血；泄殖腔黏膜充血、出血、水肿、外翻，有黄绿色假膜。本病病程一般为2～5天。

2. 鸭瘟的剖检变化

剖检变化主要为多种组织脏器出血和消化道黏膜疹性损害。剖检可见喉头、食道和泄殖腔黏膜出血，有灰黄色假膜覆盖或出血斑点，假膜易剥离，剥离后留有溃疡斑痕；肝、脾、心、肺、胰、肾、腺胃与食道膨大部和肌胃的交界处、肠道、法氏囊等出血，尤以肝脏和肠道病变具有诊断意义；肝脏除出血外还有多量大小不一的不规则灰白色或灰黄色坏死点；肠道，以十二指肠和直肠出血最为严重，肠道淋巴集结处肿胀、出血；产蛋母鸭卵巢充血、出血，输卵管黏膜充血和出血。雏鸭发生鸭瘟时，法氏囊病变更明显，表现为严重出血，表面有坏死灶，囊腔充满白色干酪样渗出物。

（五）鸭瘟的诊断

根据流行特点、临床症状与剖检变化可做出初步诊断；确诊需进行实验室检测，常用的方法有琼脂扩散试验、ELISA、PCR技术及病毒分离鉴定等。

（六）鸭瘟的防治措施

疫苗接种是预防本病的有效措施。种鸭和蛋雏鸭在20日龄时进行首次免疫，4～5个月后进行二次免疫；肉鸭免疫一次即可。发生鸭瘟时，要立即采取隔离和消毒措施，对受威胁区鸭群立即接种高免血清或鸭瘟弱毒疫苗，并注意用抗生素控制细菌性继发感染。

六、鸭病毒性肝炎

（一）鸭病毒性肝炎的概念

鸭病毒性肝炎是由病毒引起的雏鸭的一种急性、高度致死性病毒性传染病。

（二）鸭病毒性肝炎的病原

鸭病毒性肝炎的病原为鸭肝炎病毒，其基因组核酸类型为 RNA，无囊膜，对外界环境的抵抗力强，对酒精不敏感，对其进行消毒时宜选用福尔马林、漂白粉等强力消毒剂。

（三）鸭病毒性肝炎的流行病学

本病主要发生于 1 ~ 3 周龄的雏鸭，5 周龄以上的鸭很少发生。传染源主要是发病雏鸭、带毒的成年鸭与野鸭。本病主要经消化道和呼吸道传播。

（四）鸭病毒性肝炎的临床症状与剖检变化

本病的临床症状主要是病雏鸭精神萎靡、缩颈垂翅、蹲伏、厌食，发病半日到 1 日后发生全身性抽搐、身体侧卧、两脚痉挛性踢蹬、头向后仰，有些迅速死亡，有些在几小时后死亡。剖检变化主要是肝脏肿大、表面有出血点和出血斑，胆囊肿胀、胆汁充盈。

（五）鸭病毒性肝炎的诊断

根据流行特点、临床症状与剖检变化可做出初步诊断；确诊需进行实验室检测，常用的方法有 ELISA、琼脂扩散试验、RT-PCR 技术及病毒分离鉴定等。

（六）鸭病毒性肝炎的防治措施

疫苗免疫接种是预防本病的有效措施，免疫程序如下：临产蛋种母鸭皮下注射 2 次，间隔 2 周，其所产雏鸭在 10 ~ 14 日龄时免疫一次；未经免疫的种鸭群，其后代在 1 日龄时免疫一次。发病或受威胁的雏鸭群，可经皮下注射康复鸭血清、高免血清或免疫母鸭蛋黄匀浆进行治疗。

七、鸭坦布苏病毒病

（一）鸭坦布苏病毒病的概念

鸭坦布苏病毒病，又称为黄病毒病、鸭出血性卵巢炎，是由病毒引起的一种以种鸭、蛋鸭产蛋量迅速下降为特征的急性传染病。

（二）鸭坦布苏病毒病的病原

鸭坦布苏病毒病的病原为鸭坦布苏病毒，属黄病毒，其基因组核酸类型为 DNA，有囊膜，常用消毒剂易将其杀灭。

（三）鸭坦布苏病毒病的流行病学

易感动物主要是鸭，包括产蛋鸭与肉鸭。传染源主要是病鸭。本病主要通过蚊虫传播，也可经消化道、呼吸道传播，还可经卵进行垂直传播，主要发生于夏、秋季。

（四）鸭坦布苏病毒病的临床症状与剖检变化

1. 鸭坦布苏病毒病的临床症状

病鸭采食量下降或食欲废绝，拉灰白色或草绿色稀粪。蛋鸭产蛋量急剧下降，1周内可减至10%以内，甚至停产，并出现沙壳蛋、畸形蛋、软皮蛋等。病鸭发病10天后采食与产蛋开始缓慢恢复，2～3周后采食恢复正常，但产蛋高峰难以恢复。少数病鸭后期出现神经症状，表现头颈抽搐，共济失调。

2. 鸭坦布苏病毒病的剖检变化

剖检变化主要在卵巢，表现为卵巢发育不良，卵泡膜充血、出血，卵泡变性，有的卵泡破裂后形成卵黄性腹膜炎；输卵管浆膜严重充血，黏膜充血、出血，可见血凝块和凝固蛋白；有的脾脏肿大，胰腺出血坏死，肝脏肿大、有白色坏死点。

（五）鸭坦布苏病毒病的诊断

根据流行病学、临床症状和剖检变化可做出初步诊断；确诊需进行实验室诊断，常用的方法有ELISA、RT-PCR技术及病毒分离鉴定等。

（六）鸭坦布苏病毒病的防控措施

接种疫苗是控制本病最有效的方法。有本病流行的水禽群，尤其是种禽和产蛋群，在流行季节前15天左右（5月）可注射灭活油乳苗或基因工程苗；也可以对雏禽先免疫一次，到夏初再进行第二次免疫。经有效疫苗免疫的禽群，整个夏秋产蛋期都能获得较好的保护效果。

八、小鹅瘟

（一）小鹅瘟的概念

小鹅瘟是由小鹅瘟病毒引起的雏鹅的一种急性或亚急性败血性传染病。

（二）小鹅瘟的病原

小鹅瘟的病原为小鹅瘟病毒，属细小病毒，其基因组核酸类型为DNA，无囊膜，对环境的抵抗力强，对酒精不敏感，消毒时需使用强力消毒剂。

（三）小鹅瘟的流行病学

易感动物是鹅和番鸭的幼雏，易感性随年龄增长而减弱，1周龄以内的雏鹅死亡率可达100%。传染源主要是发病雏鹅、康复带毒雏鹅以及隐性感染的成年鹅。本病主要通过消化道传播。本病的发生有一定的季节性，我国南方多在春、夏季，北方多在夏、秋季。

（四）小鹅瘟的临床症状与剖检变化

1. 小鹅瘟的临床症状

最急性型见于1周龄以内的雏鹅或雏番鸭。病禽发病突然，死亡迅速，出现精神沉郁后数小时内即表现衰弱、倒地、两腿滑动并迅速死亡，或在昏睡中衰竭死亡。死亡雏鹅喙端、爪尖发绀。急性型多见于1～2周龄的雏鹅。病禽排灰白色或青绿色稀粪，粪中带有纤维碎片和未消化的饲料等；临死前头多触地、两腿麻痹或抽搐。亚急性型多见于2周龄以上的雏鹅。病禽主要表现为精神沉郁、腹泻和消瘦。

2. 小鹅瘟的剖检变化

剖检变化集中于肠道，主要是空肠和回肠的急性卡他性纤维素性坏死性肠炎，整片肠黏膜坏死脱落，与凝固的纤维素性渗出物形成栓子或包裹在肠内容物表面的假膜，堵塞肠腔，造成肠道膨大增粗。

（五）小鹅瘟的诊断

根据流行病学、临床症状和剖检变化可做出初步诊断；确诊需进行实验室诊断，常用的方法有ELISA、琼脂扩散试验、PCR技术及病毒分离鉴定等。

（六）小鹅瘟的防治措施

疫苗免疫接种是控制本病的有效方法。对未免疫种鹅所产蛋孵出的雏鹅于出壳后1日龄时注射小鹅瘟弱毒疫苗，且隔离饲养到7日龄；而对免疫种鹅所产蛋孵出的雏鹅一般于7～10日龄时注射小鹅瘟高免血清或高免蛋黄，每只皮下或肌内注射0.5～1.0 mL。除此之外，还应对孵坊中的一切用具和种蛋进行彻底消毒。刚出壳的雏鹅不要与新进的种蛋和成年鹅接触，以免感染。一旦发病，要进行隔离饲养，并尽早注射小鹅瘟高免血清或高免蛋黄1～2次进行治疗，治愈率可达50%以上。

第六节　牛、羊、马的传染病

一、牛流行热

（一）牛流行热的概念

牛流行热，又名“三日热”或“暂时热”，是由牛流行热病毒引起的牛的一种急性热性传染病。

（二）牛流行热的病原

牛流行热的病原为牛流行热病毒，其基因组核酸类型为RNA，有囊膜，对酒精敏感，对外界环境的抵抗力不强，常用消毒剂均可将其灭活。

（三）牛流行热的流行病学

本病易感动物主要是奶牛和黄牛，青壮年牛多发，怀孕母牛的发病率高于公牛。传染源主要是病牛。本病主要通过吸血昆虫（蚊、蝇、蠓）叮咬传播。本病的发病率高、但病死率低，且具有明显的季节性（蚊、蝇多的季节）和周期性，约3～5年流行一次。

（四）牛流行热的临床症状与剖检变化

1. 牛流行热的临床症状

病牛表现为突然高热（40 ℃以上），持续2～3天后降至正常。病牛精神委顿，厌食或绝食，呼吸急促，反刍停止；眼结膜发炎、流泪、畏光，流鼻涕，流涎，便秘或腹泻。有的病牛四肢关节浮肿、疼痛、呆立、跛行。泌乳牛表现为产乳量急剧下降或停乳。妊娠母牛可发生流产、死胎。多数病牛取良性经过，病死率一般在1%以下，但部分病例常因长期瘫痪而被淘汰。

2. 牛流行热的剖检变化

剖检变化主见于呼吸道。剖检可见气管和支气管内充满泡沫状液体，呼吸道黏膜肿胀、充血、出血；肺间质性气肿、高度膨隆、间质增宽、内有气泡，压之呈捻发音；有些病例胸腔内积有多量暗红色液体，肺充血或水肿、内有胶冻样浸润、切面流出暗红色液体；淋巴结肿大、充血、出血；心内膜与心肌出血；真胃、小肠、盲肠呈卡他性炎症、充血、出血；肩、肘、跗关节肿大，关节液增多。

（五）牛流行热的诊断

根据流行特点、临床症状及剖检变化可做出初步诊断；确诊需要进行实验室检测，常用的方法有琼脂扩散试验、ELISA、中和试验等血清学方法和RT-PCR技术、病毒分离鉴定等。

（六）牛流行热的防治措施

加强饲养管理，消灭蚊蝇，在流行季节到来之前及时用疫苗进行免疫接种，可有效预防本病。发病时在初期可根据情况酌用退热药及强心药，停食时间长的病牛可适当补充生理盐水和葡萄糖溶液，并使用抗生素或磺胺类药物来防止继发感染。

二、牛传染性鼻气管炎

（一）牛传染性鼻气管炎的概念

牛传染性鼻气管炎，又称为“坏死性鼻炎”“红鼻病”，是由牛传染性鼻气管炎病毒引起的牛的一种接触性传染病，临床上以呼吸道黏膜炎症、流鼻液、呼吸困难为特征，还可引起结膜炎、脑膜脑炎、生殖道感染、乳房炎等多种病型。

（二）牛传染性鼻气管炎的病原

牛传染性鼻气管炎的病原为牛传染性鼻气管炎病毒，其基因组核酸类型为DNA，有囊膜，对酒精敏感，对外界环境的抵抗力较强，但常用消毒剂均可将其灭活。

（三）牛传染性鼻气管炎的流行病学

本病主要感染牛，以肉用牛多见，特别是20～60天的犊牛最易感，其次是奶牛。传染源主要是病牛和带毒牛。传播途径主要有呼吸道、交配、胎盘等。

（四）牛传染性鼻气管炎的临床症状与剖检变化

本病临床上有呼吸道型、生殖道型、结膜炎型、脑膜脑炎型和流产型等。

1. 呼吸道型

病牛病初发热达39.5 ℃～42 ℃，表现为精神委顿，厌食，流涎，鼻漏，鼻黏膜充血、有浅溃疡，鼻镜充血、潮红（因而被称为“红鼻病”）。病牛出现咳嗽，呼吸急促甚至困难的症状，有时出现结膜炎、流泪。产奶牛发病后泌乳量减少。本病病程在10天以上，病死率在10%以下。剖检主见片状化脓性肺炎。

2. 生殖道型

病初病牛发热，沉郁，无食欲，尿频，有痛感。母牛阴道发炎充血，有黏液性分泌物，黏膜出现白色病灶、脓疱或灰色坏死膜。公牛包皮肿胀及水肿，阴茎上发生脓疱。本病病程为10～14天。剖检可见局部黏膜形成小的脓疱。

3. 脑膜脑炎型

本病主要发生于犊牛。病牛体温在40 ℃以上，表现为共济失调，沉郁，随后兴奋、惊厥，口吐白沫，角弓反张，磨牙，四肢划动，病程短促，多归于死亡。

4. 结膜炎型

病牛主要发生结膜角膜炎，结膜充血、水肿或坏死；角膜轻度浑浊，眼、鼻流浆液脓性分泌物，很少引起死亡。

5. 流产型

胎儿感染本病后7～10天死亡，再经一至数天排出母牛体外。流产胎儿的肝、脾有局部坏死，有时皮肤有水肿。

（五）牛传染性鼻气管炎的诊断

根据流行特点、临床症状及剖检变化可做出初步诊断；确诊需要进行实验室诊断，常用的方法有间接血凝试验、ELISA和RT-PCR技术、病毒分离鉴定等。

（六）牛传染性鼻气管炎的防治措施

加强饲养管理和检疫，在疫区和受威胁区可使用疫苗接种来预防本病。发病时应立即隔离病牛，然后用抗生素防止细菌继发感染，并配合对症治疗来减少死亡。

三、绵羊痘和山羊痘

（一）绵羊痘和山羊痘的概念

绵羊痘和山羊痘是由痘病毒引起的一种急性热性接触性传染病。

（二）绵羊痘和山羊痘的病原

本病的病原为绵羊痘病毒和山羊痘病毒，其基因组核酸类型为DNA，具有囊膜，对酒精敏感。痘病毒耐干燥、对热的抵抗力较低，常用消毒剂都易将其灭活。

（三）绵羊痘和山羊痘的流行病学

在自然条件下，绵羊痘主要感染绵羊，山羊痘则可感染山羊和绵羊，以细毛羊、羔羊最易感，病死率也高。传染源主要是病羊和带毒羊，传播途径主要是呼吸道以及损伤的皮肤或黏膜。

（四）绵羊痘和山羊痘的临床症状与剖检变化

典型病例表现为体温升高达41 ℃ ~ 42 ℃，结膜潮红，流鼻涕。病羊经1 ~ 4天后出现特征性症状和病变：在无毛部或被毛稀少部位形成痘疹；先出现红斑，1 ~ 2天后形成丘疹，随后扩大变成淡红色或灰白色的隆起结节；结节在数天之内变成水疱，之后变为脓疱；如无其他病菌继发感染，脓疱破溃后逐渐干燥进入结痂期，痂皮脱落后痊愈。剖检变化主要是在咽喉、气管、肺、前胃或皱胃黏膜上出现痘疹，有些表面破溃形成糜烂和溃疡。

（五）绵羊痘和山羊痘的诊断

根据典型临床症状和剖检变化可做出初步诊断；确诊需进一步做实验室诊断，常用的方法有琼脂扩散试验、ELISA 和 PCR 技术、病毒分离鉴定等。

（六）绵羊痘和山羊痘的防控措施

疫区内的羊群每年需要定期进行疫苗预防接种。一旦出现发病羊群，需要进行封锁，对病羊及其同群羊进行扑杀、销毁，对污染场所进行严格消毒，对粪便与污染物等进行无害化处理，对周围未发病的或受威胁的羊群实施疫苗紧急接种。

四、马传染性贫血

（一）马传染性贫血的概念

马传染性贫血（简称马传贫），是由病毒引起的马、骡、驴的一种慢性传染病。

（二）马传染性贫血的病原

马传染性贫血的病原为马传染性贫血病毒，其基因组核酸类型为 RNA，有囊膜。该病毒对外界环境的抵抗力较强，但常用消毒药物均可将其灭活。

（三）马传染性贫血的流行病学

马最易感染本病，骡、驴次之。本病的主要传染源是病马和带毒马，主要通过吸血昆虫的叮咬进行传播，也可经消化道或配种传播。本病有明显的季节性，夏秋季节多发。

（四）马传染性贫血的临床症状与剖检变化

本病在临床上分为急性型、亚急性型、慢性型和隐性型 4 种病型。

1. 马传染性贫血的临床症状

各型的共同症状有病马体温升高，呈稽留热或间歇热，有时出现温差倒转现象；发热初期可视黏膜潮红、充血、轻度黄染，随后贫血与黄疸加重，可视黏膜出血；心脏搏动亢进，心机能紊乱；胸前、腹下、四肢下部、包皮等处常发生浮肿；精神沉郁，食欲减少，逐渐消瘦，容易疲劳和出汗；红细胞减少（常在每毫升 500 万以下），血液稀薄，血红蛋白量降低（常在 58 g/L 以下），血沉加快，白细胞数量在发热中后期减少。急性型多见于新疫区流行初期或老疫区内突然暴发的病马，表现为高稽留热，病程短。亚急性型常见于发病中期，病马主要呈反复发作的间歇热，温差倒转现象较多。慢性型与亚急性型相似，但病马发热程度不高，发热时间短，无热期长。

2. 马传染性贫血的剖检变化

急性型以败血症变化为主；亚急性型和慢性型，败血症变化较轻，主要呈现贫血和吞噬细胞增生性炎症变化。

（五）马传染性贫血的诊断

根据流行特点、临床症状和剖检变化可做出初步诊断；必要时需进行实验室诊断，主要方法有琼脂扩散试验与补体结合试验等血清学检测方法和 RT-PCR 技术。

（六）马传染性贫血的防控措施

为了预防和扑灭本病，须贯彻执行《马传染性贫血防治试行规定》，切实做好“养、防、检、隔、封、消、处”等综合性防治措施。在疫区或受威胁区每年可用马传染性贫血驴白细胞活疫苗实行免疫接种，免疫后 3 个月获得保护，可持续 1 年。对检出的病马应予以扑杀处理。

思考题

1. 如何预防人类狂犬病的发生？
2. 高致病性禽流感的临床诊断要点有哪些?
3. 高致病性禽流感的防控措施有哪些？
4. 猪大肠杆菌病的临床诊断要点有哪些?
5. 鸡沙门菌病的防控措施有哪些?
6. 如何做好牛羊布鲁菌病的防控工作?
7. 典型猪瘟的临床诊断要点有哪些?
8. 猪繁殖与呼吸综合征的临床诊断要点有哪些?
9. 如何做好猪伪狂犬病的防控工作?
10. 如何预防非洲猪瘟的发生?
11. 典型鸡新城疫的临床诊断要点有哪些?

第五章

家畜常见寄生虫病

学习要求

掌握：本章中所有寄生虫成虫及其幼虫的学名、俗称、主要的形态特征，寄生的主要动物种类及其在动物体内寄生的特定部位，生活史，流行的基本环节和防治原则。

熟悉：寄生虫学的基础知识和书中提及的所有寄生虫病。

了解：书中未提及但列入执业兽医师资格考试大纲中的其他寄生虫病。

第一节 概论

一、寄生虫学基础知识

（一）寄生虫与宿主的类型

1. 寄生虫的类型

为研究和应用方便，可采用不同标准划分寄生虫的类型。

（1）根据寄生部位，寄生虫可分为内寄生虫和外寄生虫。

①内寄生虫：寄生在宿主体内的寄生虫，如线虫、绦虫和吸虫。

②外寄生虫：寄生在宿主体表的寄生虫，多指昆虫和蜱、螨类。

（2）根据寄生时间长短，寄生虫可分为暂时性寄生虫、永久性寄生虫和定期寄生虫。

①暂时性寄生虫：只有在采食时才与宿主接触的寄生虫，如蚊子。

②永久性寄生虫：在宿主体内或体表度过一生的寄生虫，即终身不离开宿主的寄生虫，如旋毛虫。

③定期寄生虫：在生活史中的一定发育阶段营寄生生活的寄生虫，如牛皮蝇，其幼虫阶段寄生在宿主体内，蛹和成虫在宿主体外。实际上绝大多数寄生虫都属于定期寄生虫，因为至少它们的卵和到达感染期之前的幼虫阶段都是在宿主体外生活的。

（3）根据对寄生生活的依赖程度，寄生虫可分为固需寄生虫和兼性寄生虫。

①固需寄生虫（专性寄生虫）：完全依赖于寄生生活而不能脱离其宿主的寄生虫，如吸虫、绦虫和大多数寄生线虫。

②兼性寄生虫：在正常情况下可以自由生活，进入动物体内也能营寄生生活的寄生虫，如类圆线虫第 1 期杆虫型幼虫在外界环境条件适宜、食物丰富时可发育为自由生活的具杆虫型食道的雌虫和雄虫，而当外界条件（温度 <25 ℃）和营养环境不适宜时，第 1 期杆虫型幼虫则发育为具有感染性的第 3 期幼虫，行孤雌寄生。

（4）根据生活史中有无中间宿主，寄生虫可分为土源性寄生虫和生物源性寄生虫。

①土源性寄生虫（单宿主寄生虫）：生活史中不需要中间宿主的寄生虫，如鸡蛔虫。

②生物源性寄生虫（异宿主寄生虫）：生活史中必须有中间宿主的寄生虫，如肝片吸虫。

（5）根据宿主种类的多寡，寄生虫可分为专一宿主寄生虫和多宿主寄生虫。

①专一宿主寄生虫：只严格寄生在一种特定宿主上的寄生虫，如鸡球虫仅感染鸡，我们称这种现象为宿主特异性。

②多宿主寄生虫：可以寄生于多种宿主的寄生虫，如弓形虫可以寄生于200多种哺乳动物和鸟类。

2. 宿主的类型

根据寄生虫在宿主体内的发育阶段和适应程度，以及在流行病学方面的作用，宿主可分为终末宿主、中间宿主、贮藏宿主和保虫宿主4种类型。

①终末宿主：成虫或有性生殖阶段的寄生虫寄生的宿主，如人是猪带绦虫的终末宿主。

②中间宿主：幼虫或无性生殖阶段的寄生虫寄生的宿主，如猪是猪带绦虫的中间宿主。

③贮藏宿主：感染性虫卵或幼虫偶然进入某些动物体内，没有任何发育过程，但是保持对终末宿主的感染力，这样的动物叫作贮藏宿主，又称为转运宿主或携带宿主。例如，蚯蚓是鸡异刺线虫的贮藏宿主。贮藏宿主从寄生生活的本质上来说并不是“宿主”，只是寄生虫感染性阶段的贮藏之地或携带者，它从生态上填补了中间宿主和终末宿主之间的缺口，在流行病学上具有重要意义。

④保虫宿主：多宿主寄生虫不习惯、不经常寄生的宿主，如肝片吸虫惯常寄生的宿主是牛、羊等，但是也可以感染猪、马和某些野生动物（如松鼠、水獭等），只是不经常、不习惯而已，那么猪、马、松鼠和水獭就是肝片吸虫的保虫宿主。

3. 媒介

媒介指的是在脊椎动物之间传播寄生虫病的低等动物，主要是指传播血液原虫的吸血节肢动物，如蜱是在牛与牛之间传播双芽巴贝西虫的媒介。媒介又有两种类型。一类只是在动物之间机械地传播寄生虫，寄生虫在媒介体内没有任何生长、发育或繁殖的过程。例如，虻在马、牛等动物之间传播伊氏锥虫就属于机械性传播，虻不是伊氏锥虫的中间宿主。另一类，寄生虫在其体内具有生长、发育或繁殖的过程，媒介本身就是宿主之一。例如，蜱是双芽巴贝西虫的终末宿主，因为其有性阶段是在蜱体内进行的，这种传播方式又称为生物性传播。

4. 带虫现象和带虫者

一种寄生虫病在自行康复或治愈之后，或处于隐性感染之时，宿主对寄生虫保持着一定的免疫力，临床上没有症状，但也保留着一定量的虫体感染，这种现象称为带虫现象，这种宿主称为带虫者。带虫现象普遍存在。带虫者表面上没有什么症状，却可能到处散播病原，是寄生虫病综合防治的重要防控对象。

（二）寄生虫病的流行病学与危害性

某种寄生虫病在某一地区流行必须具备3个基本环节：传染源、传播途径和适宜的外界环境、易感动物和感染途径。传染源主要包括患病者、带虫者、保虫宿主和贮藏宿主等。有些寄生虫需要在外界适宜的环境中发育至感染性阶段才能继续传播。寄生虫只有感染属于其宿主范围内的动物才有可能引起疾病，并且在易感动物中，动物的品种、年龄、性别、饲养方式、营养状况等对其是否发病均会产生影响。感染途径是指寄生虫通过什么方式或门户感染宿主，包括经口、皮肤、胎盘或直接、间接接触等方式感染宿主。有了易感动物但不具备恰当的感染途径也不可能完成寄生虫病的流行。

寄生虫病的危害主要表现在经济和公共卫生上。很多寄生虫病，尤其是蠕虫病具有慢性消耗性特点，且很多寄生虫病主要侵害幼年动物，使动物的抵抗力下降，容易造成其他病原微生物的感染，严重者引起死亡。但大部分寄生虫病的临床症状并不明显，主要是引起宿主增重、产蛋、产奶量下降和皮肤受损等。另外，很多寄生虫病，如弓形虫病、猪囊虫病、棘球蚴病和血吸虫病等属于人畜共患病，同时危害人类的健康，因此在公共卫生上的影响较大，需要重视。

（三）寄生虫的免疫

宿主受到寄生虫攻击后，都会以一种回答性反应（免疫应答）影响寄生虫。寄生虫的免疫主要有以下特点。

1. 寄生虫的抗原复杂

寄生虫抗原的复杂性主要由寄生虫的身体结构和生活史的复杂性决定。即使是单细胞的原虫，也是一个完整的生命体，有着不同的发育阶段，甚至可更换宿主。不同阶段的虫体大小、形态各异。蠕虫、昆虫，更是不仅个体大，而且结构复杂，甚至具有完整的系统化分，取其中哪一部分做抗原都不足以引起宿主的完全保护性反应。除了结构复杂外，寄生虫的生活史常分为不同的发育阶段，不同阶段虫体的形状、结构又存在差异，且有的还需经过多个中间宿主，这些发育阶段在生理和生化方面都有各自的特点。因此寄生虫的抗原复杂，它们的不同发育阶段既可有共同抗原，也可有表现某一发育阶段的特异性抗原。通常把防御再感染的免疫力称为保护性免疫，而引起这种免疫的抗原称为功能性抗原。功能性抗原来自生活的虫体，如蠕虫幼虫在发育过程中孵化、蜕皮以及结囊时释放出来的物质；或者侵入时幼虫分泌的物质；以及成虫的腺体分泌物等，都可能是有效的功能性抗原。

2. 多表现为不完全免疫

所谓不完全免疫就是宿主虽然能够识别虫体并产生免疫反应，但是不能将它们完全杀灭或排除，从而使之在宿主体内仍具有世代延续和生存的能力。其主要原因是在寄生虫与宿主的长期适应过程中，有些寄生虫能够逃避宿主的免疫效应，这种现象叫作免疫逃避。免疫逃避主要包括以下几种方式：

①抗原变异或抗原伪装。例如，伊氏锥虫体表抗原主动变异、幼虫蜕皮、分体吸虫与宿主物质主动结合等。

②形成组织学隔离。寄生虫寄生于宿主的消化道、免疫局限位点（脑、眼、胎儿、胸腺、睾丸等）或细胞内，形成组织学隔离，如眼中的丝虫、胎儿体内的弓形虫；宿主细胞内寄生的梨形虫；被宿主细胞包裹，形成原虫包囊、猪囊虫、旋毛虫包囊。大多数吸虫、绦虫、线虫寄生于消化道，不接触血清，直接避开了宿主的抗体和致敏淋巴细胞的杀伤作用。

③抑制宿主的免疫应答。例如，抑制 T 细胞激活，封闭抗体产生，导致特异性 B 细胞克隆衰竭等。

④可溶性抗原的产生。例如，锥虫病、犬心丝病、血吸虫病患者的血清中有寄生虫的可溶性抗原，这类抗原能阻断由特异性抗体所介导的、作用于虫体的免疫效应，或与抗体形成抗原—抗体复合物，从而抑制免疫反应。可溶性抗原的存在，有利于寄生虫的繁殖。

⑤代谢抑制。代谢抑制是寄生虫生活史中的一个阶段，此期中虫体保持静息状态，代谢降低，对宿主的刺激减少，导致宿主的免疫系统不起作用。例如，羊狂蝇蛆的滞育期，此期虫体处于休眠状态，不刺激宿主免疫反应。

不完全免疫的表现形式有带虫免疫和伴随免疫。带虫免疫是指宿主和寄生虫之间处于某种平衡状态，寄生虫在宿主体内保持一定数量，宿主没有明显的临床症状，并对相应虫体的再感染有一定的免疫力。但是，虫体一旦消失，免疫力也就逐渐消失，如球虫。带虫并不表示患有寄生虫病。伴随免疫是指宿主体内的成虫不受免疫的影响，但是宿主对再感染的幼虫具有抵抗力，如肝片吸虫等蠕虫。

3. 有“自愈现象”

自愈现象是蠕虫所特有的，是动物受到寄生虫感染后，再次受到同种寄生虫感染时，会出现原有寄生虫和新感染的寄生虫全部被排出的现象。自愈现象实际上是一种过敏反应。过敏反应会形成不利于寄生虫生活的环境。

二、寄生虫病的诊断与防治

（一）寄生虫病的诊断

寄生虫病的诊断应在遵循流行病学调查和临床诊断的基础上，结合实验室方法检出病原体进行确诊。许多寄生虫病没有“示病”症状，因此寄生虫病的诊断应着重于流行病学的调查和通过实验室检查病原体等建立生前诊断。必要时辅以尸体剖检。其中病原体检查是寄生虫病最可靠的诊断方法，无论是粪便中的虫卵、幼虫还是组织内的不同阶段的虫体，只要能够发现其一，便可确诊。也应注意在有些情况下动物体内虽然有寄生虫，但并不一定就会引起寄生虫病。例如，少量感染鸡球虫并不引起明显的临床症状，相反还会产生一定的免疫力。因此在判断某种疾病是否由寄生虫感染所引起时，除检查病原体外，还须结合虫卵计数、流行病学资料、临床症状和病理剖检变化等综合考虑。

（二）寄生虫病的防治

寄生虫病的防治必须贯彻“预防为主”“防重于治”的方针，进行综合防治。综合防治是根据掌握的寄生虫生活史、生态学和流行病学资料，采取各种防治方法，达到控制寄生虫病发生和流行的总体措施。制订措施时，要紧紧抓住造成寄生虫病流行的3个基本环节。

1. 控制和消灭传染源

及时治疗病畜和进行预防性驱虫，既可以使动物康复，也可以减少病原扩散。通常可采取“计划性驱虫”的方式进行防治，驱虫时机在虫体成熟排卵之前，叫作“成熟前驱虫”。另外，搞好环境卫生，以减少卵、幼虫或包囊污染饲料和饮水的机会；同时采取措施消灭环境中的病原体，特别是驱虫后排出的粪便应严格进行处理。驱虫应尽可能做到以下几点：驱虫应在专门（隔离条件）的场所进行；动物驱虫后应有一定的隔离时间，直至被驱出的病原物质排完为止；驱虫后排出的粪便和一切病原物质均应集中处理，使之“无害化”。粪便一般是用发酵（即生物热）的方法进行消毒。

2. 阻断传播途径

阻断传播途径是指避开寄生虫的感染。可利用寄生虫的某些生物学特性设计方案，如根据马不感染绵羊线虫可采取轮牧措施，根据成蜱于每年5月传播环形泰勒虫，则可于传播期间避蜱放牧等。可利用生物、化学方法创造不利于中间宿主、媒介隐匿滋生的条件，或避开中间宿主、媒介活动高峰放牧以及改良牧地、保护水源等方法阻断传播途径。

3. 保护易感动物

对于易感动物，要加强营养，改善管理，提高其抵抗力。另外，还可采取药物预防和免疫预防等措施。

第二节 人畜共患寄生虫病

一、弓形虫病

弓形虫病是一种世界性分布的人畜共患寄生虫病。被列为二类传染病。人和200多种动物都可感染此病，各种家畜中以猪的感染率较高。因此，本病对人畜健康和畜牧业的危害较大。

（一）弓形虫病的病原及其生活史

弓形虫病的病原为刚地弓形虫。刚地弓形虫在发育的不同阶段，形态各异。其在中间宿主——人和各种动物（包括猫）的组织细胞中有速殖子和包囊（组织囊）两种形态，包囊中含慢殖子；在终末宿主——猫的肠上皮细胞内有裂殖体、配子体和卵囊3种形态。

猫为刚地弓形虫的唯一终末宿主。猫可以通过食入孢子化卵囊或存在于中间宿主中的速殖子和包囊而感染，子孢子、速殖子或慢殖子在猫的肠上皮细胞内经裂殖生殖、配子生殖阶段，最终形成卵囊。中间宿主（包括猫）可通过食入感染性卵囊或其他包囊和速殖子而感染。包囊可存活数月、数年甚至终生。动物之间互相捕食或人食入未煮熟的含包囊的肉类即可造成本病的感染与流行。

（二）弓形虫病的流行、诊断与防治

刚地弓形虫广泛分布于世界各地，人、畜感染刚地弓形虫的现象非常普遍，但多数为隐性感染。猫是本病的主要传染源。其中间宿主范围广泛，人、畜、禽以及许多野生动物都易感，实验动物中以小白鼠、地鼠最敏感。感染途径以经口感染为主，还可经皮肤、黏膜感染和经胎盘感染胎儿，引起流产或胎儿畸形。

由于弓形虫感染后，动物往往不表现出明显症状，因此该病的诊断可以通过分子生物学方法检测弓形虫DNA，或通过免疫组化方法检测病原和利用ELISA检测动物体内弓形虫的特异性抗体。

本病的治疗可使用磺胺类药物。如果用药时间较晚，虽然可使临床症状消失，但不能抑制虫体进入组织内形成包囊，结果会使病畜成为带虫者。本病的预防措施包括保持圈舍清洁，定期消毒，杀灭土壤和各种物体上的卵囊；防止猫及其排泄物污染畜舍、饲料和饮水等；控制和消灭老鼠；屠宰后的废弃物不可直接用来喂猪，需煮熟后利用；饲养员也要避免与猫接触；家畜流产的胎儿及其一切排泄物，包括流产现场均需进行严格处置；对可疑病尸亦应严格处理，防止污染环境；肉食品要充分煮熟；儿童和孕妇不宜与猫接触；必须加强猫的饲养管理，不喂生肉，其粪便做无害化处理。

二、日本血吸虫病

日本血吸虫病又称日本分体（裂体）吸虫病，是由日本血吸虫寄生于人和牛、羊、猪、犬、啮齿类及一些野生哺乳动物的门静脉系统的小血管内所引起的一种危害严重的人畜共患寄生虫病。本病广泛分布于我国长江流域，严重影响人的健康和畜牧业生产，属于国家重点防治二类传染病。

（一）日本血吸虫病的病原及其生活史

日本血吸虫雌雄异体，虫体呈线虫样。雄虫短粗，呈乳白色，大小为（10～20）mm×0.5 mm。雌虫细长，呈暗褐色，大小为（15～26）mm×0.3 mm。雌虫常居于雄虫的抱

雌沟内，呈合抱状态。虫卵呈椭圆形，淡黄色，大小为（70～100）μm×（50～65）μm，卵壳较薄，无盖，在其侧方有一小刺，卵内含毛蚴。

成虫寄生在终末宿主的门静脉和肠系膜静脉内，一般雌雄合抱。雌虫产出的虫卵一部分顺血流到达肝脏，一部分逆血流沉积在肠壁微血管中形成结节。由于卵内毛蚴分泌溶细胞物质，能透过卵壳破坏血管壁，并能使肠黏膜组织发炎和坏死，加之肠壁肌肉的收缩作用，使结节及坏死组织向肠腔破溃，虫卵即进入肠腔，随宿主粪便排出体外。虫卵在水中适宜的条件下会孵出毛蚴，游于水中，遇中间宿主——钉螺即可钻入其体内继续发育。之后经母胞蚴、子胞蚴阶段到成熟尾蚴阶段。尾蚴逸出螺体，经皮肤感染人或家畜及其他动物，也可经口或经胎盘感染。尾蚴侵入宿主变为童虫，经小血管或淋巴管随血流到达门静脉和肠系膜静脉内寄生，发育为成虫。其在宿主体内的寿命一般为3～5年或更长。

（二）日本血吸虫病的流行病学

日本血吸虫在我国广泛分布于长江流域和江南的多个省、直辖市或自治区（贵州省除外），其主要危害人和牛、羊等家畜。我国现已查明，除人外，有40余种哺乳动物包括啮齿类和各种家畜为本病的易感动物。其中，家畜中以耕牛、野生动物中以沟鼠的感染率最高。人和动物是因接触含有尾蚴的疫水而感染。感染途径主要是经皮肤或经口感染，也可经胎盘感染。

日本血吸虫的发育必须有中间宿主——钉螺的参与，否则不能发育、传播。钉螺能适应水、陆两种环境的生活，多见于气候温和、土壤肥沃、阴暗潮湿、杂草丛生的河、沟、渠和湖等水边。其寿命一般不超过两年。

（三）日本血吸虫病的诊断与防治

在流行区，根据临床表现和流行病学资料分析可做出初步诊断，但确诊要靠病原学检查和免疫学诊断，如环卵沉淀试验、间接血凝试验和ELISA等。病原学检查最常用的方法是虫卵毛蚴孵化法和尼龙绢袋集卵法。剖检可见肝表面和切面有粟粒大至高粱粒大、灰白或灰黄色结节（虫卵结节），结节还可见于肠壁、肠系膜、心、肾、脾等器官，大肠尤其是直肠有小坏死灶和小溃疡瘢，在肠系膜血管及门静脉中可见虫体。

本病的治疗药物有硝硫氰胺、吡喹酮、六氯对二甲苯（血防846）等。本病的预防措施包括：流行区普查，对病畜、病人以及带虫者及时进行治疗；对粪便进行无害化处理，以杀死虫卵；防止人和家畜感染，注意饮水卫生，避免接触疫水，建立安全放牧区；管好水源，严防人畜粪便污染；对有钉螺的地带可结合农田水利基本建设，采用土埋、水淹和水改旱、饲养水禽等办法灭螺。

三、猪囊虫病

猪囊虫病（猪囊尾蚴病）是由寄生在人肠道内的猪带绦虫（有钩绦虫）的幼虫——猪囊尾蚴寄生于猪的全身肌肉内而引起的一种疾病。人、犬、猫和骆驼也能作为中间宿主，但人是唯一的终末宿主。本病属于人畜共患病，农业农村部将其列入二类传染病之列，其也是重要的卫检项目之一。

（一）猪囊虫病的病原

成虫为猪带绦虫，呈乳白色，体长 3 ~ 5 m，偶有达 8 m 者。整个虫体由 700 ~ 1 000 个节片组成。成虫寄生于人的小肠内。卵为圆形或近圆形，直径为 31 ~ 43 μm，内含六钩蚴。排出的虫卵卵壳已脱掉，外层实际为厚厚的胚膜，上有放射状条纹。幼虫为猪囊尾蚴，俗称猪囊虫，大小为（8 ~ 10）mm × 5 mm，为乳白色半透明的包囊，内含囊液，囊内有一个白色小米粒大小的头节，整个虫体颇似煮熟的大米粥的米粒。

（二）猪囊虫病病原的生活史

猪通过食入含六钩蚴的虫卵而感染，六钩蚴穿过肠壁，随血流到达全身肌肉，2 个月后发育为有头节、有感染力的猪囊尾蚴。当人吃了未煮熟的含有猪囊尾蚴的猪肉后，猪囊尾蚴会在其小肠内经 2 ~ 3 个月发育为成虫，可寄生 25 年之久。人一般常寄生 1 条虫体，有的多达 2 ~ 4 条。成虫孕节成熟后会自动脱落，随粪便一起排出体外。排出的孕节（含虫卵）又重新被猪食入而发生猪囊虫病。猪囊尾蚴不仅可寄生于全身肌肉内，也可寄生于大脑或眼部，引起神经症状和失明。猪囊尾蚴在猪体内可生存数年，年久后钙化而死亡。值得注意的是，人不仅是其唯一的终末宿主，还可以成为中间宿主。本病的感染途径是：误食绦虫虫卵污染的食物；自体感染，本身小肠内寄生成虫，当肠逆蠕动时，孕节返到胃，虫卵被消化后释放出六钩蚴而侵入小肠引起疾病。人常见寄生在脑、眼和皮下组织。

（三）猪囊虫病的流行病学

本病的流行主要与当地的经济状况、生活卫生条件、饮食习惯以及猪的饲养管理方式密切相关，另外市场、肉联厂的卫生检验严格与否对限制本病的流行也起重要作用。本病主要在某些养猪无圈、放跑猪和连茅圈地区流行。

（四）猪囊虫病的诊断与防治

猪囊虫病的生前诊断比较困难，只有在严重感染的情况下，患病者舌肌、眼部可能检查到凸起的猪囊尾蚴。免疫学诊断，可采用皮内变态反应或间接血凝试验和 ELISA。人感染猪囊虫病时症状较猪严重，病原寄生在脑部可引起癫痫甚至死亡。

对流行区进行普查，对患病者进行驱虫以控制传染源，可用灭绦灵（氯硝柳胺）、吡喹酮和丙硫咪唑进行治疗，人还可以选择南瓜籽槟榔合剂、仙鹤草（狼牙草、龙牙草）驱虫。严把检疫关，杜绝病猪肉上市。肉联厂的肉品检验，应严格按照卫检规定进行。加强管理，严格做到人有厕，猪有圈，人厕与猪圈分开。粪便无害化处理后用作田间肥料，防止污染水源、草地和食物等。保护人和动物，宣传本病的危害和流行规律，使人们自觉改变饮食习惯、卫生条件和猪的饲养方式。

四、棘球蚴病

棘球蚴病又称为包虫病，是一类重要的人畜共患寄生虫病，被列为国家重点防治的二类传染病。棘球蚴病是棘球绦虫的中绦期寄生于牛、羊、猪、人及其他多种野生动物的肝、肺或其他器官而引起的疾病。棘球绦虫均寄生于犬科动物的小肠，种类较多。我国有 2 种：细粒棘球绦虫和多房棘球绦虫。由这两种绦虫的中绦期幼虫引起的棘球蚴病分别称为细粒棘球蚴病和多房棘球蚴病。前者多见于牛、羊、猪等家畜及人类；后者则以啮齿类动物为主，也包括人。这里以细粒棘球蚴病为例介绍。

（一）细粒棘球蚴病的病原

细粒棘球蚴（单房棘球蚴）为一独立包囊状构造，内含液体。其形状不一，常因寄生部位不同而有变化，大小常从豌豆大到人头大，一般近球形，直径约 5 ~ 10 cm。成虫为细粒棘球绦虫，虫体很小，仅有 2 ~ 7 mm 长，由头节和 3 ~ 4 个节片组成，头节上有顶突和 4 个吸盘。成节内含一套雌雄同体的生殖器官。虫卵大小为（32 ~ 36）μm ×（25 ~ 30）μm，被覆着一层辐射状条纹的胚膜，内含六钩蚴。

（二）细粒棘球蚴病病原的生活史与细粒棘球蚴病的流行病学

成虫——细粒棘球绦虫寄生于终末宿主——犬、狼、狐等食肉兽的小肠，其孕卵节片随粪便排出体外，污染水、草及饲料等。牛、羊等中间宿主在饮水或吃草时因食入节片或虫卵而遭受感染。虫卵内的六钩蚴在消化液的作用下被释放出来，钻入肠壁，经血流或淋巴到达肝、肺等各组织脏器内寄生（肝多见，又称肝包虫），经 6 ~ 12 个月发育为具感染性的棘球蚴。当终末宿主食入含有棘球蚴的脏器后，其包囊内的原头蚴释放出来，在小肠内经 40 ~ 50 天发育为细粒棘球绦虫。成虫在终末宿主内的寿命为 5 ~ 6 个月。人也为其中间宿主，常因误食绦虫卵而感染细粒棘球蚴病。

细粒棘球蚴分布广泛，牧区最多。犬、狼、狐等肉食兽是散布其虫卵的主要途径。特别是牧羊犬与人和羊均密切接触，极易引起本病的流行。

（三）细粒棘球蚴病的诊断与防治

动物生前诊断困难，剖检时才可发现本病。结合流行病学、临床症状及免疫学方法可初步诊断。另外配合 X 射线、B 超和 CT 检查，检出率较高。

本病的治疗药物有丙硫咪唑、吡喹酮等。人棘球蚴可采用外科手术进行摘除。预防措施包括：对犬进行定期驱虫；驱虫后对其粪便进行无害化处理，防止病原的扩散；病畜的脏器不得随意喂犬，必须经过无害化处理；保持畜舍、饲草、料和饮水卫生，防止粪便污染；人与犬、狐等动物接触或加工其皮毛时，应注意个人卫生，防止误食虫卵。

五、旋毛虫病

旋毛虫生活史特殊，是典型的永久性寄生虫。本病属人畜共患病，被列为我国重点防治二类传染病，具有重要的公共卫生意义，是猪肉产品的重要检疫项目。本病除了猪、人可以感染之外，犬、猫、鼠、狐狸、狼等都可以感染。

（一）旋毛虫病的病原

成虫细小，肉眼几乎难以辨识。雄虫大小为（1.4～1.6）mm×（0.04～0.05）mm，雌虫的大小为（3～4）mm×0.06 mm。虫体前细后粗，前部为食道部，较粗的后部包含着肠管和生殖器官。

幼虫为胎生。其刚产出时呈圆柱状，17～20 天开始卷曲，21 天到 8 周成包囊，通常囊内有 2.5 个盘曲时具有感染性，并且有雌雄之别。

肠道中的虫体叫作肠旋毛虫，肌肉中的幼虫称为肌旋毛虫。

（二）旋毛虫病病原的生活史与旋毛虫病的流行病学

成虫与幼虫寄生于同一个宿主，宿主感染时，先为终末宿主，后为中间宿主。宿主因吃含囊肌肉而感染，包囊可在胃内溶解，释放出幼虫。幼虫在小肠内侵入肠黏膜，2～6 天成熟。感染后 7～10 天雌虫开始产幼虫，产虫期为 4～16 周（一般为 4～5 周）。产出的幼虫经肠系膜淋巴结进入胸导管再到右心，经肺转入体循环随血流到达全身肌肉，尤其是活动量大的肌肉，只有到达横纹肌内才能进一步发育。感染后 12 天宿主血液中的虫体数量达到高峰。感染后第 17 天到达横纹肌中的幼虫（约 2.5 个盘曲）就具有感染性。感染后 21 天到 8 周左右是包囊逐渐形成的阶段，包囊形成后经半年左右出现钙化，但囊内幼虫不一定死亡。

旋毛虫病分布广泛，于世界各地流行。其感染强度以鼠最大，猪次之，而后是犬、猫。本病流行的主要原因有：

①野生动物感染率高，甚至昆虫和蝇蛆类都可以转运病原。

②包囊抵抗力强，在 –12 ℃可以存活 57 天，腐尸中可存活 100 天以上。盐渍或烟熏均不能杀死深部肌肉中的包囊虫体。

③鼠因为嗜好咬仗，是旋毛虫的长期保存库。加之如果有放养猪的习惯，则很容易造成感染。

④使用城市饭店厨房的泔水、废肉残羹喂猪。

⑤人吃生肉的习惯等。

(三)旋毛虫病的诊断与防治

旋毛虫病主要是人的疾病，其临床症状分为肠型和肌型。肠型症状由肠旋毛虫引起，主要表现为肠炎症状。肌型症状由肌旋毛虫寄生于横纹肌引起，主要表现为全身肌肉疼痛，行走、咀嚼甚至呼吸困难。患者表现为言语障碍，面部、四肢和腹部严重水肿，如不及时治疗可致死亡。即使症状恢复，患者也常常感到疲劳，肌肉疼痛达数月之久。

旋毛虫对猪和其他动物的致病作用轻微，常常不显症状，因此对猪的检查非常重要。猪旋毛虫病在生前诊断困难，通常在宰后检出。肉联厂的检查方法为：

①肉眼观察：从膈肌角取小块肉样，剥去筋膜仔细观察。见细如针尖、露滴状、半透明小白点时可初步判为阳性；如果是乳白色、灰色或黄白色，则可能是钙化的缘故。

②压片镜检：从采来的肉样中剪下 24 粒麦粒大小的肉块，进行压片镜检。

③肉样消化法：将肉样剪碎或绞碎，加人工胃液消化离心沉淀后，检查沉淀物。

动物很少治疗，如需治疗可用噻苯咪唑、甲苯咪唑、丙硫咪唑和伊维菌素等。预防措施主要有改变吃生肉的习惯，灭鼠和圈养猪，淘洗生肉的水、废肉残渣等副产品需加热煮沸后才能喂猪，肉联厂要严格进行卫生检验工作等。

第三节 多种动物共患寄生虫病

一、伊氏锥虫病

由伊氏锥虫引起的疾病称为伊氏锥虫病，俗称“苏拉病”，是马属动物、牛、骆驼的常见疾病，为国家重点防治二类传染病。其他动物，如犬、猪、羊、鹿及一些野生动物和啮齿类也可感染本病，成为保虫宿主。马属动物的感染常呈急性经过，病程为 1 ~ 2 个月，死亡率高；牛及其他动物多取慢性经过。

(一)伊氏锥虫病的病原及其生活史

伊氏锥虫病的病原为伊氏锥虫。虫体大小为（1 ~ 2）μm ×（18 ~ 34）μm。虫体细长，柳叶状，前端较尖后端稍钝。靠近体中央有一个较大、近于圆形或椭圆形的细胞核。靠近体后端，有一点状的动基体。动基体由两部分组成，前方的小体叫生毛体，后方的小体叫副基体。鞭毛由生毛体发出，沿体一侧边缘向前延伸，游离为鞭毛，并由一皱曲的波动膜与体部相连。虫体对外界的抗力很弱，干燥、阳光直射很快死亡；常于水中崩解；50 ℃时，5 分钟便死亡。

伊氏锥虫寄生于马属动物、牛、骆驼等多种动物的造血脏器和血液（包括淋巴液）内，以纵二分裂法进行繁殖。虻、螫蝇及虱蝇是其主要传播媒介。需要注意的是，伊氏锥虫在吸血昆虫体内并不进行发育，生存时间亦短，因此吸血昆虫不属于其中间宿主。

（二）伊氏锥虫病的流行病学

本病多见于热带和亚热带地区。南方以马、牛多见，北方骆驼较为严重。病原为多宿主寄生。本病于马属动物最易感，呈急性经过，如果不经治疗，则 1～2 个月内死亡率可达 100%；牛和骆驼常为慢性经过。病愈后，牛可带虫 2～3 年，骆驼可达 5 年。试验动物以小白鼠最易感。另外，其他动物，如犬、猪、野生动物（虎、鹿等）以及啮齿动物等为伊氏锥虫的保虫宿主。本病的传播途径有吸血昆虫的叮咬、采血和注射等；流行季节常与吸血昆虫的出没一致，南方四季都有，但以 7～9 月多发。

（三）伊氏锥虫病的诊断与防治

早期诊断尤为重要。在吸血昆虫出没季节，要注意观察家畜有无食欲下降、肚腹紧缩、腹下水肿、精神不振、使免疫力下降以及易出汗等症状。间歇热（体温可升至 40 ℃，稽留数天后下降，而经短时间的间歇又发热。反复数次发热后，病情加重）为本病的特征性症状，可采用反复测温的方法观察之。除此之外，临床上还可见病畜体表水肿、羞明流泪、结膜苍白黄染并伴有小米粒大到绿豆大小的出血斑和油脂样黄白分泌物；血检可见红细胞、血红蛋白明显减少，血沉加快，高度贫血；慢性病例牛还可见焦耳、断尾状。另外，还可进行血清学诊断和治疗性诊断。

病原学检查方法如下所述。

①耳尖或颈静脉采血，混于 2 倍生理盐水中，制成压滴血片以镜检活的虫体，或制成血涂片并于染色后镜检虫体。

②血液中虫体较少时，需先离心集虫后再抹片镜检沉淀物。

③动物接种，取 0.5～1.0 mL 可疑动物的抗凝血，于小白鼠皮下或腹腔注射。3～4 天后隔日检查。连续 15 天未见虫体者判为阴性。

本病的治疗药物有纳加诺（拜尔 205，又称为苏拉灭或萘磺苯酰脲）、安锥赛（喹嘧胺）、血虫净（又称为贝尼尔或三氮脒）等。预防以早发现、早治疗为原则；流行季节进行普查；采用安锥赛进行预防注射，预防效果可达 3.5 个月。还有的采用烟熏、喷药等方法避免吸血昆虫叮咬。长期外出或由疫区调入的家畜须进行隔离检查，确定安全后方能混群。

二、华支睾吸虫病

华支睾吸虫病是由华支睾吸虫寄生在猪（人、犬、猫、鼬、貂、獾）等多种动物的肝脏、胆囊及胆管内而引起的疾病，尤其对人的危害更大。

（一）华支睾吸虫病的病原

华支睾吸虫病的病原为华支睾吸虫。虫体平均大小为（10～25）mm×（3～5）mm。虫体呈扁平长叶片状，前端较尖，后端钝圆，分枝状睾丸位于体后1/3处，分叶状卵巢在睾丸之前，其斜后方有一大受精囊。卵呈黄褐色，形如芝麻粒，大小为29 μm×17 μm，一端有卵盖，另一端有一小疣，内含毛蚴。

（二）华支睾吸虫病病原的生活史与华支睾吸虫病的流行病学

成虫寄生于猪、犬、猫和人等多种动物肝脏胆管、胆囊内，产出的虫卵随胆汁进入肠道再随粪便到外界，被第一中间宿主淡水螺（如纹沼螺、长角涵螺、赤豆螺等）吞食，约30～40天经胞蚴、雷蚴、子雷蚴到尾蚴阶段。尾蚴从螺体逸出，钻入第二中间宿主淡水鱼或虾体内形成囊蚴。终末宿主猪、猫、犬和人等因吞食含有囊蚴的生或半生的鱼虾而被感染。成虫在犬、猫体内可寄生3～12年，在人体内可活20年。

华支睾吸虫病主要分布东南亚各国，我国除西藏、青海、甘肃、宁夏外的省区都有报道。终末宿主除了猪、猫、犬、人、鼠和其他野生哺乳动物之外，食鱼动物如鼬、獾、貂、狐狸等都可以感染。本病是具有自然疫源性的疫病和人畜共患病。本病的流行与第一中间宿主淡水螺的分布相关，在南方流行比较普遍；对第二中间宿主的选择性不很严格。本病的流行与人类的生活、饮食习惯以及动物的饲养管理方式密切相关。例如，南方某些地区人厕直接建在鱼塘上，猪圈建在水池边，粪便不经处理直接排放到水中，使得螺蛳和鱼虾被感染；再加上给猪、犬和猫等动物饲喂生鱼虾，或人们有食生或半生鱼虾的习惯。

（三）华支睾吸虫病的诊断与防治

进行流行病学调查，了解动物有无生食或半生食淡水鱼或虾。本病的临床症状以消化道症状为主，触诊肝脏肿大，肝区疼痛；重症病例有腹水；如果粪便检查见虫卵即可确诊。

本病的治疗药物有吡喹酮、丙硫咪唑、六氯对二甲苯、海涛林（三氯苯丙酰嗪）等。预防措施包括对流行区的猪、犬、猫等动物进行定期检查和驱虫，禁止用生的或未煮熟的鱼虾喂养动物，禁止在鱼塘边盖猪舍或厕所，对粪便要进行无害化处理，防止猪、犬和猫等的粪便污染水糖，采用饲养水禽等方法消灭第一中间宿主淡水螺等。

三、毛尾线虫病

毛尾线虫（旧称毛首线虫）病又称为鞭虫病，是由毛尾科毛尾属的线虫寄生于家畜大肠内引起的一种寄生虫病。该类寄生虫虫体前部呈毛发状，故旧称毛首线虫。其整个外形像鞭子，前细，像鞭梢，后粗，像鞭柄，故又称为鞭虫。该类寄生虫主要危害幼畜，严重感染时，可引起动物死亡。与兽医有关的寄生虫主要有可感染猪的猪毛首线虫、感染牛羊的球鞘毛首线虫、感染绵羊的绵羊毛首线虫、感染犬和狐的狐毛首线虫、感染啮齿类动物的鼠毛首线虫、感染反刍动物的变色毛首线虫和感染兔的兔毛首线虫。这里以猪毛尾线虫为例进行介绍。

（一）毛尾线虫病的病原

猪毛尾线虫的虫体呈乳白色。虫体前部为食道部，细长，内含有由一串单细胞围绕着的食道；后部为体部，短粗，内有肠和生殖器官。雄虫后部弯曲，泄殖腔在尾端，有一根交合刺，包藏在有刺的交合刺鞘内；雌虫后端钝圆，阴门位于粗细部交界处。雄虫长 20 ~ 80 mm，雌虫长 35 ~ 70 mm。虫卵呈棕黄色，腰鼓形，卵壳厚，两端有塞，大小为 60 μm × 25 μm。

（二）毛尾线虫病病原的生活史与毛尾线虫病的流行病学

猪毛尾线虫雌虫在盲肠产卵，排出体外后，在合适的条件下，经过一段时间发育为感染性虫卵（内含 1 期幼虫，即 L1），感染性虫卵被动物吞食后，L1 在小肠后部孵化，钻入肠黏膜内发育，并移行至盲肠和结肠内，经过 4 次蜕皮，变成成虫，成虫可附着在肠黏膜上吸血。猪毛尾线虫感染后 30 ~ 40 天成熟，寿命为 4 ~ 5 个月。

猪毛尾线虫在 2 ~ 4 月龄感染率最高，14 月龄猪极少感染。由于卵壳厚，抵抗力强，故感染性虫卵可在土壤中存活 3 ~ 5 年。本病于一年四季均可感染，但夏季感染率最高。研究者多认为人毛尾线虫和猪毛尾线虫为同种异名，有一定的公共卫生方面的重要性。

（三）毛尾线虫病的诊断与防治

根据临床症状和流行病学可进行诊断，粪检发现特征性虫卵即可确诊。

本病的治疗可用左旋咪唑、丙硫咪唑、多拉菌素等进行驱虫。预防可参考猪蛔虫病。

四、疥螨、痒螨病

螨病又称为疥癣，是指由于疥螨科或痒螨科的螨寄生于畜禽的体表或表皮内而引起的慢性寄生性皮肤病。剧痒、湿疹性皮炎、脱毛、患部逐渐向周围扩展和具有高度传染性为本病的特征。本病的病原以疥螨属和痒螨属最为重要，故这里只对这两属引起的疥螨病和痒螨病进行介绍。

（一）疥螨、痒螨病的病原

（1）疥螨。虫体呈圆形，微黄白色，大小为 0.2 ~ 0.5 mm。口器粗短，呈咀嚼式。四肢呈短圆锥形，后两肢几乎不突出于体侧缘，完全遮于腹下。

（2）痒螨。虫体呈长椭圆形，大小为 0.5 ~ 0.8 mm。口器呈长圆锥形，刺吸式。四肢细长，全部突出于体侧缘。雄虫有一对尾突和性吸盘。

（二）疥螨、痒螨病病原的生活史与疥、痒螨病的流行病学

螨的生活史为不完全变态，包括卵、幼虫、若虫和成虫 4 个阶段。疥螨钻进宿主表皮内挖凿隧道，以角质层组织和淋巴液等渗出物为食；寿命为 4～5 周；整个发育过程为 8～22 天，平均为 15 天。适宜条件下疥螨在 3 个月内能繁殖 6 个世代以上，条件不利时停止繁殖，但长期不死，这成为疾病复发的原因。痒螨与疥螨的生活史相似，只是寄生部位不同，痒螨寄生于动物皮肤表面，被毛稠密处更多，以其口器刺吸宿主皮肤，采食组织液和淋巴液。条件适宜时，其整个发育过程需 2～3 周，条件不利时可休眠 5～6 个月。

疥螨侵袭宿主时通常开始于皮薄毛稀处，如口角附近、鼻面部或耳根部，而后逐渐波及整个头面部至颈部，重者进一步向全身发展。疥螨宿主特异性不强，可交互感染，包括人。

痒螨寄生于毛根部，常侵害被毛稠密和温、湿度比较恒定的皮肤部分，如背、胸、臀部。痒螨有严格的宿主特异性，不互相感染。

螨病的传播是由于病健畜接触或通过畜舍和用具等，包括工作人员的衣服和手等也可成为其传播的途径。疥螨离开宿主的生存时间不超过 3 周；痒螨的生存时间稍长，可达 2 个月。本病于秋冬（冬春）季节，加上阴雨天气，发病最严重。春末夏初，畜体换毛，通气改善，不利于螨的发育繁殖，尤其是夏季的阳光照射使大量螨虫死亡，这时症状减轻或完全康复。但有些螨虫则藏于阴蔽处，如耳壳内、腹股沟等太阳照射不到的地方，并处于休眠状态，一旦条件适宜则可重新发育繁殖，引起螨病复发。

（三）疥螨、痒螨病的诊断与防治

根据临床症状，如剧痒、皮肤增厚、有痂皮、脱毛和消瘦等特征可进行初步判断。再通过病原学检查，发现虫体，便可确诊。猪一般临床症状不明显，通常表现出来的只是在圈墙、围栏等处摩擦。

病原学检查：患病处去掉干燥痂皮，用钝刀刃蘸取液体石蜡或 50% 甘油水，垂直于皮肤，在病健交界处反复刮取，直至见到血丝为止。对所取病料的检查方法有多种，较简单常用的方法有：将刮取物置于培养皿中，微微加热后，皿底衬黑色物品（黑纸或布等），用放大镜观察，或置于低倍镜下观察活动的虫体；将刮取物置于载玻片上，滴加 10% NaOH 或 KOH 数滴，加盖玻片，置于显微镜下观察。一次未必查到，可重复数次。猪或猫的病料可在耳内侧或耳道深处和耳垢处采取。

发生本病时，应隔离治疗病畜。治疗前应先将患部剪毛，用双氧水或 1% ～2% 呋喃西林溶液清洗干净后再进行治疗。治疗药物有双甲醚、溴氰菊酯、巴胺磷、二嗪农（螨净）和伊维菌素或阿维菌素等。治疗后，对从病畜身上清除下来的痂皮和毛屑等废物进行集中销毁，以免病原扩散。螨病重在预防，可根据动物种类和当地的实际情况采取有

针对性的防治措施。

对于放牧的牛、羊、骆驼，应经常注意观察畜群有无搔痒、掉毛现象，及时挑出可疑畜，查明原因，采取相应措施。畜舍要进行消毒，注意通风干燥，阳光照射充足，饲养密度不宜过多。引入的家畜务必要进行隔离检疫或一般性消毒除虫处理，检查安全后方可混群饲养。牧区内的牛、羊、骆驼等要每年定期进行预防性药浴。药浴可选择在温暖季节，剪毛后 1～2 周进行。

圈养猪的防治措施则与前面所述不同。成年猪具有年龄免疫的特点，带螨不发病。但幼龄猪的感染率很高，几乎到处都有，因此预防已成为每年的常规工作。冬季、晚春时节或初夏皮下注射阿维菌素类药物，如伊维菌素、多拉菌素和阿维菌素等，严重病畜间隔 7～10 天重复治疗 1 次。

五、蜱病

蜱属于蜱螨目，蜱亚目，常见科有硬蜱科和软蜱科，其中以硬蜱最常见，危害性最大。与兽医关系密切的有多个属，如硬蜱属、璃眼蜱属、血蜱属、扇头蜱属、革蜱属、牛蜱属和花蜱属；软蜱以锐缘蜱属和钝缘蜱属与畜禽关系密切。

（一）病原

硬蜱又称为壁虱、扁虱、草爬子、狗豆子等，是家畜的一种危害严重的外寄生虫。虫体呈红褐色或灰褐色，长卵圆形，背腹扁平，芝麻粒大到米粒大。雌蜱饱血后，虫体膨胀可达蓖麻籽大。硬蜱无头胸腹之分，虫体包括假头（颚体）和躯体两个部分。假头位于蜱体前端，狭窄，向前突出，由假头基和口器两部分组成。假头基是假头的基部，其形状因属的不同而异，呈矩形、六角形、亚三角形或梯形。口器位于假头基的前方，由须肢、螯肢和口下板 3 部分组成。须肢（脚须）一对，连于假头基前方的两侧，由四节组成，主要是保护刺器，并在吸血时起固定和支柱的作用。螯肢 1 对，位于两须肢之间，为一对长杆状结构，每个螯肢末端均生有爪状指（趾），指又有内外指（趾）之分，其中定趾靠内侧，动趾靠外侧，两趾都有大而尖的锯齿，用于切割宿主皮肤，以便口下板刺入。口下板一个，为扁的压舌板状，位于螯肢的腹面，与螯肢合拢形成口腔。口下板腹面有成纵列的逆齿，为吸血时穿刺与附着的重要器官。躯体呈长椭圆形，红褐色或暗褐色，体壁革质，饱血后的硬蜱雌雄虫体大小相差悬殊。躯体背面最显著的构造是盾板，它是虫体背面的一个几丁质增厚的部分。雄虫的盾板覆盖整个背面；雌虫的盾板只占背面前部的 1/3 左右。躯体腹面有 4 对足（幼虫 3 对足），每足由 6 节组成，由体侧向外依次为基节、转节、股节、胫节、后跗节和跗节。基节固于体壁上不能活动。在第一对足的跗节近端部的背缘上有一哈氏器，为嗅觉器官。

软蜱体扁平，呈长椭圆形，淡灰色、灰黄色或淡褐色，雌雄形态相似，吸血后迅速膨胀。假头位于躯体腹面前方（幼蜱除外）的头窝内，从背面观不可见。

（二）蜱的生活史与流行病学

硬蜱均吸血，属不完全变态，其发育过程包括卵、幼虫、若虫和成虫 4 个阶段，发育时间的长短因种类和环境条件而异。大多数硬蜱在动物体上进行交配，吸血时间长，饱血后身体可胀大 200 ~ 300 倍。雌蜱只有吸饱血后才离开宿主落地，入墙缝或土块下等处静伏不动，经 4 ~ 8 天待血液消化及卵发育后，开始产卵。硬蜱一生仅产一次卵，持续时间长，可产千余至万余粒卵，产卵后 1 ~ 2 周内死亡。交配后雄蜱很快死亡。硬蜱卵小，呈卵圆形，淡黄色或淡褐色，长约 0.5 ~ 0.9 mm。卵期随硬蜱的种类和外界气温等情况而定，通常经 2 ~ 3 周或几个月孵出幼虫。根据硬蜱的发育过程、吸血及更换宿主的情况可将其分为一宿主蜱、二宿主蜱和三宿主蜱。

软蜱也是畜禽体外的一类重要的外寄生虫，季节性不明显。软蜱的生活史属不完全变态，发育过程包括卵、幼虫、若虫和成虫 4 个阶段。一般仅第 1 期幼虫称为幼虫，含 3 对足；幼虫后的其他幼虫期均称为若虫，含 4 对足。软蜱的若虫阶段可达 1 ~ 7 期。整个生活史一般要经历 1 ~ 2 个月。各期虫体均有长期耐饥饿的能力（达几年至十余年）。雌虫一生产卵多次，每次可产卵数十到数百粒。软蜱寿命长，一般为 6 ~ 7 年，有的在不适宜的条件下甚至可延长至 15 ~ 25 年。其宿主范围广泛，常侵袭鸟类、蛇类、龟类以及多种哺乳动物。软蜱白天栖居于动物生活的场所，如畜禽舍的缝隙、巢窝和洞穴等处；当夜间畜禽休息时，便侵袭吸血。其吸血时间短，一般为半小时到 1 小时。软蜱只在吸血时才爬到宿主体上，吸完血后即脱离，并隐藏于宿主栖处。其饱血后可胀大数倍至十几倍。

（三）蜱的防治

由于蜱种类繁多、分布区域广泛，且可寄生于多种畜禽及野生动物体表，因此应在充分调查和研究蜱的种类、生活习性、生活规律以及消长季节等生物学特性的基础上，制订出因地制宜和行之有效的综合防治措施。一般防治措施如下所述。

①消灭畜体上的蜱。对于个体动物如果寄生蜱的数量较少可采取机械摘取的方法，或使用驱避剂（如耳标、项圈）等避免蜱的叮咬。也可使用杀蜱药进行涂擦、喷淋、药浴或皮下注射等。

②消灭畜禽舍内的蜱。畜禽舍内的墙缝、地面缝或小洞等均为蜱的栖息场所，应用杀蜱药撒布后再用石灰、水泥等堵抹，并用新鲜的石灰乳涂刷舍内墙壁、柱子、门窗等处。

③消灭自然界的蜱。可采取轮牧及创造不利于蜱的生活环境的一切方法进行处理，如清除杂草、砍掉经济价值不高的灌木丛、改良土壤、翻耕土地及开垦荒地等。亦可采用一些生物防治措施等，如寄生蜂在若蜱内产卵并发育为成虫，猎椿科昆虫能把吻刺入

蜱体内捕食之。

常用的治疗药物有辛硫磷、倍硫磷、溴氰菊酯、除虫菊酯、二嗪哝（螨净）、伊维菌素和阿维菌素等。

第四节　猪的寄生虫病

一、姜片吸虫病

姜片吸虫病是由片形科姜片属的布氏姜片吸虫寄生于猪和人的十二指肠和空肠引起的寄生虫病，犬、野兔等可作为其保虫宿主。

（一）姜片吸虫病的病原

姜片吸虫病的病原为布氏姜片吸虫。新鲜虫体呈肉红色，大而肥厚，呈长椭圆形，形似斜切的姜片，是吸虫中最大的一种虫体，虫体大小为（20～75）mm×（8～20）mm。其腹吸盘大于口吸盘。盲肠两条，分布在虫体两侧，不分支。其他组织结构和虫卵参考肝片吸虫。

（二）姜片吸虫病病原的生活史与姜片吸虫病的流行病学

布氏姜片吸虫的生活史需要淡水螺（扁卷螺）作为中间宿主，水生植物作为传播媒介。成虫在小肠内产出虫卵，虫卵随粪便排出体外，落入水中孵出毛蚴，毛蚴钻入中间宿主体内，经过胞蚴、母雷蚴、子雷蚴和尾蚴各发育阶段，尾蚴成熟后逸出螺体，附着在水生植物（如水浮莲、水葫芦、茭白、菱角、荸荠等）上，脱去尾部，形成囊蚴。人和猪因生食植物或其果实而感染，囊蚴进入宿主的消化道后，幼虫破囊而出吸附在小肠黏膜上生长发育为成虫。

本病主要危害仔猪，以5～8月龄猪感染率最高，以后随年龄增长感染率下降；以扁卷螺多的地方并有食用水生植物习惯的地区容易流行。

（三）姜片吸虫病的诊断与防治

采用直接涂片法和水洗沉淀法进行虫卵检查，发现虫卵即可确诊本病；在猪死亡后进行剖检，若在猪的小肠发现成虫也可确诊本病。

本病的治疗药物有吡喹酮、阿苯达唑、硫氯酚、硝硫氰胺等。本病的预防措施包括每年对猪进行两次驱虫以减少传染源，对粪便进行无害化处理，加强猪的饲养管理，避免用水生植物喂猪等。

二、猪消化道线虫病

这里仅介绍猪蛔虫病，其他消化道线虫病，如猪胃圆线虫病、食道口线虫病和钩虫病等参考反刍动物消化道线虫病。

蛔虫病主要是幼年动物疾病，是畜禽常见多发病之一，其流行分布极广，危害严重，与兽医相关的有猪蛔虫病、犊新蛔虫病（牛弓首蛔虫病）、马副蛔虫病和鸡蛔虫病等。

猪蛔虫病是由猪蛔虫寄生于猪小肠内而引起的一种疾病。其感染普遍，分布广泛，对养猪业危害极为严重，特别是在卫生环境不良和营养状况差的猪场感染率很高，一般都在 50% 以上。本病主要是仔猪感染，患病仔猪表现生长发育不良、增重明显下降，重者发育停滞甚至死亡。本病是造成养猪业损失最大的寄生虫病之一。

（一）猪蛔虫病的病原

猪蛔虫病的病原为猪蛔虫，其寄生于猪的小肠中，是一种大型线虫。新鲜虫体呈淡红色或淡黄色，为中央稍粗、两端较细的圆柱形。其头端有唇片，背腹各有一条纵行凹陷。雄虫长 12 ~ 25 cm，尾端弯曲，呈鱼钩状。雌虫长 20 ~ 40 cm，尾端直，尾尖略向腹部。其受精卵为短椭圆形，大小为（50 ~ 75）μm ×（40 ~ 80）μm，黄褐色，含一个胚细胞，卵壳厚，由四层组成。最外层为凹凸不平的蛋白质膜，如葵花盘状。未受精卵较受精卵狭长，平均大小为 90 μm × 40 μm，多数没有蛋白质膜，或有但甚薄且不规则。内容物为油滴状的卵黄颗粒和空泡。

（二）猪蛔虫病病原的生活史与猪蛔虫病的流行病学

猪蛔虫的发育不需要中间宿主。成虫寄生于猪的小肠中，产出的虫卵随粪便排至体外，在适宜条件下经 10 天左右即可在卵壳内发育形成第 1 期幼虫，再经过一段时间发育为感染性虫卵，内含第 2 期幼虫。感染性虫卵被猪吞食后，在小肠内孵化出幼虫，进入肠壁经血流到达肝脏，蜕变为第 3 期幼虫，之后又随血流经心脏到达肺脏。凡不能到达肺脏而误入其他组织器官的幼虫，都不能继续发育。其在肺内发育为第 4 期幼虫。而后第 4 期幼虫离开肺脏经咽下到食道，返回小肠后经最后一次蜕皮发育为第 5 期幼虫，再进一步发育为成虫。自感染性虫卵被猪吞食，于猪小肠内发育为成虫，需 2 ~ 2.5 个月。猪蛔虫生活在猪的小肠内，以黏膜表层物质及肠内容物为食。其在宿主体内寄生 7 ~ 10 个月后，即自行随粪便排出。如果宿主不再感染，则第 12 ~ 15 个月，可将蛔虫排尽。

猪蛔虫病分布很广，呈世界性流行。其主要原因在于本病传播途径简单，雌虫繁殖力强，虫卵对外界的抵抗力强。蛔虫属土源性线虫，其生活史不需中间宿主参与，传播途径简单。仔猪通过饲料、饮水和母猪乳头等即可感染。蛔虫的繁殖能力极强，一条雌虫可日产 20 万个虫卵。虫卵对外界不良条件的抵抗力很强。卵壳可以保护胚胎不受外界化学物质的侵害，保持内部湿度和阻止紫外线透过。另外，猪蛔虫病的流行与饲养管理和卫生条件密切相关。管理不良、卫生条件差、猪群密度大的猪场容易感染猪蛔虫病，死亡率也高。

（三）猪蛔虫病的诊断与防治

根据流行病学和临床症状，特别是群发性咳嗽做如下检查。主要是粪便中虫卵的检查，可采用直接涂片法或盐水漂浮法检查。当每克粪便中的虫卵数（EPG）大于 1 000 时诊断为患有蛔虫病。另外，还可进行尸体剖检或直接用药物进行驱虫性诊断。

本病的治疗药物有左咪唑、丙硫咪唑、哌嗪化合物、甲苯咪唑、伊维菌素和多拉菌素等。预防措施包括：每年至少保证 2 次全面驱虫；对 2 ~ 6 月龄的仔猪，在断奶后驱虫一次，以后每隔 1.5 ~ 2 个月再进行一次驱虫；怀孕母猪在其怀孕前和产仔前 1 ~ 2 周进行驱虫；保持饲料和饮水清洁，减少污染；保持猪舍和运动场的清洁，特别是产房和待产母猪更要清洁和消毒，减少虫卵污染；猪粪和垫草清除出圈之后，可堆积发酵，杀死虫卵；给猪饲喂全价饲料，以增强免疫力；减少猪拱土和饮污水的习惯，避免感染；引入猪只时，应先隔离饲养，进行 1 ~ 2 次驱虫后再归纳入群。

三、猪大棘头虫病

猪大棘头虫病是蛭形巨吻棘头虫寄生于猪的小肠内引起的疾病。蛭形巨吻棘头虫也可寄生于野猪、犬和猫，偶见人。本病在我国各地普遍流行。

（一）猪大棘头虫病的病原

猪大棘头虫病的病原为蛭形巨吻棘头虫。虫体呈乳白色或淡红色，长圆柱形，前粗后细；体表有横皱纹；吻突小，球形，上有小棘。雄虫长 7 ~ 15 cm，雌虫长 30 ~ 68 cm。卵呈长椭圆形，深褐色，两端稍尖，枣核样；卵壳厚，由 4 层组成；大小为（89 ~ 100）μm ×（42 ~ 56）μm。

（二）猪大棘头虫病病原的生活史与猪大棘头虫病的流行病学

蛭形巨吻棘头虫的发育史中需要中间宿主金龟子或其幼虫蛴螬等甲虫参与。虫卵（内含棘头蚴）在中间宿主体内需经 3 ~ 4 个月至 1 年左右经棘头体发育为具有感染性的棘头囊。当猪吞食了含有棘头囊的中间宿主后，棘头囊在其消化道中脱囊，以其吻突钩固于肠壁，在小肠内经过 2.5 ~ 4 个月发育为成虫。其在猪体内的寿命为 10 ~ 24 个月。成虫繁殖力很强，每条雌虫日产 26 万 ~ 68 万个卵，产卵过程可持续 10 个月之久。

本病呈地方流行，天津、辽东半岛、北京都有发生。其主要原因有：虫体的繁殖力强；虫卵对外界各种不良因素的抵抗力很强；中间宿主的种类多，并有生活在粪堆的习性；放养猪，且猪有拱土的习性。每年春季即甲虫活动季节开始感染，到秋末发病。甲虫幼虫多栖息在 12 ~ 15 cm 深的泥土中。仔猪拱土能力差，故感染率低。本病以 8 ~ 10 个月龄的猪和放牧的猪最易感。

（三）猪大棘头虫病的诊断与防治

根据临床症状可见下痢，带血，并伴有剧烈腹痛可进行诊断。另外，根据流行病学资料和在粪便中发现虫卵即可确诊。因其虫卵比重较大，粪便检查应采用直接涂片或水洗沉淀法。

本病的治疗可试用左咪唑和丙硫苯咪唑。本病的预防措施包括：对于流行区，应对病猪进行驱虫，对其粪便进行生物热处理；对于圈养猪，不可诱捕金龟子供其食用，猪场内不宜开夜灯，以免招引甲虫；人类避免食入生或半生的甲虫。

第五节 牛、羊的寄生虫病

一、梨形虫病

梨形虫病旧称焦虫病、血孢子虫病，是一类经硬蜱传播，由梨形虫纲巴贝斯科和泰勒科原虫引起的血液原虫病的总称，为国家重点防治二类传染病。我国马、牛、羊、犬等动物中至今已发现的梨形虫有 10 多种（见表 5–1）。

表 5–1　我国马、牛、羊、犬等动物中至今已发现的梨形虫

动物	巴贝斯科	泰勒科
牛	双芽巴贝斯虫、牛巴贝斯虫、卵形巴贝斯虫	环形泰勒虫、瑟氏泰勒虫
马	驽巴贝斯虫、马巴贝斯虫	—
羊	莫氏巴贝斯虫	山羊泰勒虫、绵羊泰勒虫
犬	吉氏巴贝斯虫	—

梨形虫病流行的基本因素是病原体（梨形虫）、硬蜱和易感动物，三者缺一不可。原则上梨形虫具有种属特异性，各种动物的梨形虫病不相互感染，且不同梨形虫病的流行需要不同种属的蜱进行传播，蜱为梨形虫的终末宿主。

（一）牛巴贝斯虫病

牛巴贝斯虫病又称为牛梨形虫病，是由双芽巴贝斯虫和牛巴贝斯虫寄生在牛、水牛的红细胞内所引起的一种原虫病。

1．牛巴贝斯虫病的病原

牛巴贝斯虫病的病原为双芽巴贝斯虫和牛巴贝斯虫。双芽巴贝斯虫为大型虫体，两个梨籽形的虫体往往以锐角相连位于红细胞的中央，虫体长度大于红细胞半径，红细胞的染虫率可高达40%。牛巴贝斯虫为小型虫体，两个虫体以钝角相连，虫体长度小于红细胞半径，多位于红细胞边缘，红细胞的染虫率小于1%。

2．牛巴贝斯虫病病原的生活史与牛巴贝斯虫病的流行病学

牛巴贝斯虫病的传播媒介是微小牛蜱（一宿主蜱）。蜱吸血时，该虫进入蜱体，继而侵入卵巢，再进入蜱卵内，经卵传递到子代蜱体内；当子代幼蜱蜕皮变成若蜱时，虫体进入若蜱的唾液腺发育，分裂形成大量新的梨籽形虫体；在子代若蜱和成蜱进一步吸血时，虫体侵入宿主体内，进入红细胞内，通过二分裂或者出芽生殖方式进行裂殖生殖。

本病在我国主要流行于南方，微小牛蜱是其主要的传播媒介，易感宿主包括黄牛、水牛等。

3．牛巴贝斯虫病的诊断与防治

根据患牛的临床症状以及流行病学调查，可初步怀疑为牛巴贝斯虫病。采集病牛外周血进行镜检，发现红细胞内有虫体即可确诊。

本病的治疗药物有咪唑苯脲、三氮脒、喹啉脲（阿卡普林）、吖啶黄（锥黄素）及台盼蓝等。本病预防的关键在于灭蜱。根据蜱的活动规律，有计划地消灭畜体及牛舍内的蜱，避免到蜱多的牧场放牧。选择无蜱活动的季节进行牛只调动，在调入与调出前应做灭蜱处理。

（二）牛泰勒虫病

泰勒虫病是由泰勒科泰勒属的各种梨形虫寄生在牛、羊及其他野生动物的血细胞（包括巨噬细胞、淋巴细胞和红细胞）内所引起的疾病的总称。寄生于牛的有环形泰勒虫和瑟氏泰勒虫。我国以牛环形泰勒虫流行广泛，危害大。这里仅以牛环形泰勒虫病为例介绍。

1．牛环形泰勒虫病的病原

牛环形泰勒虫病的病原为牛环形泰勒虫，其在中间宿主牛体内有两种存在形式，即红细胞中的虫体——配子体和网状内皮细胞内的虫体——裂殖体。网状内皮细胞内的虫体又名石榴体（柯赫氏兰体），是蜱唾液腺中的子孢子接种到动物体内之后，未进入红细胞之前的一个发育阶段，它们在淋巴细胞、组织细胞中进行裂殖生殖时形成多核虫体，即裂殖体。石榴体寄生于细胞内，有时也见于细胞外。红细胞内的虫体又称血液型虫体，属小型虫体，形态多样，以环形戒指状虫体最为常见，也有椭圆形、逗点形、杆状、圆点状或边虫状虫体和不常见的十字形虫体。一个红细胞里可能有 5 ~ 6 个甚至更多虫体。红细胞的感染率可达 95%。

2. 牛环形泰勒虫病病原的生活史与牛环形泰勒虫病的流行病学

牛环形泰勒虫病在我国主要的传播媒介（终末宿主）为残缘璃眼蜱（二宿主蜱），以期间传播（同代传递）方式，同一世代若蜱蜕变为成蜱时完成传播。

牛环形泰勒虫病是一种季节性很强的地方性流行病，主要发生在我国的西北、华北和东北地区。本病多呈急性经过，临床以高热、贫血、出血、消瘦和体表淋巴结肿胀为特征，发病率高，死亡率高。

本病在我国的传播媒介主要是残缘璃眼蜱，为一种圈舍蜱，因此本病也是在圈舍条件下发生的。残缘璃眼蜱的成虫于 6 月到 8 月在牛体吸血，8 月到 10 月落地产卵及孵出幼虫，10 月份之后幼虫爬上牛体吸血并蜕化发育为若虫，一直到第二年春天 4 月到 5 月若虫饱血后才落地蜕化为成虫，成虫再寄生于另一宿主体吸血。6 月到 8 月为本病的流行高峰期，其主要与蜱的活动，特别是与成蜱的吸血或交配相关。本病以 1 ~ 3 岁的牛多发，流行区本地牛发病率低。一般情况下患过本病的牛不会再发病，但会成为带虫者，带虫可达 6 年之久，为本病重要的传染源。另外，外地牛、纯种牛对本病的敏感性高。

3. 牛环形泰勒虫病的诊断与防治

根据流行病学、临床症状和剖检变化可做出初步诊断；确诊需镜检血涂片中有虫体或穿刺淋巴结检查到石榴体。剖检病变可见全身皮下，肌间、黏膜、浆膜大量出血斑点；全身淋巴结肿胀。真胃病变具有诊断意义，剖检可见真胃黏膜肿胀、充血，有大头针帽到高粱粒大小的黄白色或暗红色结节；结节部上皮细胞坏死后形成溃疡，溃疡中心凹陷，呈暗红色，边缘不整，周围黏膜充血、出血，构成暗红色窄带。

本病目前尚无特效药，但在病的早期使用较有效的杀虫药，结合对症辅助治疗，可明显降低死亡率。本病的治疗药物有磷酸伯氨喹啉和三氮脒（贝尼尔）。另外，对症治疗包括补液、强心、止血、健胃、缓泻，还应考虑给予抗菌药以防止继发感染，对严重贫血病例可进行输血。本病预防的重点是灭蜱，可根据蜱的生活习性制定有效的措施消灭牛体上的蜱和畜舍内的蜱。另外，还可进行药物（贝尼尔）预防注射和免疫预防注射（牛泰勒虫病裂殖体胶冻细胞苗）。

二、牛、羊吸虫病

（一）肝片吸虫病

片形吸虫在我国有肝片吸虫和大片吸虫，属于片形科片形属。虫体寄生于牛、羊、鹿、骆驼等反刍动物的肝脏胆管中，引起片形吸虫病。另外，猪、马属动物及一些野生动物可为其保虫宿主，人亦有感染的报道。下面以肝片吸虫病为例介绍。

1. 肝片吸虫病的病原

肝片吸虫病的病原为肝片吸虫，其背腹扁平，呈芭蕉叶状。成熟虫体大小约为（20～30）mm×（10～13）mm。新鲜虫体呈棕红色，卷曲木耳状。虫体前端有头锥，后端变窄。口吸盘位于虫体的前端，腹吸盘在肩部水平线的中部，与口吸盘相距很近。虫卵呈长卵圆形，金黄色，大小为（107～158）μm×（70～100）μm。虫卵前端较窄，有一个不明显的卵盖，后端稍钝。卵内充满卵黄细胞和一个常偏于后端的卵胚细胞。

2. 肝片吸虫病病原的生活史与肝片吸虫病的流行病学

肝片吸虫的发育需要中间宿主——淡水螺（即锥实螺，如小土窝螺）。成虫寄生于动物肝脏胆管内，产出的虫卵随胆汁进入肠腔，后经粪便排出体外。虫卵在适宜的温度（25 ℃～26 ℃）、氧气和水分及光线条件下，经 11～12 天孵出毛蚴。毛蚴游于水中，钻入淡水螺体内，在 35～50 天经胞蚴、雷蚴阶段，发育为尾蚴。尾蚴从螺体逸出，黏附于植物的茎叶上或浮游于水中形成囊蚴。牛、羊因吞食了含囊蚴的水或草而遭受感染。囊蚴于动物的十二指肠中脱囊而出，童虫穿过肠壁进入腹腔，经肝包膜到达肝胆管寄生。肝片吸虫从感染到发育为成虫约需 2～4 个月，成虫在终末宿主体内可生存 3～5 年。

肝片吸虫病属危害羊的四大蠕虫病之一，在我国流行普遍，多呈地区性流行，这与中间宿主淡水螺的分布密切相关。温度、水和淡水螺是肝片吸虫病流行的重要因素。虫卵的发育、毛蚴和尾蚴的游动以及淡水螺的存活与繁殖都与温度和水有直接的关系。另外，肝片吸虫的宿主范围广泛，尤其是一些野生动物为其保虫宿主。如果再加上该地区气候适宜、水量充足、有中间宿主存在，则很容易造成肝片形吸虫病的流行。

3. 肝片吸虫病的诊断与防治

可根据临床症状、流行病学资料、粪便检查发现虫卵和死后剖检发现虫体等进行综合判定。对羊的急性型肝片吸虫病的诊断应以剖检为主（因为此时虫体未发育成熟，粪中无卵可查）。将肝脏切碎，在水中挤压后淘洗，若找到大量童虫，可诊断为此病。另外，也可采用粪便检查虫卵的方式进行诊断，可用水洗沉淀法或锦纶筛集卵法。

治疗肝片吸虫病时，不仅要进行驱虫，而且应该注意对症治疗。本病的治疗药物有硫双二氯酚（别丁）、丙硫咪唑（抗蠕敏）、硝氯酚（拜耳 9015）、碘醚柳胺和三氯苯唑（肝蛭净）等。本病的预防应根据流行病学特点，采取综合防治措施。具体方法如下所述。

（1）定期驱虫。驱虫的时间和次数可根据流行区的具体情况而定。在我国北方地区，每年应进行冬春两次驱虫。南方因终年放牧，每年可进行 3 次驱虫。急性病例可随时驱虫。在同一牧地放牧的动物最好同时驱虫，尽量减少感染源。家畜的粪便，特别是驱虫后的粪便应堆积发酵产热而杀死虫卵。

（2）消灭中间宿主——淡水螺是预防肝片形吸虫病的重要措施。可结合农田水利建设、草场改良、填平无用的低洼水塘等措施，以改变螺的生存条件。如果牧地面积不大，则可饲养家鸭，以消灭中间宿主。

（3）加强饲养卫生管理，选择在干燥处放牧。动物的饮水最好用自来水、深井水或流动的河水，并保持水源清洁，以防感染。从流行区运来的牧草须经干燥处理后，再饲喂舍饲的动物。

（二）双腔吸虫病

双腔吸虫病是由双腔科双腔属的中华双腔吸虫和矛形双腔吸虫寄生于牛、羊等动物的肝脏、胆囊、胆管内引起的疾病。本病在我国的西北、内蒙古、东北地区较为普遍，危害较严重。

1. 双腔吸虫病的病原

双腔吸虫病的病原为矛形双腔吸虫和中华双腔吸虫。矛形双腔吸虫虫体窄长，呈矛形，大小约（6～8）mm×2 mm，两个睾丸略分叶，前后斜列位于腹吸盘后方，卵巢位于睾丸之后。中华双腔吸虫虫体略宽，睾丸左右并列。两种病原的虫卵相似，大小为（35～40）μm×（29～30）μm，呈椭圆形，暗褐色，卵壳厚，两侧不对称，一端有卵盖，内含毛蚴。

2. 双腔吸虫病病原的生活史与双腔吸虫病的流行病学

成虫寄生在肝脏胆管内，虫卵随胆汁进入肠道，随粪便排出体外，被第一中间宿主陆地螺（如枝小丽螺、条纹蜗牛等）吞食后，在其体内经历母胞蚴、子胞蚴和尾蚴的发育阶段；尾蚴逸出螺体，形成尾蚴黏球，被第二中间宿主蚂蚁吞食，在其体内形成囊蚴，再被终末宿主牛、羊等动物吞食而被感染。囊蚴在终末宿主的小肠内脱囊，童虫由十二指肠经总胆管到达肝脏胆管内寄生，约80天发育为成虫。成虫在宿主体内可存活多年。

本病分布很广，在我国主要分布于东北、华北、西北和西南等地，尤其以西北地区和内蒙古较为严重。

3. 双腔吸虫病的诊断与防治

粪便中检出虫卵或死后剖检获得大量虫体即可确诊本病。

驱虫是防治本病的重要手段，每年秋后和冬季应进行两次驱虫，以防止虫卵污染牧场。另外，还应灭螺、灭蚁、消灭中间宿主；加强饲养管理，选在开阔干燥的牧地上放牧。常用的驱虫药有奈托比胺、阿苯达唑、吡喹酮、芬苯达唑等。

（三）阔盘吸虫病

阔盘吸虫病是由双腔科阔盘属的枝睾阔盘吸虫、胰阔盘吸虫和腔阔盘吸虫寄生于牛、羊等反刍动物的胰管内引起的疾病。

1．阔盘吸虫病的病原

阔盘吸虫病的病原为阔盘吸虫，包括胰阔盘吸虫、腔阔盘吸虫和枝睾阔盘吸虫。阔盘吸虫呈扁平叶状，新鲜时呈棕红色。胰阔盘吸虫的口吸盘大于腹吸盘，睾丸、卵巢略分叶，虫体大小约（8～16）mm×（5～8）mm。腔阔盘吸虫比胰阔盘吸虫略小，口吸盘等于腹吸盘，尾突明显，卵巢和睾丸多呈圆形。枝睾阔盘吸虫最小，呈瓜子形，口吸盘小于腹吸盘，睾丸多分枝。虫卵大小为（40～50）μm×（25～35）μm，呈棕色，卵圆形，两侧稍不对称，一端有卵盖，卵内含有毛蚴。

2．阔盘吸虫病病原的生活史与阔盘吸虫病的流行病学

成虫寄生在胰管内，其生活史需要两个中间宿主。第一中间宿主为陆地螺（蜗牛），虫卵进入其体内经母胞蚴、子胞蚴和尾蚴的发育过程，最后从蜗牛的气孔排出的是子胞蚴（内含尾蚴），附在草上，形成圆形的子胞蚴黏团。第二中间宿主为草螽和针蟀类。

阔盘吸虫的流行与中间宿主和终末宿主的分布密切相关。本病在我国各地均有报道，但以东北、西北、内蒙古等广大草原上流行较广，危害严重。

3．阔盘吸虫病的诊断与防治

本病可根据流行病学资料、临床症状、粪便检查，结合剖检变化进行综合诊断。

驱虫是防治本病的重要手段，可于每年秋后和冬季进行两次驱虫，以防止虫卵污染牧场。另外，还应消灭中间宿主；加强饲养管理，选在开阔干燥的牧地上放牧。常用的驱虫药包括吡喹酮和六氯对二甲苯等。

（四）前后盘吸虫病

前后盘吸虫病是由前后盘科的各属虫体寄生于牛、羊等反刍动物而引起的疾病。该类寄生虫种类很多，主要有前后盘属、殖盘属、腹袋属、菲策属、卡妙属及平腹属等。多数前后盘吸虫寄生于反刍动物的瘤胃内，也见单蹄兽、猪、犬或人的消化道。其分布遍及全国各地，南方的牛几乎都有不同程度的感染。

1．前后盘吸虫病的病原

前后盘吸虫病的病原为前后盘吸虫。其种类繁多，虫体的大小、颜色、形状及内部构造均因种类不同而有差异。其总的特征是虫体肥厚，呈长椭圆形、梨形或圆锥形；口吸盘在前端，腹吸盘发达、位于体末端，好似虫体两端有口，故又名双口吸虫。虫卵大小、结构与肝片吸虫卵相似，不同之处是前后盘吸虫卵呈淡灰色，卵黄细胞稀疏，偏于一侧，与卵壳之间有空隙。

2．前后盘吸虫病病原的生活史与前后盘吸虫病的流行病学

前后盘吸虫的生活史需要中间宿主扁卷螺的参与。其在中间宿主体内的发育过程参考肝片吸虫。牛、羊因采食含有囊蚴的水草而感染。囊蚴在肠道逸出，发育为童虫，童虫先在真胃、十二指肠、肝脏胆管和胆囊等处移行，数十天后到达瘤胃内，经3个月左右发育为成虫。

前后盘吸虫在我国各地流行广泛，感染率高，感染强度大，而且多属几个种混合感染。其流行季节主要取决于当地的气温和中间宿主的繁殖发育季节以及家畜放牧的情况。南方可常年感染，北方主要是 5 月到 10 月。

3. 前后盘吸虫病的诊断与防治

急性病例主要根据临床症状和剖检获虫体确诊。急重症病例以犊牛常见，是因童虫的移行引起的。其临床表现为精神委顿，顽固性下痢，粪便带血、恶臭，有时可见幼虫。粪便检查应注意与肝片吸虫卵相区别。

本病的防治可参考肝片吸虫。

三、牛、羊消化道绦虫病

莫尼茨绦虫病是由扩展莫尼茨绦虫和贝氏莫尼茨绦虫寄生于牛、羊、骆驼等反刍动物的小肠而引起的疾病。本病是反刍兽最主要的寄生蠕虫病之一，其分布广泛，多呈地方性流行，主要危害羔羊和犊牛，影响幼畜的生长发育，重者可致死亡。另外，除了莫尼茨绦虫，寄生于反刍动物的寄生虫还有曲子宫绦虫和无卵黄腺绦虫，三者常混合寄生。因为后两种绦虫的致病作用较轻，所以这里仅介绍莫尼茨绦虫病。

（一）莫尼茨绦虫病的病原

在我国常见的莫尼茨绦虫病的病原为扩展莫尼茨绦虫和贝氏莫尼茨绦虫。二者在外观上相似：头节小，近似球形，上有 4 个吸盘，无顶突和小钩；体节宽而短，体长 1 ~ 6 m，成节内有两套雌雄生殖器官。扩展莫尼茨绦虫的节间腺为一列环状物，沿节片后缘分布；贝氏莫尼茨绦虫的节间腺呈密集的条带状，位于节片后缘中央 1/3 处。虫卵形状多样，呈三角形或四边形等，虫卵内有特殊的梨形器，器内含六钩蚴，卵的直径为 56 ~ 67 μm。

（二）莫尼茨绦虫病病原的生活史与莫尼茨绦虫病的流行病学

莫尼茨绦虫的中间宿主为地螨类。成虫在反刍动物的小肠内寄生。孕节（含虫卵）随终末宿主粪便排至体外，被地螨吞食后，在其体内发育为具感染性的似囊尾蚴。动物吃草时吞食了含似囊尾蚴的地螨而感染。各种绦虫在动物体内的寿命为 2 ~ 3 个月，之后自动排出体外。

以莫尼茨绦虫病为首的绦虫病亦属羊的四大蠕虫病之一，在我国东北、西北和内蒙古牧区流行广泛。其主要危害 1.5 ~ 8 个月的羔羊和当年生的犊牛。其流行季节和流行区域与地螨的分布和生活习性密切相关。北方气温回升晚，感染高峰一般在 5 月到 8 月。南方感染高峰多在 4 月到 6 月。

（三）莫尼茨绦虫病的诊断与防治

本病可根据临床症状、粪便检查和流行病学资料分析进行确诊。病羊粪球表面有黄白色孕节，形似煮熟的大米粒。对孕节进行涂片检查和饱和盐水浮集法检查，可见灰白色、形状各异、内含梨形器的特征性虫卵。本病应注意与羊鼻蝇蛆病、脑包虫病进行区分，因为都有“转圈”的神经症状。粪检虫卵和观察羊鼻腔症状可区分三者。

本病的治疗药物有硫双二氯酚、氯硝柳胺（灭绦灵）、丙硫咪唑、吡喹酮和甲苯咪唑等。本病的预防措施如下所述。流行区从羔羊开始放牧算起，到第 30 ~ 35 天，进行成熟前驱虫；10 ~ 15 天后再进行一次驱虫。成年牛、羊可能是带虫者，也要进行驱虫。驱虫之后应对其粪便做无害化处理。驱虫后将牛、羊转移到清洁牧场放牧或与单蹄兽轮牧。通过改造牧场或农牧轮作减少地螨污染程度。避免在低洼湿地放牧，避免在清晨、黄昏或雨天地螨活跃时放牧，以减少感染机会。

四、脑多头蚴病

脑多头蚴病又称为脑包虫病，是由多头带绦虫的中绦期幼虫寄生于牛、羊、骆驼及其他野生反刍动物的脑和脊髓中引起的疾病。本病偶见于人，主要危害牛、羊，特别是羔羊和犊牛。多头带绦虫成虫可寄生于犬、狼、狐狸等兽食的小肠内。

（一）脑多头蚴病的病原

脑多头蚴为乳白色，半透明囊泡，囊内充满透明液体，直径约 5 cm 或更大，囊壁上有许多原头蚴（即头节，约 100 ~ 250 个）。成虫为多头带绦虫，长 40 ~ 100 cm，形态结构符合带科特征。

（二）脑多头蚴病病原的生活史与脑多头蚴病的流行病学

成虫寄生于犬、狼等终末宿主的小肠内。牛、羊等中间宿主在吃草或饮水时食入虫卵，六钩蚴钻入肠壁，随血流到达脑和脊髓中，约 3 个月发育为感染性的脑多头蚴。终末宿主因吞食了含脑多头蚴的中间宿主的脑、脊髓而感染，经 1.5 ~ 2.5 个月原头蚴在小肠内发育为成虫，在犬体内可存活 6 ~ 8 个月。

本病多呈地方性流行，在内蒙古、东北、西北等地多发。本病于两岁前的羔羊多发，全年都有因本病死亡的动物。脑多头蚴的流行和棘球蚴相似，主要是在牧区，在牧羊犬和牛、羊之间循环。

（三）脑多头蚴病的诊断与防治

根据流行区、特征性临床症状可判定本病。本病的典型症状为“转圈运动”，因此脑多头蚴病又称“回旋病”。除此之外，还常见视力减退或失明等，触诊局部头骨变薄、变软和皮肤隆起。虫体的寄生部位与病畜头颈歪斜的方向和转圈运动的方向一致，与视力障碍和蹄冠反射迟钝的方位相反。另外，还可用X射线和超声诊断本病。尸体剖检见虫体即可确诊。近年来有采用ELISA和变态反应诊断本病的报道。

当脑多头蚴位于头部前方表层时可施行外科手术进行摘除，在脑深部和后部寄生的情况下难以摘除。近年来用吡喹酮和丙硫咪唑治疗效果较好。本病主要的预防措施是加强犬的管理，对各种犬进行定期驱虫，对其粪便进行无害化处理以消灭传染源；阻断传播途径，禁止以牛、羊等动物的脑及脊髓喂犬。

五、牛囊尾蚴病

牛囊尾蚴病（牛囊虫病）是由牛带吻绦虫（无钩绦虫）的幼虫寄生于牛的肌肉、肝脏和肾脏内而引起的一种寄生虫病。牛带吻绦虫的成虫可寄生于人的小肠。人为其终末宿主，牛为其中间宿主。注意其与猪囊虫病的区别，牛囊虫不寄生于人。牛带吻绦虫头节无顶突和小钩，成节的卵巢分2叶，孕节子宫分枝每侧约15~30枝。其他参考猪囊虫病学习。

六、牛弓首蛔虫病

牛弓首蛔虫病是由弓首科弓首属的犊弓首蛔虫（旧称犊新蛔虫）寄生于犊牛小肠内引起的一种寄生虫病，对犊牛危害较大。

（一）牛弓首蛔虫病的病原

成虫因食道后端有一个小胃与肠管相接，此特征与弓首蛔虫相似，故改称牛弓首蛔虫。虫卵呈亚球形，无色或淡黄色，大小为（75~95）μm×（60~74）μm，卵壳表面凹凸不平呈蜂窝状，内含1个胚细胞。

（二）牛弓首蛔虫病病原的生活史与牛弓首蛔虫病的流行病学

牛弓首蛔虫的生活史属于直接发育型。其最重要的感染途径是经乳汁感染，犊牛吞食了乳汁中的幼虫后，幼虫进入犊牛肠道发育为成虫。6个月以上的牛吞食感染性虫卵后，幼虫不能发育为成虫，但会移行到牛身体的各处停留。待母牛怀孕后期，幼虫会被激活，经胎盘感染胎牛或经乳汁感染胎儿。

（三）牛弓首蛔虫病的诊断与防治

可根据临床症状，结合流行病学资料进行综合分析。用饱和盐水漂浮法检查是否有特征性的虫卵。剖检病死犊牛，如果在其小肠内发现成虫或者在肝脏和肺脏部位发现移行的幼虫，即可确诊。

本病的治疗可选择丙硫咪唑、左旋咪唑和哌嗪类等药物。对犊牛应于15~30日龄时进行成熟前驱虫，以减少虫卵对环境的污染，降低感染率。对怀孕后期的母牛应进行驱虫，以防止母牛妊娠期感染犊牛。母牛和小牛应隔离饲养，以减少母牛受感染机会。保持牛舍和牛场的清洁卫生，垫草勤换，粪便勤打扫，并进行堆积发酵处理。

七、牛、羊消化道线虫病

寄生于反刍动物消化道的线虫种类繁多，常混合寄生，引起反刍动物消化道线虫病，给畜牧业带来巨大损失。下面仅简单介绍几种小型线虫，如捻转血矛线虫、食道口线虫和仰口线虫等，这些线虫在形态、流行病学、诊断及防治等方面都有许多相同点。

（一）牛、羊消化道线虫病的病原

寄生于反刍动物消化道的线虫种类繁多，常见的有毛圆科的血矛属、毛圆属、长刺属、奥斯特属、马歇尔属、古柏属、细颈属和似细颈属等很多线虫，混合寄生在真胃和小肠。一般以捻转血矛线虫的致病力最强，流行最广。捻转血矛线虫，雄虫 18 ~ 22 mm，呈淡红色，交合伞发达；雌虫 26 ~ 32 mm，因白色的生殖器官与红色含血的肠道相互环绕，形成红白相间的外观，俗称“麻花虫”，又因其寄生在真胃也称为捻转胃虫。雌虫阴门覆有瓣状阴门盖。

毛线科（食道口科或盅口科）食道口属的粗纹食道口线虫、哥伦比亚食道口线虫、辐射食道口线虫、微管食道口线虫和甘肃食道口线虫，常寄生在大肠，主要是结肠，俗称“结节虫”。本属线虫口囊小而浅、呈圆筒形，其外周有一显著口领，口缘具叶冠，有颈沟，其前部表皮常膨大形成头囊，以粗纹食道口头囊大而显著。颈乳突位于颈沟后方两侧，有或无侧翼。雄虫交合伞发达，具 1 对等长交合刺。雌虫阴门位于肛门前方附近，排卵器发达，呈肾形。

钩口科仰口属的牛仰口线虫和羊仰口线虫，分别寄生于牛、羊的小肠，俗称“钩虫”。羊仰口线虫口囊底部背侧有一个大背齿，底部腹侧有 1 对小的亚腹侧齿。雄虫交合伞发达，背叶不对称，右外背肋长于左侧，由背干的基部伸出。雌虫尾钝圆，阴门位于虫体中部前不远处。虫卵大小（75 ~ 97）μm×（47 ~ 50）μm，胚细胞大而数量少，一般为 4 ~ 8 个。牛仰口线虫形态与羊的相似，但其口囊底部有两对亚腹侧齿。雄虫交合刺长，为羊的 5 ~ 6 倍，长 3.5 ~ 4.0 μm。

圆线科主要是寄生于大肠的夏伯特属线虫。本属线虫口囊发达呈亚球形，底部无齿；口孔开向前腹侧，有两圈不发达的叶冠。

毛尾科毛尾属的绵羊毛尾线虫和球鞘毛尾线虫寄生于反刍动物的盲肠。虫体前细后粗，整个外形似鞭子，俗称“鞭虫”。虫卵两端具塞，如腰鼓形。

（二）牛、羊消化道线虫病病原的生活史

各种消化道线虫的发育均属直接发育型，无中间宿主。基本发育过程是从卵到成虫要经过 4 次蜕化，5 期幼虫，只有发育到第 5 期幼虫才能进一步发育为成虫。第 3 期幼

虫，即披鞘幼虫，具有感染性。牛、羊等反刍动物因食入第3期幼虫而感染。第3期幼虫到达寄生部位后经2次蜕皮，于3~4周后发育为成虫。成虫在反刍动物的消化道内寄生，产出的虫卵随粪便到外界，在适宜温度、湿度下，约经1~2天从卵内孵出第1期幼虫，再经一周左右蜕皮2次，变为第3期感染性幼虫。其中，仰口线虫除经口感染外，还可经皮肤感染，且皮肤感染为其主要传播途径。幼虫随血液循环到肺，再经咽下咽到小肠发育为成虫。食道口线虫有的虫种（如哥伦比亚食道口线虫、辐射食道口线虫）的幼虫可钻入肠壁形成结节，在结节内进行2次蜕皮，再返回肠腔发育为成虫。其在宿主体内的发育期为4~6周。毛尾线虫的感染是因为反刍动物食入感染性虫卵（卵内含第1期幼虫）。刚排出到外界的虫卵需经2周至数月发育为感染性虫卵。牛、羊经口感染，幼虫在肠道中孵出，约经12周发育为成虫。

（三）牛、羊消化道线虫病的流行病学

牛、羊消化道线虫种类繁多，下面以消化道圆线虫病的流行特点进行简单描述。消化道圆线虫病也是对羊危害严重的四大蠕虫病之一。

（1）消化道圆线虫分布广泛，种类繁多，多为混合感染；通常都有危害明显的地区优势种；都属土源性寄生虫，传播途径简单，宿主易感。其发育周期短，一个世代仅需20~30天，感染性幼虫在潮湿土壤中可存活3~4个月，可以反复感染牛、羊。

（2）消化道圆线虫的发育和活动受环境因素，主要是温度和湿度的影响较大。卵在0 ℃以下不发育，几天之内死亡。温度越高卵发育越快，因此7月到8月是草场上感染性幼虫出现的高峰时期。第3期幼虫具有背地性和趋弱光性，喜欢在潮湿的环境和阳光温和的清晨、黄昏和阴天时，爬到草尖上，条件不适就回到土壤中。

（3）每年春季都有一个感染高潮（春季高潮）。所谓高潮指的是排卵出现高峰，即消化道内成虫数量增多。春季高潮的原因有两种解释：当年春季感染，来自牧场上越冬的幼虫；来自羊真胃内滞育受阻的幼虫。春季高潮多发生在成年羊群中，因为它们体内有滞育期幼虫，可于来年春天成熟产卵。当年生的羊羔的感染高峰推迟到温热潮湿的7月到8月。

（4）有自愈现象。其在感染性幼虫大量增多的春雨时节多见。春季高潮往往是以自愈现象的出现而结束的。自愈现象没有特异性，捻转血矛线虫引起的自愈反应，也可以引起真胃中其他线虫和肠道中某些线虫的自愈。目前认为自愈现象是一种过敏反应。因为自愈现象的出现，羊体内的大量虫体排出，污染草场，又使羔羊感染。同时虫体排出之后，羊的免疫力下降，又可发生新的感染。这似乎成了消化道圆线虫延续后代的一种方式。

（四）牛、羊消化道线虫病的诊断与防治

根据临床症状、流行病学资料、尸体剖检和粪检虫卵来诊断本病。虫体大量寄生

吸食宿主血液（2 000 条捻转血矛线虫可每天吸血 30 mL，100 条仰口线虫可每天吸血 8 mL）或其他营养物质，使病畜有生长发育受阻、贫血、下颌和下腹部水肿、下痢或便秘等临床症状。粪便检查可用饱和盐水漂浮法。当 EPG>1 000 时判为患病。EPG 是每克粪便中的蠕虫虫卵数量。

消化道线虫病的治疗药物有左咪唑，丙硫咪唑、噻苯唑、甲苯咪唑和伊维菌素等。疾病的预防需要结合当地的流行情况给全群牛、羊进行驱虫。计划性驱虫一般在春、秋季节各进行一次。同时对驱虫后的粪便做无害化处理。另外，要加强饲养管理，放牧时尽可能避开潮湿地带，避开幼虫活跃的时间，以减少感染机会；注意饮水清洁卫生；合理补充精料和矿物质，以提高畜体自身的抵抗力；加强牧场管理，控制载畜量，全面规划牧场，有计划地进行轮牧或与不同种畜进行轮牧。

八、牛、羊肺线虫病

肺线虫病是由网尾科和原圆科的线虫寄生于反刍动物的气管、支气管和肺部引起的疾病。本病呈地方性流行，对幼畜危害较大。网尾科的线虫较大，又称为大型肺线虫，病原有丝状网尾线虫（羊）和胎生网尾线虫（牛）。原圆科的线虫较小，又称为小型肺线虫，病原有毛样缪勒线虫和柯氏原圆线虫。其中以丝状网尾线虫为主引起的羊肺线虫病属于羊的四大蠕虫病之一。

大型肺线虫为直接发育史，卵胎生，虫卵在大肠内孵化出第 1 期幼虫，随粪便排到外界，故粪检无卵可查。小型肺线虫为间接发育史，卵生，中间宿主为陆地螺和蛞蝓等软体动物。

诊断时可根据临床症状、流行特点，特别是牛、羊群咳嗽发生的季节和发生率，考虑是否有肺线虫感染的可能。用漏斗幼虫分离法（贝尔曼法）或平皿法检查出第 1 期幼虫可确诊。剖检也可确诊。

本病的防治参考其他线虫病。

九、牛、羊蝇蛆病

（一）牛皮蝇蛆病

牛皮蝇蛆病是由狂蝇科皮蝇属的幼虫寄生于牛或牦牛等动物皮下组织所引起的疾病。偶尔也寄生于马、驴、野生动物和人。

本病病原主要是牛皮蝇和纹皮蝇。两种病原形态相似，成虫外形如蜂。牛皮蝇侵袭牛体时，每根牛毛上只黏附一枚虫卵。其第 3 期幼虫，长 28 mm，体分 11 节，无口前钩，背较平，腹面有疣状带刺结节，最后两节腹面无刺，气门板凹陷呈深漏斗状。纹皮蝇一根牛毛上可黏附一列虫卵。其第 3 期幼虫与牛皮蝇相似，但最后一节腹面无刺，气门板凹陷浅呈纽扣状。

两种蝇的生活史相似，属完全变态。成蝇营自由生活，不采食，也不叮咬动物。牛皮蝇在牛体的四肢上部、腹部、乳房和体侧，每根毛上黏附虫卵一枚。纹皮蝇则在牛的后肢球节附近和前胸及前腿部，每根毛上可黏附数枚多至 20 枚虫卵。

幼虫出现于背部皮下时，易于诊断。另外，牛皮蝇蛆病在临床上偶见神经症状。

本病的防治措施包括：流行区在 4 月到 11 月可用药液沿牛背线浇注；12 月至翌年 3 月因幼虫在食道或脊椎等处停留，死亡后可引起相应的局部炎症反应，故此期间不宜用药。常用药物有蝇毒磷、皮蝇磷、倍硫磷和伊维菌素等。

（二）羊狂蝇蛆病

羊狂蝇蛆病是由羊狂蝇（俗称羊鼻蝇）的幼虫在羊鼻腔及其附近腔窦内寄生所引起的疾病。其主要危害绵羊，其次为山羊。个别幼虫期还可能进入颅腔，累及脑膜，引起“假回旋病”。

羊狂蝇，大小为 10 ~ 12 mm，呈黄色，似蜜蜂，胎生。第 3 期幼虫，大小为 19 ~ 30 mm，被排出后变为棕褐色。其于温暖地区一年两个世代，寒冷地区一年一个世代。成蝇于 5 月到 9 月，尤以 7 月到 9 月为多。成蝇不营寄生生活，亦不叮咬羊，只是寻找羊向其鼻孔内产幼虫。幼虫（第 1、2、3 期）寄生于羊鼻腔中 9 ~ 10 个月。第二年春天，第 3 期幼虫发育成熟，向鼻孔处移动，当病羊打喷嚏时，成熟幼虫落地，钻入土壤中或羊粪中化蛹。蛹期约为 1 ~ 2 个月，后羽化为成蝇。

根据临床症状、流行病学和尸体剖检可确诊本病。本病临床表现主要是慢性鼻炎症状，有的还可出现“回旋症”，应与莫尼茨绦虫和脑包虫相区别。早期诊断可向羊鼻腔内喷注药液，若羊喷出死亡后的幼虫，则可确诊。

本病的治疗需根据流行规律，在外界无成蝇，幼虫尚未进入滞育期之前进行全群治疗，以第 1、2 期幼虫为主要杀灭对象。通常在 9 月到 11 月对羊群进行驱虫。治疗药物有依维菌素、氯氰柳胺等。

第六节 马的寄生虫病

这里仅简单提及马梨形虫病、马绦虫病、马蛔虫病、马消化道圆线虫病和马脑脊髓丝虫病和浑睛虫病，其他寄生虫病请参考相关专业书籍学习。

1. 马梨形虫病

马梨形虫病是由驽巴贝斯虫和马巴贝斯虫寄生于马和驴的红细胞内所引起的血液

原虫病。其对马属动物的危害很大。本病的病原主要有驽巴贝斯虫和马巴贝斯虫（泰勒虫），其中驽巴贝斯虫为大型虫体，长 2 ~ 5 μm，虫体长度大于红细胞半径，典型形状为成对的梨籽形虫体以其尖端相连成锐角，每个虫体内有两团染色质块。一个红细胞内通常有 1 ~ 2 个虫体。马巴贝斯虫为小型虫体，虫体长度不超过红细胞半径。

2. 马绦虫病

马绦虫病是由裸头科的几种绦虫寄生于马的小肠和大肠内引起的一种寄生虫病。其对幼驹危害较大。本病的病原主要有大裸头绦虫、叶状裸头绦虫和侏儒副裸头绦虫，中间宿主为地螨类。其生活史和流行病学参考莫尼茨绦虫病。

3. 马副蛔虫病

马副蛔虫病是由马副蛔虫寄生于马属动物的小肠中所引起的一种线虫病，是马属动物的一种普遍的寄生虫病，对幼驹危害很大。马副蛔虫唇基部有明显的间唇。其生活史、流行病学、诊断与防治等参考猪蛔虫病。

4. 马消化道圆线虫病

马消化道圆线虫病是指由圆形科和毛线科的线虫寄生于马属动物的盲肠和结肠中所引起的线虫病。大型圆线虫属直接发育史，成虫寄生在马的盲肠和结肠。3 种不同圆线虫幼虫在宿主体内的移行途径各异。其中，以普通圆线虫引起的血栓性疝痛最为严重。马圆线虫幼虫移行可引起肝、胰损伤，临床表现为疝痛、食欲减退和精神沉郁。无齿圆线虫幼虫可引起腹膜炎。其他参考反刍动物圆线虫病。

5. 马脑脊髓丝虫病和浑睛虫病

马脑脊髓丝虫病和浑睛虫病是由多种腹腔丝虫（马丝状线虫、鹿丝状线虫、唇乳突丝状线虫、指形丝状线虫）异宿主寄生而引起的寄生虫病，吸血节肢动物为本病的传播媒介。丝虫的幼虫称微丝蚴。马脑脊髓丝虫病早期诊断困难，但中后期出现神经症状时再行治疗为时已晚，难以治愈。浑睛虫病临床可见病马畏光、流泪等眼症，对光观察患眼易见虫体，可采用角膜穿刺术取出虫体。

第七节　禽的寄生虫病

家禽因为集约化饲养故寄生虫病危害不大，这里仅对鸡球虫病做简单介绍，其他寄生虫病，如火鸡组织滴虫病、前殖吸虫病、戴文绦虫病和蛔虫病等参考相关专业籍学习。

鸡球虫病是养鸡业中危害最严重的疾病之一，被我国列为重点防治二类传染病。各种球虫生活史相似，属直接发育型，发育史包括 3 个阶段：裂殖生殖、配子生殖和孢子生殖。只有完成孢子生殖（即孢子化）的卵囊才具有感染性。这里重点介绍 4 种病原的鉴别要点（见表 5–2）。

表 5–2　4 种病原的鉴别要点

种名	卵囊大小形态	寄生部位	所致病变特征
柔嫩艾美尔球虫	中等卵圆 22.0 μm × 19.0 μm	盲肠	盲肠缩短，肿胀；肠壁增厚，有出血斑点；肠内充血或为坏死的肠黏膜和血凝块形成的硬固的肠芯
毒害艾美尔球虫	中等卵圆 20.4 μm × 17.2 μm	小肠中部（无性生殖），盲肠（有性生殖）	小肠中段高度肿胀，浆膜面可见红白相间、呈胡椒盐状的病变；肠内容物为坏死的肠黏膜和血凝块混合在一起形成的胶冻样物。盲肠病变不明显
巨型艾美尔球虫	大型卵圆 30.5 μm × 20.7 μm	小肠中部	肠壁增厚，呈鱼肚白，散在针尖大小出血点；有菊黄色内容物，重者色深带血
堆形艾美尔球虫	小型椭圆 14.60 μm × 8.3 μm	十二指肠	散在白色结节，外观呈梯状病变；严重的结节融合，内容物呈稀奶水样

鸡球虫病在温热潮湿条件下易暴发，季节性不明显，只要温、湿度等条件适宜，冬季也发病；4 ~ 6 周龄鸡常发。

根据流行病学、临床症状、病理剖检和病原学检查方法可确诊本病。急性期可检查裂殖体和裂殖子。慢性期可检查卵囊，做粪便卵囊 OPG。OPG 是指每克粪便中所含卵囊的数量（用于原虫）。

鸡场一旦暴发鸡球虫病，应立即进行药物治疗。常用药物有氨丙啉、百球清、磺胺氯吡嗪（三字球虫粉）等。本病的预防可以使用疫苗免疫，最好使用弱毒株疫苗。免疫进行得越早越好（1 ~ 7 日龄）。

第八节　犬、猫的寄生虫病

犬、猫作为伴侣动物，寄生虫感染的概率不大，因此这里仅简单介绍犬复孔绦虫病、裂头蚴病、犬猫蛔虫病和犬心丝虫病。

1. 犬复孔绦虫病

犬复孔绦虫病是由双壳科的犬复孔绦虫寄生于犬、猫的小肠中所引起的一种常见绦虫病，人也可以感染，尤其是与犬、猫密切接触的儿童。犬复孔绦虫属于小型绦虫，最长可达 80 cm。其头节有四个吸盘和顶突。每一成节内含有两套生殖器官。成节与孕节形状似黄瓜子，故也称为瓜子绦虫。孕节子宫分化成许多卵袋，每个卵袋内含 8 ~ 25 个虫卵。虫卵呈球形，直径为 25 ~ 50 μm，内含六钩蚴。蚤类和虱类是犬复孔绦虫的中间宿主。动物因舔被毛时吞入含有似囊尾蚴的蚤或虱而被感染。本病分布广泛，在我国各地均有流行，无明显季节性。本病感染的示病症状是在动物肛周被毛上出现绦虫的节片。如果是新鲜节片，可根据节片的形状，节片两侧的生殖孔做出诊断。若遇到节片干缩的情况，则可将节片放在水中浸泡一段时间后压片镜检卵袋即可确诊。防治时注意不仅要对犬复孔绦虫感染的犬猫进行治疗，还要控制消灭外寄生虫——蚤和虱。

2. 裂头蚴病

裂头蚴病是由曼氏迭宫绦虫的中绦期裂头蚴寄生在人和多种动物体内而引起的一种寄生虫病，其危害远大于成虫。成虫主要寄生在犬、猫和其他肉食动物的小肠内，虫体长 60 ~ 100 cm，宽 0.5 ~ 0.6 cm，头节细小呈指状，其背、腹各有一条纵行的吸槽。成节和孕节结构基本相似，均有发育成熟的雌雄生殖器官各一套。子宫有 3 ~ 5 次或更多盘旋，独立开口于阴门下方。裂头蚴呈白色，长带形，长宽约 300 mm × 0.7 mm，头端膨大，中央有一明显凹陷（与成虫头节相似），体不分节，但具不规则横皱褶，活动时伸缩能力较强。虫卵似吸虫卵，呈椭圆形，两端稍尖，大小为（52 ~ 76）μm×（31 ~ 44）μm，呈浅灰褐色，内含一个卵细胞和若干卵黄细胞，卵壳较薄，一端有卵盖。其生活史需要 2 个中间宿主，第 1 中间宿主为剑水蚤，第 2 中间宿主为水生或食剑水蚤的动物，如蝌蚪、青蛙、鱼和蛇等。犬、猫为其终末宿主。裂头蚴病主要分布在东亚、东南亚。人体感染途径主要包括喝生水、食入含有原尾蚴的剑水蚤，生食含有裂头蚴的蛙肉、蛇肉以及其他动物（转续宿主）的肉，或通过贴敷蛙肉、蛇肉，其中的裂头蚴钻入人体而感染。成虫感染可通过粪检虫卵确诊，裂头蚴感染主要通过询问病史，CT 扫描以及采用免疫学的方法进行诊断。本病的防治包括对流行区犬、猫进行定期驱虫，避免犬猫生食肉类；加强对裂头蚴病的防控宣传教育。成虫感染可用吡喹酮、阿苯达唑进行治疗，脑部、眼部裂头蚴感染需要手术摘除虫体。

3. 犬猫蛔虫病

犬猫蛔虫病是由犬弓首蛔虫、猫弓首蛔虫以及狮弓蛔虫寄生于犬、猫的小肠内引起的线虫病，主要危害幼龄动物。本病的病原有犬弓首蛔虫、猫弓首蛔虫和狮弓蛔虫。这 3 种虫体头端均具有发达的颈翼膜。犬、猫弓首蛔虫的卵相似，呈亚球形，暗褐色，大小为 90 μm × 75 μm，卵壳厚，表面有许多点状凹陷。狮弓蛔虫的卵偏卵圆形，表面光滑，无点状凹陷。犬弓首蛔虫生活史复杂，主要包括 4 种感染途径。最基本的发育形式与猪蛔虫生活史类似。母犬怀孕后，幼虫可经过胎盘感染胎儿或产后经母乳感染幼犬。另外，鸟、鼠等啮齿类动物可以作为犬弓首蛔虫的转续宿主，犬摄食转续宿主也可以感染。成年犬感染犬弓首蛔虫后，幼虫可随着血流到达体内各组织器官中，形成包囊，但不进一步发育，如被其他肉食动物摄食，包囊中的幼虫则发育成为成虫。猫弓首蛔虫的生活史与猪蛔虫类似。啮齿类动物、蚯蚓、蟑螂和鸡可以作为其转续宿主，幼龄猫可通过母乳感染。但是其不能经过胎盘感染胎儿。狮弓蛔虫发育史简单，在宿主体内不经复杂移行，幼虫孵出后进入肠壁发育，后返回肠腔发育成熟。鼠类可以作为狮弓蛔虫的转续宿主。本病呈世界性分布。根据患病动物的临床症状，结合病原检查可对本病做出诊断。虫卵检查可用直接涂片法或饱和盐水漂浮法。也可观察粪便或呕吐物中是否有成虫进行诊断。本病的防治参考猪蛔虫病。

4. 犬心丝虫病

犬心丝虫病是由恶丝虫属的犬恶丝虫寄生于犬的右心室和肺动脉所引起的一种寄生虫病。多种野生动物，如猫、狐、狼、小熊猫等也能感染本病，人类也有感染的报道。犬恶丝虫的成虫呈灰白色，雄虫长 15 ~ 30 cm，尾端呈螺旋状蜷曲，两根交合刺不等长，左长，右短。雌虫体长 25 ~ 30 cm，尾直。微丝蚴长 307 ~ 332 μm。成虫寄生在犬、狐、猫的心脏及与之相通的血管内。成熟的雌虫产微丝蚴（胎生），幼虫进入宿主血液循环系统，可存活数月。蚊、蚤作为犬恶丝虫的主要中间宿主，在吸食受感染者血液时，微丝蚴进入其体内，2 周左右发育为第 3 期感染性幼虫，并移行至中间宿主口器内；当中间宿主再次吸血完成传播，幼虫经循环系统移行抵达右心室，并发育成成虫。本病的流行受宿主因素和媒介因素的影响。犬类是最易感的自然宿主。本病也可以经胎盘感染胎儿。蚊子是其最主要的传播媒介。本病呈世界性分布，温暖地区更易发生。根据临床症状、血液检查发现微丝蚴即可确诊本病。对于常规压滴血片检测不出微丝蚴的病例，可以采集虫体浓集的方法，或考虑心脏超声和血管造影术检查，还可利用 ELISA 方法检测血液中的循环抗原。用药前要考虑动物的心、肺、肝和肾功能，当这些功能不正常时，应首先治疗心功能不全。严重病例需要手术取出虫体后再进行药物治疗。驱杀成虫可以使用硫乙砷胺、美拉索明或海群生等药物，驱杀微丝蚴可以选用碘二噻宁和左旋咪唑等。流行区用药物预防，并定期血检，一旦发现微丝蚴应及时治疗。

思考题

1. 寄生虫病流行的基本环节有哪些？如何据此制定防治措施？

2. 弓形虫的终末宿主是什么？该病的流行特点如何？如何进行防治？

3. 日本血吸虫的基本发育史过程如何？该病的感染途径是什么？如何进行防治？

4. 猪囊虫及其成虫的形态结构、寄生部位如何？人感染猪囊虫病的途径和防制本病的措施有哪些？

5. 细粒棘球蚴及其成虫的形态特征、寄生宿主和寄生部位如何？如何进行棘球蚴病的防制？

6. 旋毛虫的大小、形态，生活史如何？其流行病学特点，以及诊断和防治措施有哪些？

7. 简述华支睾吸虫的形态结构如何？流行病学特点及防治措施有哪些？

8. 为什么猪蛔虫病流行广泛？如何进行猪蛔虫病的诊断及综合防治？

9. 肝片吸虫的形态结构、寄生部位及发育史基本过程如何？如何诊断与防治肝片吸虫病？

10. 羊的四大蠕虫病主要是以哪几个寄生虫为主引起的？如何根据各自的流行病学特点制定诊断和防治措施？

11. 羊疥癣病的流行季节与原因如何？如何进行诊断与防治？

12. 梨形虫病流行的 3 个因素是什么？

13. 马脑脊髓丝虫病和浑睛虫病可由何种病原引起？其是通过何种媒介传播的？

14. 伊氏锥虫病病原的形态结构、生活史和流行病学特点如何？如何进行诊断与防治？

15. 鸡球虫病的主要病原有哪些？各自的寄生部位及其所致病变特征如何？其具有什么样的流行病学特点？

16. 犬复孔绦虫的孕节及虫卵特征如何？防治需要注意什么？

17. 裂头蚴病如何传播与流行？

18. 犬弓首蛔虫的生活史如何？

第六章

中兽医学基础

学习要求

掌握：阴阳的概念、相互关系及其应用；五行的归类、相互关系及其应用；脏腑的功能、相互关系；四诊及其应用；八纲辨证、脏腑辨证的方法；临床常见证候的主证、治则及方剂；四气五味的概念；代表性药物及其性味归经；代表性方剂的名称、组成、功效和主治。

熟悉：气血津液的含义及生理功能；经络的概念及组成；病因病机；卫气营血辨证的方法；根据症状分析证型、辨别病位、病性；中兽医内治八法；针灸的基本操作；中药炮制的常用方法；中兽医防治法则。

了解：五行的特性；脏腑和奇恒之腑的含义；针灸的基本概念；常用针具；中药、方剂、炮制、升降浮沉、归经、配伍禁忌、毒性、剂型、剂量的概念；临床常见证候的病因病理，以及本书没有涉及的执业兽医师资格考试大纲的内容。

第一节　中兽医学基础理论

中兽医学是中国传统兽医学的简称，是研究中国传统兽医学的理、法、方、药及针灸技术，以预防和治疗动物疾病为主要内容的一门综合性应用学科。

一、中兽医学的基本特点

其基本特点是整体观念和辨证论治。整体观念：一是指动物体本身的整体性，临床诊治疾病时着眼于整体，重视整体与局部间的关系；二是指动物体与自然环境间是对立统一的，动物不能离开自然界而生存，自然环境变化可影响动物的生理功能。辨证论治，是将四诊资料分析综合，判断为某种性质的"证"，并确定治则和治法的过程。"证"即"证候"，包括病因、病位、病性和邪正关系，既反映了该阶段病理变化的全面情况，同时也提出了治疗方向。

二、阴阳学说

（一）阴阳的概念

阴阳是对相互关联又相互对立的两种事物，或同一事物内部对立双方属性的概括。凡向上的、运动的、无形的、温热的、向外的、明亮的、亢进的、兴奋的及强壮的均属于阳，凡是向下的、静的、有形的、寒凉的、向内的、晦暗的、减退的、抑制的及虚弱的均属于阴。

（二）阴阳的相互关系

其相互关系主要体现在对立制约、互根互用、消长平衡和相互转化 4 个方面。对立即相反，如动与静、寒与热等，对立的双方，通过排斥、斗争以相互制约，取得统一，达到动态平衡。互根互用是指阴阳双方具有相互依存、互为根本的关系，以及相互资生、相互促进的关系。例如，热为阳，寒为阴，没有热就无所谓寒。消长平衡指阴阳双方不断运动变化，此消彼长，又力求维系动态平衡。相互转化指对立的阴阳双方在一定条件下，可向其属性相反的方面转化。

（三）阴阳学说的应用

在生理方面，根据其所在的上下、内外、表里、前后等各相对部位以及相对的功能活动特点来概括组织结构的阴阳属性。在病理方面，用以说明疾病的病理变化、发展和转归。诊断方面，用以分析症状和辨别证候的阴阳属性，八纲辨证就是分别从病性（寒热）、病位（表里）和正邪消长（虚实）等几方面来分辨阴阳。在治疗方面，用以确定治疗原则，泻其有余、补其不足、调整阴阳、使其重新恢复协调平衡是诊疗疾病的基本原则；用阴阳概括药物的性味与功能，指导临床用药，如“寒者热之，热者寒之”。在预防方面，加强饲养管理、增强动物体的适应能力，使动物体的阴阳适应四时阴阳的变化，以防止疾病的发生。

三、五行学说

（一）五行学说的概念

五行中的“五”，是指木、火、土、金、水 5 种物质；“行”，是指这 5 种物质的运动和变化。将这 5 种物质的特性作为推演各种事物的法则，对一切事物进行分类归纳，并将其生克制化关系作为法则对事物间的联系和运动规律加以说明，从而形成五行学说。

（二）五行学说的基本内容

1. 五行的特性

《尚书·洪范》中的“水曰润下，火曰炎上，木曰曲直，金曰从革，土爰稼穑”，是对五行特性的经典概括。润下，指滋润、下行、寒凉、闭藏等性质或作用。炎上，指温热、向上等性质或作用。曲直，指生长、升发、条达、舒畅等性质或作用。从革，指沉降、肃杀、收敛等性质或作用。稼穑，指生化、承载、受纳等性质或作用。

2. 五行的归类

按五行的特性，将与自然界和动物体有关的事物或现象的五行归类，择要如表 6-1 所示。

表 6-1 五行归类表

五行	自然界						动物体						
	五味	五色	五化	五气	五方	五季	脏	腑	五体	五窍	五液	五脉	五志
木	酸	青	生	风	东	春	肝	胆	筋	目	泪	弦	怒
火	苦	赤	长	暑	南	夏	心	小肠	脉	舌	汗	洪	喜
土	甘	黄	化	湿	中	长夏	脾	胃	肌肉	口	涎	代	思

续表

五行	自然界						动物体						
	五味	五色	五化	五气	五方	五季	脏	腑	五体	五窍	五液	五脉	五志
金	辛	白	收	燥	西	秋	肺	大肠	皮毛	鼻	涕	浮	悲
水	咸	黑	藏	寒	北	冬	肾	膀胱	骨	耳	唾	沉	恐

3. 五行的相互关系

五行之间存在着有序的相生、相克以及制化关系，从而维持着事物生化不息的动态平衡；五行间的生克制化关系遭受破坏时，则出现相乘、相侮和母子相及。五行相生的次序是：木生火、火生土、土生金、金生水、水生木。生我者为“母”，我生者为“子”。五行相克的次序是：木克土、土克水、水克火、火克金、金克木。我克者为“所胜”，克我者为“所不胜”。五行相乘，即相克太过，其次序同相克。五行相侮，即反克，其次序为木侮金、金侮火、火侮水、水侮土、土侮木。

（三）五行学说的应用

以五行特性来分析说明动物体脏腑、组织器官的五行属性，肝属“木”、心属“火”、脾属“土”、肺属“金”、肾属“水”；以五行生克制化关系来分析其生理功能及其相互关系，以五行乘侮关系和母子相及来阐释其相互影响，并指导临床的辨证论治。例如，肝（木）病传心（火）为“母病及子”，心（火）病及肝（木）为“子病犯母”；肝气过旺，对脾的克制太过，肝病传于脾，是“相乘为病”；肝气过旺，肺无力对其加以制约，导致肝病传肺（木侮金），为“相侮为病”。

四、脏腑学说

（一）脏腑学说的概念

研究动物体各脏腑器官的生理活动、病理变化及其相互关系的学说，称为脏腑学说，主要包括五脏、六腑、奇恒之腑及其相联系的组织、器官的功能活动，以及它们之间的相互关系。

（二）五脏

五脏即心、肝、脾、肺、肾，是化生和贮藏精气的器官，具有藏精气而不泻的特点。心位于胸中，有心包护于外，其主要生理功能是主血脉和藏神。心开窍于舌，在液为汗；

其经脉下络于小肠，与小肠相表里。肺位于胸中，上连气道，其主要功能是主气、司呼吸，主宣发和肃降，通调水道，外合皮毛。肺开窍于鼻，在液为涕；其经脉下络于大肠，与大肠相表里。脾位于腹内，其主要生理功能为主运化，统血，主肌肉四肢。脾开窍于口，在液为涎；其经脉络于胃，与胃相表里。肝位于腹腔右上侧季肋部，有胆附于其下，其主要生理功能是藏血，主疏泄，主筋。肝开窍于目，在液为泪；其经脉络于胆，与胆相表里。肾位于腰部，左右各一，其主要生理功能为主藏精，主命门之火，主水，主纳气，主骨、生髓、通于脑。肾开窍于耳，司二阴，在液为唾；其经脉络于膀胱，与膀胱相表里。

（三）六腑

六腑即胆、胃、大肠、小肠、膀胱、三焦，是受盛和传化水谷的器官，有传化浊物、泻而不藏的特点。胆附于肝，内藏胆汁，其主要功能是贮藏和排泄胆汁，以帮助脾胃的运化。胃位于膈下，上接食道，下连小肠，主受纳和腐熟水谷。小肠上通于胃，下接大肠，其主要功能是受盛化物和分别清浊。大肠上通小肠，下连肛门，其主要功能是传化糟粕。膀胱位于腹部，其主要功能为储存和排泄尿液。三焦是上、中、下焦的总称，膈以上为上焦（包括心、肺等脏），主要司呼吸，主血脉，将水谷精气敷布全身，以温养肌肤、筋骨，并通调腠理；脘腹部相当于中焦（包括脾、胃等脏腑），主要腐熟水谷，将营养物质通过肺脉化生营血；脐以下为下焦（包括肝、肾、大小肠、膀胱等脏腑），主要分别清浊，将糟粕以及代谢后的水液排泄于外。

（四）奇恒之腑

奇恒之腑即脑、髓、骨、脉、胆、胞宫。

（五）脏腑的相互关系

脏与腑间存在着阴阳、表里的关系，通过经脉联系，在生理和病理上相互联系、相互影响。脏在里，属阴；腑在表，属阳；心与小肠、肝与胆、脾与胃、肺与大肠、肾与膀胱、心包络与三焦相表里。心火下移小肠，熏蒸水液，常可引起尿少、尿赤、尿热等小肠实热的病症。脏腑还与肢体组织（脉、筋、肉、皮毛、骨）、五官九窍（舌、目、口、鼻、耳及前后阴）等有着密切联系。五脏之间存在着相互资助与制约的关系，六腑之间存在着承接合作的关系，五脏与肢体官窍之间存在着归属开窍的关系等，共同构成功能上相互联系的统一整体。

五、气血津液

（一）气血津液概述

气是不断运动的、极其细微的物质，主要发挥推动、温煦、防御和固摄作用。气包括禀受于父母的精气，即先天之气，以及肺吸入的自然界清气和脾胃所运化的水谷精微之气，即后天之气。气就生成及作用而言，主要有元气、宗气、营气、卫气。气的运动称为气机，基本形式有升、降、出、入 4 种。气机升降正常，维持相对平衡，气机升降失调则会发生病变。血是循行于脉中的红色液体，来源于水谷精微，或营气入于心脉化生，或精血互相转化。津液是体内一切正常水液的总称，津清稀、液黏稠。它们都是构成机体和维持机体生命活动的基本物质，相互依存、相互转化和相互为用。研究它们生成、输布、生理功能、病理变化及其相互关系的学说，称为气血津液学说。

（二）气血津液的关系

气能生血、行血、摄血，血以载气，“血为气母”“气为血帅”。气能生津（液）、行津（液）、摄津（液），津（液）以载气，津液的丢失将引起气的耗损而致气虚。血和津液在性质上均属于阴，都是以营养、滋润为主要功能的液体，其来源相同，又能相互渗透转化，津液是血液的组成部分，临床上血虚证不宜用汗法，多汗津亏者也不宜用放血疗法。

六、经络学说

经络学说是研究机体经络系统的组织结构、生理功能、病理变化及其与脏腑关系的学说。

（一）经络的概念与组成

经络是动物体内经脉和络脉的总称，是机体联络脏腑、沟通内外和运行气血、调节功能的通路，是动物体组织结构的重要组成部分。其主要由 4 部分组成，即经脉、络脉、内属脏腑部分和外连体表部分。其中，最主要的为十二经脉（见表 6–2）。

表 6–2 十二经脉命名表

循行部位（阴经行于内侧，阳经行于外侧）	阴经（属脏络腑）		阳经（属腑络脏）	
	前肢	后肢	前肢	后肢
前缘	太阴肺经	太阴脾经	阳明大肠经	阳明胃经
中线	厥阴心包经	厥阴肝经	少阳三焦经	少阳胆经
后缘	少阴心经	少阴肾经	太阳小肠经	太阳膀胱经

（二）经络系统的生理功能

经络能密切联系周身的组织和脏器。在生理方面，其能运行气血，温养全身；协调脏腑，联系全身各部；保卫体表，抗御外邪。在病理方面，其能传导病邪和反映病变。

例如，外感风寒在表不解，可通过前肢太阴肺经传入肺脏，引起咳喘等证；肝火亢盛，可循肝经上传于眼，出现目赤肿痛、睛生翳膜等症状。在治疗方面，其有传递药物的作用——“按经选药”；感受和传导针灸的刺激作用——“循经取穴”。

七、病因病机

（一）病因病机的概念

病因是指致病因素，即引起动物疾病发生的原因。病机指各种病因作用于机体，引起疾病发生、发展与转归的机理。

（二）病因

病因，中兽医学称为“病源”或“邪气”，分为外感、内伤和其他致病因素（包括外伤、虫兽伤、寄生虫、中毒、痰饮、瘀血等）三大类。外感致病因素是指来源于自然界，多从皮毛、口鼻侵入机体，包括六淫和疫疠。

六淫即自然界的风、寒、暑、湿、燥、火（热）6 种反常气候，正常情况下称为“六气”。六淫致病，具有下列共同特点：外感性、季节性、兼挟性和转化性。

风为阳邪，其性轻扬开泄，善行数变，主动。寒性阴冷，易伤阳气；寒性凝滞，易致疼痛；寒性收引，可使机体气机收敛，腠理、经络、筋脉和肌肉等收缩挛急。暑性炎热，易致发热；暑性升散，易耗气伤津；暑多挟湿。湿为阴邪，阻遏气机，易损阳气，最易伤及脾阳；湿行重浊，其性趋下；湿性黏滞，缠绵难退。燥性干燥，易伤津液；燥易伤肺。火为热极，其性炎上；火邪易生风动血；火邪易伤津液、易致疮痈。

“疫”，是指瘟疫，有传染的意思；“疠”，指天地间的不正之气。疫疠流行有的有明显的季节性，称为“时疫”。疫疠发病急骤，能相互传染，蔓延迅速。

（三）病机

病机，即疾病发生、发展与变化的机理。各种致病因素都是通过动物体内部因素而起作用的，疾病就是正气与邪气相互斗争，发生邪正消长、阴阳失调和升降失常的结果。

第二节 辨证施治

一、诊法

诊法主要有望、闻、问、切 4 种，简称“四诊”，临床运用时，只有将它们有机地结合起来，做到“四诊合参”，才能全面系统地了解病情，做出正确判断。

（一）望诊

望诊是运用视觉，有目的地观察病畜全身和局部的一切情况及其分泌物、排泄物的变化，以获得有关病情资料的一种方法。望诊是“以常衡变”，可分为望全身和望局部两个方面。望全身主要包括精神、形体、皮毛、动态等。望局部主要包括眼、耳、鼻、口唇、呼吸、饮食、躯干、四肢、二阴和粪尿。察口色指通过观察口腔各有关部位的色泽，以及舌苔、口津、舌形等的变化，以诊断脏腑病症的方法。口色分为正常口色、有病时口色以及病症垂危时口色三大类，简称正色、病色和绝色。

动物的正常口色一般是舌质淡红，不胖不瘦，活动灵活自如；微有薄白苔，稀疏均匀；干湿得中，不滑不燥；但由于四季气候不同，以及动物种类、品种、年龄等不同，也有差异和变化。病色应从舌质（舌色）、舌苔、口津、舌形等方面进行观察。舌质白色，主虚证，为气血不足之兆；赤色，主热证，为气血趋向于外的反映；青色，主寒、主痛、主风，多为感受寒邪及疼痛的象征；黄色，主湿，多为肝、胆、脾的湿热所引起；黑色，主寒深、热极。舌苔为舌面上的一层薄垢，由胃气熏蒸而成。从舌苔的有无变化，可知胃气的强弱；从舌苔的颜色变化，可知病性的寒热；从舌苔厚薄的变化，可知病邪的深浅和病势的进退；从舌苔的润燥变化，可知津液的存亡；从舌苔的腐腻变化，可知脾胃湿浊的消长。绝色是危重症或濒死期的口色，主要有青黑或紫黑两种。口色有光泽表示正气未伤，生机尚存，预后良好；无光泽表示正气已伤，生机全无，预后可疑，甚至死亡。

（二）闻诊

闻诊是通过听觉和嗅觉了解病情的一种诊断方法，包括闻声音和嗅气味两个方面。声音包括叫声、呼吸音、咳嗽声、咀嚼及肠音等。气味包括口气、鼻气及脓、粪、尿、带的气味等。

（三）问诊

问诊是通过与动物主人及有关饲养人员进行有目的交谈，以调查了解有关病情的一种方法。问诊的内容主要有：发病及诊疗经过，饲养管理及使役情况，病畜来源及疫病情况，既往病史及生殖情况。

（四）切诊

切诊是依靠手指的感觉，进行切、按、触、叩，从而获得有关病情资料的一种诊察方法，包括切脉和触诊两部分。马、骡切双凫脉或颌外动脉；牛、骆驼切尾动脉；猪、羊、犬等切股内动脉。切脉时常用 3 种指力，即浮取、中取、沉取；脉象常分为健康无病之脉、反常有病之脉和病情垂危的脉象 3 种，简称平脉、反脉、易脉。触诊指用手对病畜各部位进行触摸按压，以探察冷热温凉、软硬虚实、局部形态及疼痛感觉等方面的变化。

二、辨证

（一）八纲辨证

八纲，即表、里、寒、热、虚、实、阴、阳。八纲辨证是所有辨证方法的总纲，是对疾病所表现出共性的概括。

1. 表证和里证

表证病位在肌表，病变较浅，多由皮毛受邪所引起，常具有起病急、病程短、病位浅的特点。一般症状表现是舌苔薄白，脉浮，恶风寒（被毛逆立、寒颤），又常有鼻流清涕、咳嗽、气喘等症状。表证主要有风寒表证和风热表证两种，治疗宜采用汗法，又称解表法，根据寒热轻重的不同，或辛温解表，或辛凉解表。里证病位在脏腑，病变较深，多见于外感病的中、后期或内伤诸病。其病因复杂，病位广泛，症状繁多。里证的治疗需根据病症的寒热虚实，分别采用温、清、补、消、泻诸法。

2. 寒热

寒证是“阴胜其阳”的证候，或为阴盛，或为阳虚，或阴盛、阳虚同时存在。一般症状是口色淡白或淡清，口津滑利，苔白，脉迟，尿清长，粪稀，鼻寒耳冷，四肢发凉等。时有恶寒、被毛逆立、肠鸣腹痛的症状。治疗宜采用温法。热证是“阳胜其阴”的证候，或阳盛，或阴虚，或阳盛、阴虚同时存在。一般症状是口色红，口津减少或干黏，苔黄，脉数，尿短赤，粪干或泻痢腥臭，呼出气热，身热。时有目赤、气促喘粗、贪饮、恶热等症状。治疗宜用清法。

3. 虚实

虚证是对机体正气虚弱所出现的各种证候的概括。一般症状是口色淡白，舌质如绵，无舌苔，脉虚无力，头低耳耷，体瘦毛焦，四肢无力。时有虚汗、虚喘、粪稀或完谷不化等症状。治疗宜采用补法。凡邪气亢盛而正气未衰，正邪斗争比较激烈而反映出来的亢奋证候，均属于实证。常见高热，烦躁，喘息气粗，腹胀疼痛，拒按，大便秘结，小便短少或淋漓不通，舌红苔厚，脉实有力等。治疗宜采用泻法。

4. 阴阳

阴证是阳虚阴盛、机能衰退、脏腑功能下降的表现，多见于里证的虚寒证。其主要表现是体瘦毛焦，倦怠肯卧，体寒肉颤，怕冷喜暖，口流清涎，肠鸣腹泻，尿液清长，舌淡苔白，脉沉迟无力。阳证是邪气盛而正气未衰，正邪斗争亢奋的表现，多见于里证的实热证。其主要表现是精神兴奋，狂躁不安，口渴贪饮，耳鼻肢热，口舌生疮，尿液短赤，舌红苔黄，脉象洪数有力，腹痛起卧，气急喘粗，粪便秘结。

（二）脏腑辨证

脏腑辨证是根据脏腑的生理功能、病理变化，对疾病证候进行分析归纳，借以推究病因病机，判断病位、病性和正邪盛衰等状况的一种辨证方法，是各种辨证方法的基础，多用于辨内伤杂病。其方法和步骤是：首先通过四诊掌握病史和症状等病情资料，如心慌、气短、自汗、倦怠无力、畏寒肢冷、舌淡苔白等；然后运用八纲辨证分清表里、寒热、虚实、阴阳，如见心慌、自汗等脏腑症状，知病在里，见面白、畏寒、肢冷，知证为寒；再根据脏腑病理反映判断病变脏腑，如见心慌、脉细无力等血脉和神志之症，判断病变在心；最后确定为何证，为立法、处方、用药提供理论依据，综合诊断为“心、虚、寒”，即“心阳虚”或“心阳不振”。

（三）六经和卫气营血辨证

六经辨证是将外感病发生、发展过程中所表现的不同证候，归纳为太阳病、阳明病、少阳病、太阴病、少阴病、厥阴病 6 类，用以阐述各阶段病变特点，指导治疗的一种辨证方法。三阳病证以六腑的病变为基础，三阴病证则以五脏的病变为基础。凡是抗病力强、病势亢盛的均为三阳病。凡是寒邪入里、正虚阳衰、抗病力弱、病势衰退的多为三阴病。三阳病多热证、实证，治疗重在祛邪；三阴病证多寒证、虚证，治疗重在扶正。

卫气营血辨证是用于外感温病的一种辨证方法。温病是受温热病邪所引起的多种急性热病的总称，是外感病的一大类别，以发展迅速、变化较多、热象偏重、易化燥伤阴为特征。温热病邪首先犯卫，邪在卫分不解，则内传于气分；气分病邪不解，则入营分，邪在营分不解，则入血分。卫分主表，病在肺与皮毛；气分主里，病在肺、肠、胃等脏腑；营分是邪热入于心营，病在心与心包；血分是邪热已深入肝、肾，重在动血、耗血。在治法上，病在卫分宜辛凉解表，用银翘散加减；病在气分宜清热生津，用麻杏石甘汤、白虎汤或增液承气汤等加减；病在营分宜清营透热，用清营汤或清宫汤等加减；病在血分宜清热凉血，用犀角地黄汤、清瘟败毒饮、羚羊钩藤汤等加减。

三、防治法则

（一）治未病

治未病包括未病先防和既病防变两个方面的内容。未病先防是在动物未发病之前，采取各种措施，预防疾病的发生，重在培养机体的正气，主要从加强饲养管理、合理使役、针药调理和疫病预防 3 个方面着手。既病防变，主要从两个方面着手：一是早期诊治，防止疾病进一步的发展与恶化；二是掌握疾病传变的规律，治其未病之脏腑，防止疾病的传变。

（二）治则

治则，就是治疗动物疾病的法则，是具体治疗方法的指导原则，包括扶正与祛邪、治病求本、同治与异治、三因制宜和治疗与护养等方面的内容。

（三）治法

治法，主要包括内治法和外治法两大类。内治法有汗、吐、下、和、温、清、补、消 8 种药物治疗的基本方法，外治法有贴敷、掺药、点眼、吹鼻、熏、洗、口噙、针灸等。

第三节 中药与方剂

一、总论

（一）中药总论

中药是在中（兽）医理论指导下，用于预防和治疗各种动物疾病的药物。我国的中药资源非常丰富，种类已达 12 800 余种，植物药占绝大多数，故亦称“本草”。

1. 中药的采集、加工与保存

中药的采收季节、时间和方法，与药材品质的优劣密切相关。中药采收后，大多应进行干燥处理，贮藏药物的库房必须保持干燥、凉爽及注意避光。

2. 中药的炮制

中药的炮制是根据中兽医药理论，依照辨证用药的需要和药物的自身性质，以及调剂、制剂的要求采取的一项传统制药技术，包括对药材的一般修治整理和对部分药材的特殊处理。炮制后的药物成品，习惯上称为饮片。中药炮制的常用方法包括纯净、粉碎、切制等修治法，淋、洗、泡、润、漂、浸、水飞等水制法，清炒、拌炒、炙、烘焙、煨、煅等火制法，蒸、煮、燀、炖、淬等水火共制法，以及发芽、发酵、制霜、复制等其他方法。

3. 中药的性能

中药的性能是指其与疗效有关的性味和效能，前人称之为药物的偏性。

（1）四气五味。

药物具有的寒、凉、温、热 4 种不同药性，称为四气或四性。中药所具有的辛、甘、酸、苦、咸 5 种不同药味，称为五味，辛能散行、甘能缓补、酸能收涩、苦能燥泻、咸能软下。

（2）升降浮沉。

升降浮沉指药物进入机体后的作用趋向，是与疾病表现的趋向相对而言的。升浮药主上行而向外，属阳，有升阳、发表、祛风、散寒、催吐、开窍等作用；沉降药主下行而向内，属阴，有潜阳、息风、降逆、止吐、清热、渗湿、利尿、泻下、止咳、平喘等功效。

（3）归经。

归经指中药对机体某部分的选择作用，即主要对某经（脏腑及其经络）或某几经发生明显的作用，而对其他经则作用较小或没有作用。中药归经，是以脏腑、经络理论为基础，以所治具体病症为根据。临床应用时，需根据动物脏腑经络的病变“按经选药”，以及根据脏腑经络病变的相互影响和传变规律选择用药，即选用入它经的药物配合治疗。

（4）毒性。

毒性指中药对畜体产生的毒害作用，是临床用药时应当尽量避免的。

4. 配伍禁忌

配伍禁忌是根据动物病情的需要和药物的性能，有目的地将两种以上的药物配合在一起应用。配伍效应有的对动物体有益，有的则有害。根据传统的中药配伍理论，将其归纳为单行、相须、相使、相畏、相杀、相恶、相反 7 种，称为药性“七情”。古人积累了许多有关配伍禁忌的经验，主要有“十八反”和“十九畏”。

5. 剂量

剂量指每一药物的常用治疗量。确定剂量一般根据药物的性能、配伍与剂型、病情的轻重、动物种类和体型大小，以及动物的年龄、性别以及地区、季节等。

（二）方剂总论

方指医方，剂指调剂。方剂是由单味或多味药物按一定配伍原则和调剂方法制成的药剂。

1. 方剂组成与配伍

方剂组成与配伍一般包括君、臣、佐、使 4 部分。君药针对病因或主证，又称主药。臣药辅助君药，加强治疗作用，又称辅药。佐药，或用于治疗兼证或次要证候，或制约君药的毒性或烈性；反佐，用于因病势拒药须加以从治者。使药指方中的引经药，或协调、缓和药性的药物。

2. 剂型和用法

常用剂型有散剂、汤剂、丸剂、丹剂、流浸膏、浸膏、软膏、锭剂、酊剂、片剂、冲剂、合剂、注射剂等，目前中药在兽医临床上仍以汤剂、散剂灌服为主。空腹或草前灌服则药物吸收较快，适于急病和脾胃病；饱腹或草后灌药，则药的吸收较慢，对于慢性病或灌服刺激性较大的药物以及补养药比较合适。灌服次数一般为每天 1～2 次。

二、常用中药及方剂

（一）解表药及方剂

以发散表邪、解除表证为主要作用的药物，称为解表药，多有辛味，有发汗、解肌的作用，适于邪在肌表的病症。解表药分为辛温解表药和辛凉解表药两类。前者多辛温，有发散风寒的功能，发汗作用较强，适于风寒表证，常用药有麻黄、桂枝、细辛、荆芥、防风、紫苏、白芷、辛夷、苍耳子、生姜、葱白；后者多辛凉，有发散风热的功能，发汗作用较缓和，适于风热表证，常用药有薄荷、牛蒡子、蝉蜕、葛根、桑叶、菊花、柴胡、升麻。以解表药为主组成，具有发汗解表作用，用以解除表证的一类方剂，称解表方，常用解表方见表 6–3。

表 6–3　常用解表方

方　名	组　成	功　效
麻黄汤	麻黄（去节）、桂枝、杏仁、炙甘草	发汗解表，宣肺平喘
桂枝汤	桂枝、白芍、炙甘草、生姜、大枣	解肌发表，调和营卫
荆防败毒散	荆芥、防风、羌活、独活、柴胡、前胡、桔梗、枳壳、茯苓、甘草、川芎	发汗解表，散寒除湿
银翘散	银花、连翘、淡豆豉、桔梗、荆芥、淡竹叶、薄荷、牛蒡子、芦根、甘草	辛凉解表，清热解毒

（二）清热药及方剂

以清解里热为主要作用的药物，称为清热药。清热药性属寒凉，根据其清热泻火、解毒、凉血、燥湿、解暑等功效，可分为五类，主要用于高热、热痢、湿热黄疸、热毒疮肿、热性出血及暑热等里热证，常用清热药见表 6–4。以清热药为主组成，具有清热泻火、凉血解毒等作用，用以治疗里热证的一类方剂，称为清热方，常用清热方见表 6–5。

表 6–4　常用清热药

类　别	药　物
清热泻火药	石膏、知母、芦根、栀子、夏枯草、淡竹叶、胆汁
清热凉血药	丹皮、地骨皮、生地、白头翁、白茅根、紫草、玄参、水牛角
清热燥湿药	黄连、黄芩、黄柏、龙胆、苦参、黄连、秦皮
清热解毒药	金银花、连翘、紫花地丁、蒲公英、穿心莲、射干、山豆根、板蓝根
清热解暑药	香薷、荷叶、青蒿

表 6–5　常用清热方

方　名	组　成	功　效
白虎汤	石膏（打碎先煎）、知母、甘草、粳米	清热生津
犀角地黄汤	犀角（用 10 倍量水牛角代）、生地、白芍、丹皮	清热解毒，凉血散瘀
黄连解毒汤	黄连、黄芩、黄柏、栀子	泻火解毒
五味消毒饮	金银花、野菊花、蒲公英、紫花地丁、紫背天葵	清热解毒，消疮散痈
苇茎汤	苇茎、冬瓜仁、薏苡仁、桃仁	清肺化痰，祛瘀排脓
清肺散	板蓝根、葶苈子、甘草、浙贝母、桔梗	清肺平喘，化痰止咳
郁金散	郁金、诃子、黄芩、大黄、黄连、栀子、白芍、黄柏	清热解毒，涩肠止泻
白头翁汤	白头翁、黄柏、黄连、秦皮	清热解毒，凉血止痢
香薷散	香薷、黄芩、黄连、甘草、柴胡、当归、连翘、天花粉、栀子	清心解暑，养血生津
茵陈蒿汤	茵陈蒿、栀子、大黄	清热，利湿，退黄

（三）泻下药及方剂

凡能攻积、逐水，引起腹泻，或润肠通便的药物，称为泻下药，分为攻下药、润下药、峻下逐水药 3 类。泻下药用于里实证，主要功能为：清除胃肠道内的宿食、燥粪以及其他有害物质，使其从粪便排出；清热泻火，使实热壅滞通过泻下而得到缓解或消除；逐水退肿，使水邪从粪尿排出，以达到祛除停饮、消退水肿的目的。以泻下药为主组成，具有通导大便、排除胃肠积滞、荡涤实热、攻逐水饮作用，用于治疗里实证的方剂，称为泻下方。泻下方常分为 3 类：攻下剂，如大承气汤；润下剂，如当归苁蓉汤；逐水剂，如十枣汤。

（四）消导药及方剂

凡能健运脾胃，促进消化，具有消积导滞作用的药物，称为消导药，也称为消食药。消导药大多性味甘平或甘温。常用消导药有神曲、山楂、麦芽、鸡内金、莱菔子。以消导药为主组成，具有消食化积功能，用于治疗积滞痞块的一类方剂，称为消导方。其属“八法”中的“消法”，常用消导方有曲蘖散、保和丸。

（五）止咳化痰平喘药及方剂

凡能消除痰涎、制止或减轻咳嗽和气喘的药物，称为止咳化痰平喘药。此类药物味多辛、苦，入肺经，分为温化寒痰药、清化热痰药和止咳平喘药，常用止咳化痰平喘药见表 6–6。以化痰、止咳、平喘药为主，有消除痰涎、缓解或制止咳喘作用，用于治疗肺经疾病的方剂，称为化痰止咳平喘方。常用化痰止咳平喘方有二陈汤、止嗽散、麻杏甘石汤、苏子降气汤、百合散和清肺散。

表 6–6　常用止咳化痰平喘药

类　别	药　物
温化寒痰药	半夏、天南星、旋覆花、白前
清化热痰药	贝母、瓜蒌、天花粉、桔梗、前胡
止咳平喘药	杏仁、紫菀、款冬花、百部、马兜铃、葶苈子、苏子、枇杷叶、白果、洋金花

（六）温里药及方剂

凡是药性温热，能够祛除寒邪的一类药物，称为温里药或祛寒药，其具有温中散寒、回阳救逆的功效，多属于辛热之品，还具有行气止痛的作用。常用温里药有干姜、附子、肉桂、吴茱萸、小茴香、高良姜、艾叶、花椒、白扁豆。以温热药为主组成，具有温中散寒、回阳救逆、温经通脉等作用，用于治疗里寒证的一类方剂，称为温里方或祛寒方。其属于“八法”中的“温法”。常用温里方有理中汤、茴香散、桂心散和四逆汤。

（七）祛湿药及方剂

凡能祛除湿邪、治疗水湿症的药物，称为祛湿药，分为祛风湿药（包括羌活、独活、五加皮、木瓜、乌梢蛇、威灵仙、秦艽、防己、豨莶草、桑寄生、藁本、马钱子）、利湿药（茯苓、猪苓、泽泻、车前子、滑石、薏苡仁、茵陈、木通、通草，瞿麦、扁蓄、石韦、海金沙、金钱草、萆薢、地肤子）和化湿药（藿香、佩兰、苍术、白豆蔻、草豆蔻）。以祛湿药物为主组成，具有化湿利水、祛风除湿作用，用于治疗水湿和风湿病症的一类方剂，称为祛湿方。祛湿方分为祛风湿、利水和化湿 3 类，常用祛湿方有独活散、独活寄生汤、五苓散、八正散、藿香正气散、五皮饮、平胃散。

（八）理气药及方剂

凡能疏通气机、调理气分疾病的药物，称为理气药，多辛温香燥，具有行气消胀、解郁、止痛、降气等作用。常用理气药有陈皮、砂仁、厚朴、枳实、木香、乌药、槟榔、丁香、青皮、香附、草果、赭石。以理气药为主组成，具有调理气分，舒畅气机，消除气滞、气逆作用，用于治疗各种气分病证的方剂，称为理气方，其效用有行气、降气和补气 3 个方面，常用理气方有橘皮散、越鞠丸。

（九）理血药及方剂

凡能调理和治疗血分病证的药物，称为理血药，分为补血、清热凉血、活血祛瘀和止血 4 类。前两者分别见清热药和补益药中叙述，活血祛瘀药有川芎、丹参、益母草、桃仁、红花、牛膝、王不留行、赤芍、乳香、没药、延胡索、五灵脂、三棱、莪术、郁金、穿山甲、自然铜、土鳖虫，止血药有白及、仙鹤草、棕榈炭、血余炭、海螵蛸、三七、蒲黄、大蓟、小蓟、侧柏叶、地榆、槐花、茜草、藕节、血竭。有活血调血或止血作用，用于治疗血瘀或出血证的方剂，统称理血方，分为补血（见补虚方）、凉血（见清热方）、活血、止血等方面，常用活血化瘀和止血方剂有桃红四物汤、红花散、生化汤、通乳散、秦艽散、槐花散。

（十）收涩药及方剂

凡具有收敛固涩作用，能治疗各种滑脱证的药物，称为收涩药，分为涩肠止泻和敛汗涩精两类。前者主要包括乌梅、诃子、五倍子、罂粟壳、肉豆蔻、石榴皮，后者主要有五味子、牡蛎、金樱子、桑螵蛸、芡实、浮小麦。具有收敛固涩作用，用于治疗气、血、精、津液耗散滑脱的一类方剂，统称为收涩方。常用收涩方有乌梅散、玉屏风散和牡蛎散。

（十一）补虚药及方剂

凡能补益机体气血阴阳的不足，用于治疗各种虚证的药物，称为补虚药，分为补气、补血、滋阴、助阳 4 类，常用补虚药见表 6–7。具有补益畜体气、血、阴、阳不足和扶助正气，用以治疗各种虚证的一类方剂，统称为补虚方，其属于“八法”中的“补法”，分为补气、补血、补阴、补阳 4 类。常用补虚方有四君子汤、生脉散、补中益气汤、四物汤、归芪益母汤、肾气丸、巴戟散、六味地黄汤、百合固金汤。

表 6-7 常用补虚药

类别	药物	相同点	性味
补气药	人参、党参、黄芪、白术、山药	补脾益气	多味甘，性平或偏温
	大枣、甘草	补气和中，调和药性	
补血药	当归、熟地、阿胶、何首乌、白芍	补血	多味甘，性平或偏温
助阳药	巴戟天、肉苁蓉、淫羊藿、锁阳、胡芦巴、补骨脂、益智仁、蛤蚧、菟丝子	温肾壮阳	味甘或咸，性温或热
	杜仲、续断、骨碎补	补肝肾，强筋骨，安胎	
滋阴药	沙参、玉竹、天冬、麦冬、石斛、百合	养阴清热，润肺止咳	多味甘，性凉
	女贞子、枸杞子、山茱萸、黄精、鳖甲	滋养肝肾	

（十二）平肝药及方剂

凡能清肝热、息肝风的药物，称为平肝药，分为平肝明目和平肝息风两类，常用平肝药见表 6-8。以辛散祛风或滋阴潜阳、清热平肝药为主组成，具有疏散外风和平熄内风作用，用于治疗风证的一类方剂，统称祛风方。常用祛风方有牵正散、镇肝熄风汤。

表 6-8 常用平肝药

类别	药物	相同点
平肝明目药	石决明、草决明、谷精草、密蒙花、青葙子、夜明砂	清肝明目
	木贼	平肝祛风，明目
	天麻、钩藤、蔓荆子	平肝息风，镇痉
平肝息风药	全蝎、蜈蚣、僵蚕、地龙	定惊止痉
	白附子、天竺黄	祛痰定惊，止痉

（十三）安神开窍药及方剂

具有安神、开窍性能，用于治疗心神不宁、窍闭神昏病症的药物，称为安神开窍药，分为安神药与开窍药两类，常用安神药主要有酸枣仁、柏子仁、远志，常用开窍药主要有麝香、石菖蒲、牛黄、蟾蜍、皂角。以重镇药为主组成，具有重镇安神功能，用于治疗惊悸、狂躁不安等证的方剂，称为安神方，常用方有朱砂散。以芳香走窜药物为主，治疗神昏及气滞痰闭等证的方剂，称为开窍方，常用方有通关散。

（十四）驱虫药及方剂

凡能驱除或杀灭畜、禽体内、外寄生虫的药物，称为驱虫药。其中，使君子、鹤虱、川楝子主要驱杀蛔虫，槟榔、雷丸、南瓜子、贯众、鹤草芽、石榴皮主要驱杀绦虫、蛔虫，常山主要驱杀疟原虫、球虫。以驱虫药为主组成，具有驱除或杀灭寄生虫的作用，用于治疗畜禽体内、外寄生虫病的方剂，称为驱虫方。常用驱虫方有贯众散。

（十五）外用药及方剂

凡以外用为主，通过涂敷、喷洗形式治疗家畜外科疾病的药物，称为外用药，其一般具有杀虫解毒、消肿止痛、去腐生肌、收敛止血等功用，多有毒性。杀虫止痒药主要有硫黄、雄黄，消肿止痛药主要有硼砂、冰片，燥湿杀虫止痒药主要有白矾、炉甘石，消肿散结药主要有硇砂、斑蝥、木鳖子，止血药主要有石灰、儿茶。以外用药为主组成，能直接作用于病变局部，具有清热凉血、消肿止痛、化腐拔毒、排脓生肌、接骨续筋和体外杀虫止痒等功效的一类方剂，称为外用方。常用外用方有桃花散、冰硼散、青黛散。

第四节　穴位与针灸

一、穴位

（一）穴位概述

穴位，古称俞穴或腧穴，又名孔穴、穴道。它是针灸的刺激点，是脏腑经络的气血在体表汇集、输注的部位。通过经络的联系，穴位可以接受针灸的各种刺激并将其传导至体内，使内部脏腑的功能得到调整，从而达到防治疾病的目的。穴位的命名，或按形象，或按脏腑，或按作用，或按自然位置，或按会意。动物穴位常按针具和针法来分类，分为血针穴位、白针穴位、巧治穴位和阿是穴。常用取穴方法有解剖形态法、体躯连线法或度量法。常用选穴规律包括局部选穴、邻近取穴、循经取穴、随证选穴。常用的配穴规律包括两侧对称配穴、前后配穴、内外配穴、表里配穴、背腹配穴和远近配穴。

（二）马常用穴位（参见图 6-1）

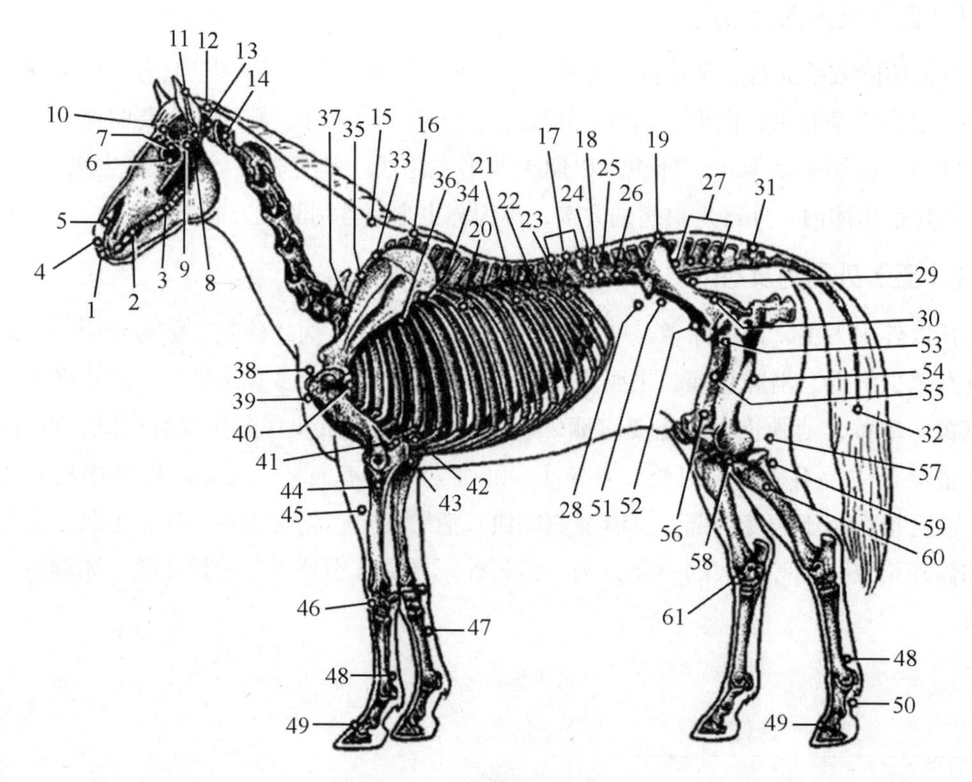

图 6-1　马的骨骼及穴位

1—分水；2—锁口；3—开关；4—抽筋；5—鼻俞；6—睛明；7—睛俞；8—上关；9—下关；10—大风门；11—耳尖；12—天门；131—风门；14—伏兔；15—大椎；16—鬐甲；17—断血；18—命门；19—百会；20—肺俞；21—肝俞；22—脾俞；23—大肠俞；24—腰前；25—腰中；26—腰后；27—八窖；28—丹田；29—巴山；30—路股；31—尾根；32—尾尖；33—膊尖；34—膊栏；35—肺门；36—肺攀；37—膊中；38—肩井；39—肩俞；40—肩外俞；41—肘俞；42—掩肘；43—乘镫；44—乘重；45—前三里；46—膝眼；47—膝脉；48—缠腕；49—蹄头；50—滚蹄；51—居髎；52—环跳；53—大胯；54—小胯；55—后伏兔；56—阴市；57—掠草；58—阳陵；59—丰隆；60—后三里；61—曲池。

（三）牛常用穴位（参见图 6-2）

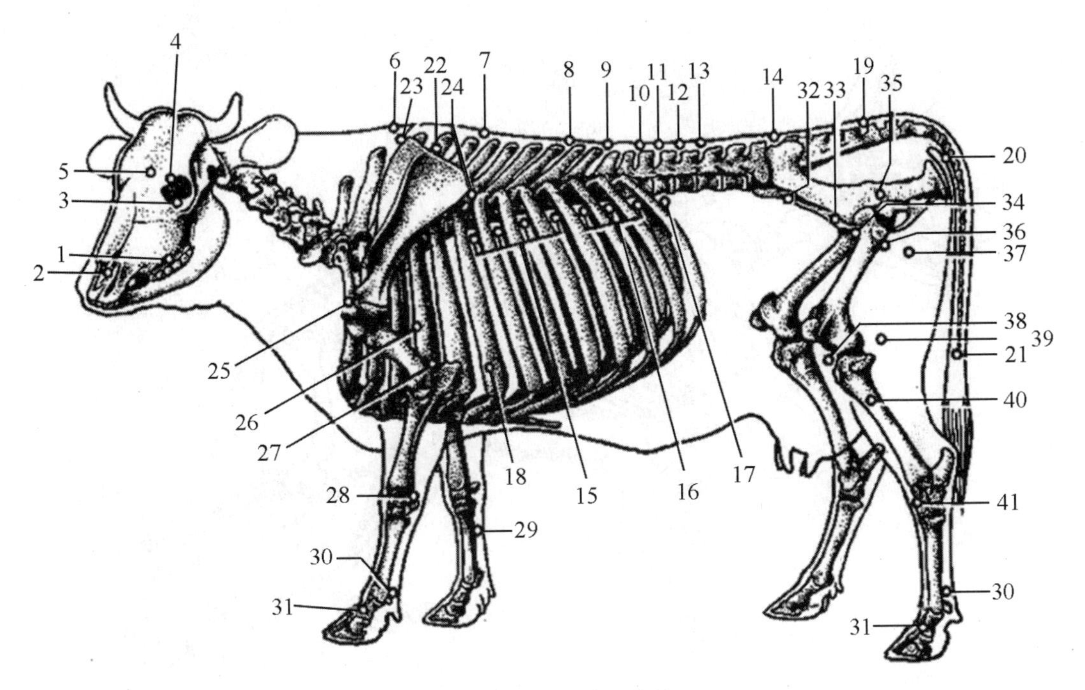

图 6-2　牛的骨骼及穴位

1—开关；2—鼻俞；3—睛明；4—睛俞；5—通天；6—丹田；7—鬐甲；8—苏气；9—安福；10—天平；11—后丹田；12—命门；13—安肾；14—百会；15—通窍；16—六脉；17—关元俞；18—带脉；19—尾根；20—尾本；21—尾尖；22—轩堂；23—膊尖；24—膊栏；25—肩井；26—抢风；27—肘俞；28—腕后；29—膝脉；30—缠腕；31—涌泉、滴水；32—居髎；33—环跳；34—大转；35—大胯；36—小胯；37—仰瓦；38—掠草；39—阳陵；40—后三里；41—曲池。

（四）犬常用穴位（参见图 6-3）

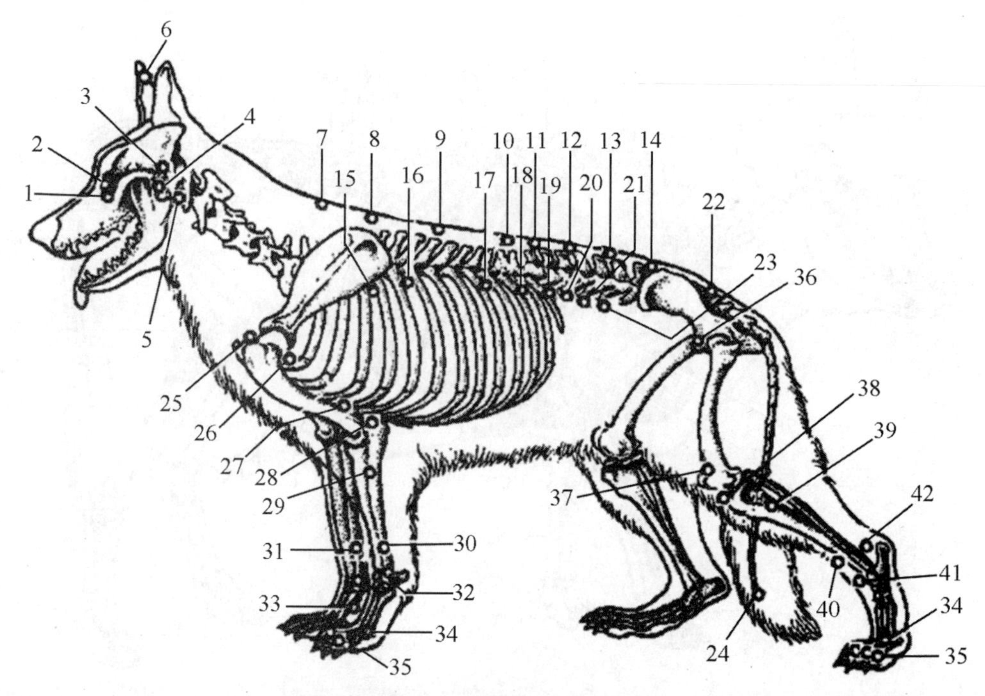

图 6-3　犬的骨骼及穴位

1—承泣；2—睛明；3—上关；4—下关；5—翳风；6—耳尖；7—大椎；8—身柱；9—灵台；10—中枢；11—悬枢；12—命门；13—阳关；14—百会；15—肺俞；16—心俞；17—肝俞；18—脾俞；19—三焦俞；20—肾俞；21—大肠俞；22—关元俞；23—尾根；24—尾尖；25—肩井；26—肩外俞；27—郗上；28—肘俞；29—前三里；30—外关；31—内关；32—阳池；33—膝脉；34—涌滴；35—六缝；36—环跳；37—膝上；38—膝下；39—后三里；40—阳辅；41—解溪；42—后跟。

二、针灸

（一）针灸概述

针灸是针术和灸术等外治法的总称。兽医针灸疗法就是运用各种不同的针具，或用艾灸、熨、烙等方法，对动物体表的某些穴位或特定部位施以适当的刺激，以疏通经络、宣导气血、扶正祛邪，从而达到治疗的目的。针和灸虽是两种不同的治疗方法，但二者常常并用，且均属外治法，故合称针灸。兽医临床上常用的针灸有如下几种：圆利针、毫针、三棱针、宽针、眉刀针、穿黄针、夹气针、火针、三弯针、宿水管。

（二）针灸的基本操作

1. 针灸前的准备

实施针灸术前，应根据针灸方法的不同，选择所用的针灸用具；然后对动物进行适当的保定，以确保术者和动物的安全，保证针灸的顺利进行；再对选择好的穴位剪毛、消毒，以及对针具和术者手指消毒。

2. 针刺方法

针刺分为缓刺法和急刺法两种。前者又称捻转进针法，即先将针尖刺入皮下，然后再捻转进针至所需深度，适用于圆利针和毫针的进针。后者左手按穴，右手持针，用持针手的拇指、食指固定针刺深度，将针尖点在穴位中心，迅速刺至所需深度，适用于宽针、三棱针的进针。

针刺角度一般有平刺、斜刺和直刺 3 种。圆利针、毫针刺入穴位后，常将其在穴位内停留一段时间，称为留针，时间一般为 15～30 分钟，每隔 5～10 分钟可行针 1 次，每次 2～3 分钟。行针指针刺达到所需深度后，采用捻转、提插等手法使病畜出现提肢、弓腰、摆尾、肌肉收缩等“得气”反应。留针一定时间之后，以左手拇指、食指夹持针体，同时按压穴位，右手持针柄捻转抽出。

（三）马常见病针灸处方

1. 肚胀

草饱乘骑，气出不及，凝结胸膈，气不升不降，形成肚腹饱满，胸膈膨胀，致成此病。证见呼吸促迫，咽喉哽咽，咳嗽连声，有时起卧。针治取穴：脾俞、喉门穴。

2. 五攒痛

五攒指病畜站立时四肢攒于腹下，头向下垂，五处聚攒而言。五攒痛临床分为走伤五攒痛和料伤五攒痛。针治法：彻胸膛、肾堂、四蹄头等血。

3. 结症

结症多因饲养管理不当引起，根据部位不同分为 3 种：结在小肠为前结，结在大肠为中结，结在直肠为后结。针治法：针三江、姜牙、蹄头，或火针后海。

（四）牛常见病针灸处方

1. 脾虚慢草

脾虚慢草多因饮喂失调或劳伤过度，耗损气血，致使脾胃虚弱，引起水谷运化失常。病初病牛精神委顿，头垂耳低、水草迟细，逐渐瘦弱。治疗以扶脾健胃为主，针治法：针脾俞穴。

2. 宿草不转

宿草不转是草料聚积胃中无力运化之症，多发于饲养不良、身形瘦弱的牛。病牛少食或不食，鼻镜无汗，拱背低头，站立时四肢张开，左腹胀满，呼吸发喘，口出嗳气，味有酸臭，有时顾腹。针治法：针脾俞、滴明等穴。

3. 百叶干

百叶干多发于冬末春初之际，因饲喂粗硬饲料太多、饮水不足，致使胃中津液耗损过甚，百叶干枯。病牛身瘦毛枯，食欲、反刍多停止，腹缩粪紧，鼻镜无汗，口色淡红，脉象沉迟。针治法：针后丹田、滴明等穴。

第五节 临床常见证候

一、发热

（一）外感发热

1. 外感风寒

外感风寒多由风寒之邪侵袭肌表，卫气被郁所致。其主证为发热恶寒，且恶寒重，发热轻，无汗，皮紧毛乍，鼻流清涕，苔薄白，脉浮紧，有时咳嗽，咳声洪亮。其治则为辛温解表，疏风散寒；方剂用麻黄汤加减，或针鼻前、大椎、苏气、肺俞等穴。

2. 外感风热

外感风热因感受风热邪气所致。其主证为发热重，微恶寒，耳鼻俱温，体温升高，或微汗，鼻流黄色或白色黏稠脓涕，咳声不爽，口干渴，舌红苔白，脉浮数。其治则为辛凉解表，宣肺清热；方剂用银翘散加减，或针鼻前、大椎、鼻俞、耳尖、太阳、尾尖、苏气等穴。

3. 外感暑湿

外感暑湿因夏暑季节，天气炎热，且雨水较多，气候潮湿，热蒸湿动，动物易感暑湿而发病。其主证为汗出而身热不解，食欲不振，口渴，肢体倦怠、沉重，尿黄赤，便溏，舌红苔黄腻，脉濡数。其治则为清暑化湿；方剂用新加香薷饮加味，针治同外感风热。

4. 半表半里发热

半表半里发热因风寒之邪侵犯机体，邪不太盛不能直入于里，正气不强不能祛邪外出所致。其主证为微热不退，寒热往来，脉弦；恶寒时精神沉郁，皮温降低，耳鼻发凉，腰拱毛乍，寒颤；发热时精神稍有好转，寒颤现象消失，皮温高，耳鼻转热。其治则为和解少阳，方剂用小柴胡汤加减。

（二）内伤发热

1. 阴虚发热

阴虚发热多因体质素虚，阴血不足；或热病经久不愈，或失血过多，或汗、吐、下太过，导致机体阴血亏虚，热从内生。证见低热不退，午后更甚，耳鼻微热，身热；病畜烦躁不安，皮肤弹性降低，唇干口燥，粪球干小，尿少色黄；口色红或淡红，少苔或无苔，脉细数。本病治则为滋阴清热，方剂用青蒿鳖甲汤加减。

2. 气虚发热

气虚发热多由劳役过度、饲养不当、饥饱不均，造成脾胃气虚所引起。病畜多于劳役后发热，耳鼻稍热，神疲乏力；易出汗，食欲减少，有时泄泻；舌质淡红，脉细弱。本病治则为健脾益气、甘温除热，方剂用补中益气汤加减。

3. 血瘀发热

血瘀发热多由跌打损伤或产后血瘀等引起。外伤引起瘀血肿胀、局部疼痛、体表发热，有时体温升高；产后瘀血未尽者，常有腹痛及恶露不尽等表现。其治则为活血化瘀，方剂用桃红四物汤或生化汤加减。

二、咳嗽

（一）外感咳嗽

1. 风寒咳嗽

风寒之邪侵袭肌表，卫阳被束，肺气郁闭，宣降失常，故而咳嗽。证见发热恶寒，无汗，被毛逆立，甚至颤抖，鼻流清涕，咳声洪亮，口色青白，苔薄白，脉浮紧。本病治则为疏风散寒、宣肺止咳；可用荆防败毒散或止嗽散加减，或针肺俞、苏气、山根、耳尖、尾尖、大椎等穴。

2. 风热咳嗽

感受风热邪气，肺失清肃，宣降失常，故而咳嗽。证见发热重，恶寒轻，咳嗽不爽，鼻流黏涕，呼出气热，口渴喜饮，舌苔薄黄，口红少津，脉象浮数。本病治则为疏风清热、化痰止咳；方剂用银翘散或桑菊饮加减，或针玉堂、通关、苏气、山根、尾尖、大椎、耳尖等穴。

3. 肺热咳嗽

肺热咳嗽多由外感火热之邪或风寒之邪，郁而化热，肺气宣降失常所致。证见精神倦怠，饮食欲减少，口渴喜饮，大便干燥，小便短赤，咳声洪亮，气促喘粗，呼出气热，鼻流黏涕或脓涕，口渴贪饮，口色赤红，舌苔黄燥，脉象洪数。本病治则为清肺降火、化痰止咳；方剂用清肺散、麻杏甘石汤或苇茎汤加减，或针胸堂、颈脉、苏气、百会等穴。

（二）内伤咳嗽

1. 气虚咳嗽

多因久病体虚或劳役过重，耗伤肺气，致使肺宣肃无力而发咳嗽。证见食欲减退，精神倦怠，毛焦肷吊，日渐消瘦；久咳不已，咳声低微，动则咳并有汗出，鼻流黏涕；

口色淡白，舌质绵软，脉象迟细。本病治则益气补肺、化痰止咳；方剂用四君子汤合止嗽散加减，或针肺俞、脾俞、百会等穴。

2. 阴虚咳嗽

阴虚咳嗽多由久病体弱或邪热久恋于肺，损伤肺阴所致。证见频频干咳，昼轻夜重，痰少津干，低烧不退，或午后发热，盗汗，舌红少苔，脉细数。本病治则为滋阴生津、润肺止咳；方剂用清燥救肺汤或百合固金汤加减，或针肺俞、脾俞、百会等穴。

3. 湿痰咳嗽

多因脾肾阳虚，水湿不化，聚而成痰，上渍于肺，使肺气不得宣降而发咳嗽。证见精神倦怠，毛焦体瘦，咳嗽，气喘，喉中痰鸣，痰液白滑，鼻液量多、色白而黏稠；咳时，腹部扇动，肘头外张，胸胁疼痛，不敢卧地，口色青白，舌苔白滑，脉滑。本病治则为燥湿化痰、止咳平喘，方剂用二陈汤合三子养亲汤。

三、喘证

（一）实喘

1. 寒喘

多因外感风寒，腠理郁闭，肺气壅塞，宣降失常，上逆为喘。证见喘息气粗，伴有咳嗽，畏寒怕冷，被毛逆立，耳鼻俱凉，甚或发抖，鼻流清涕，口腔湿润，口色淡白，舌苔薄白，脉象浮紧。本病治则为疏风散寒、宣肺平喘；方剂用三拗汤，或针肺俞穴。

2. 热喘

多因风热之邪由口鼻入肺，或风寒之邪郁而化热，热壅于肺，肺失清肃，肺气上逆而为喘。本病发病急，证见气促喘粗，鼻翼翕动，甚或肷肋煽动，呼出气热，间有咳嗽，或流黄黏鼻液，身热，汗出，精神沉郁，耳耷头低，食少或废绝，口渴喜饮，大便干燥，小便短赤，口红苔黄燥，脉象洪数。本病治则为宣泄肺热、止咳平喘；方剂用麻杏甘石汤加减，或针鼻俞、玉堂等穴。

（二）虚喘

1. 肺虚喘

肺阴虚则津液亏耗，肺失清肃；肺气虚则宣肃无力，二者均可致肺气上逆而喘。本病病势缓慢，病程较长，病畜多有久咳病史。证见被毛焦燥，形寒肢冷，易自汗，易疲劳，动则喘重；咳声低微，痰涎清稀，鼻流清涕；口色淡，苔白滑，脉无力。本病治则为补益肺气、降逆平喘；方剂用补肺汤加减，或针肺俞穴。

2. 肾虚喘

久病及肾，肾气亏损，下元不固，不能纳气，肺气上逆而作喘。证见精神倦怠，四肢乏力，食少毛焦，易出汗；久喘不已，喘息无力，呼多吸少，呈二段式呼气，肷肋扇动，息劳沟明显，甚或张口呼吸，全身震动，肛门随呼吸而伸缩；或有痰鸣，出气如拉锯，静则喘轻，动则喘重；咳嗽连声，声音低微，日轻夜重；口色淡白，脉象沉细无力。本病治则为补肾纳气、定喘止咳；方剂用蛤蚧散加减，或针肺俞、百会等穴。

四、慢草与不食

慢草即草料迟细、食欲减退，不食即食欲废绝。

（一）脾虚

常因饲养管理不当导致脾阳不振而致。证见精神不振，肷吊毛焦，日见羸瘦，粪便粗糙带水，完谷不化；舌绵脉虚。治则补脾益气。方剂用四君子汤、参苓白术散、补中益气汤加减，或针脾俞、后三里等穴。

（二）胃阴虚

胃阴虚多由天时过燥，或气候炎热，渴而不得饮，或温病后期，耗伤胃阴所致。证见食欲大减或不食；粪球干小，肠音不整，尿少色浓；口腔干燥，口色红，少苔或无苔，脉细数。本病治则为滋养胃阴，方剂用养胃汤加减。

（三）胃寒

胃寒由外感风寒或采食冷水冻料，致使脾胃功能受损所致。证见食欲大减或不食，毛焦肷吊，头低耳耷，鼻寒耳冷，四肢发凉；腹痛，肠音活泼，粪便稀软，尿液清长；口内湿滑，口流清涎，口色青白，舌苔淡白，脉象沉迟。本病治则为温胃散寒、理气止痛；方剂用温脾散或桂心散加减，或针脾俞、后三里、后海等穴，猪还可以针三脘穴。

（四）胃热

天气炎热，劳役过重，饮水不足，或乘饥喂谷料过多，饲后立即使役，热气入胃；或饲养太盛，谷料过多，胃失腐熟，聚而生热；热伤胃津，受纳失职，引发本病。证见食欲大减或废绝，口臭，上腭肿胀，排齿红肿，口温增高；耳鼻温热，口渴贪饮，粪干小，尿短赤；口色赤红，少津，舌苔薄黄或黄厚，脉象洪数。本病治则为清胃泻火；方剂用清胃散或白虎汤加减，或针玉堂、通关、唇内等穴。

（五）食滞

长期饲喂过多精料，或突然采食谷料过多，或饥后饲喂难以消化的饲料，致使草料停滞不化，损伤脾胃而导致本病。证见精神倦怠，厌食，肚腹饱满，轻度腹痛；粪便粗糙或稀软，有酸臭气味，有时完谷不化；口内酸臭，口腔黏滑，苔厚腻，口色红，脉数或滑数。本病治则为消积导滞、健脾理气；方剂用曲蘖散或保和丸加减，或针后海、玉堂、关元俞等穴。

五、泄泻

泄泻是指排粪次数增多、粪便稀薄，甚至泻粪如水样的一类病症。

（一）寒泻（冷肠泄泻）

外感寒湿，传于脾胃，或内伤阴冷，直中胃肠，致使运化无力，寒湿下注，清浊不分而成泄泻。证见发病较急，泻粪稀薄如水，肠鸣如雷，食欲减少，精神倦怠，耳寒鼻冷，间有寒颤，尿清长，口色青白或青黄，苔薄白，口津滑利，脉象沉迟。本病治则为温中散寒、利水止泻；方剂用猪苓散加减，或针后海、后三里、脾俞、百会等穴。

（二）热泻

暑热天气或草料霉败，使得料毒积于肠中而化热，损伤脾胃，而成泄泻。证见发热，精神沉郁，食欲减少或废绝，口渴多饮，有时轻微腹痛，蜷腰卧地，泻粪稀薄，黏腻腥臭，尿赤短，口色赤红，舌苔黄腻，口臭，脉象沉数。本病治则为清热燥湿、利水止泻；方剂用郁金散加减，或针带脉、尾本、后三里、大肠俞等穴。

（三）伤食泻

采食过量食物，脾胃受损，遂成泄泻。证见食欲废绝，肚腹胀满，粪中夹有未消化的食物，气味酸臭或恶臭，不时放臭屁，或屁粪同泄，泄吐之后痛减；口色红，苔厚腻，脉滑数。本病治则为消积导滞、调和脾胃；方剂用保和丸加减，或针蹄头、脾俞、后三里、关元俞等穴。

（四）虚泻

1. 脾虚泄泻

脾虚泄泻多发于老龄动物，一般病程较长。证见形体羸瘦，毛焦肷吊，精神倦怠，四肢无力；鼻寒耳冷，腹内肠鸣，粪中带水，粪渣粗大，或完谷不化；舌色淡白无苔，脉象迟缓。本病治则为补脾益气、利水止泻；方剂用参苓白术散或补中益气汤加减，或针百会、脾俞、后三里、后海、关元俞等穴。

2. 肾虚泻

肾阳虚衰，命门火不足，不能温煦脾阳，致使脾失运化，水谷下注而成泄泻。证见精神沉郁，头低耳耷，毛焦肷吊，腰胯无力，卧多立少，四肢厥逆，久泻不愈，夜间及天寒时泻重。本病治则为温肾健脾、涩肠止泻；方剂用巴戟散加减或四神丸合四君子汤加减，或针后海、后三里、尾根、百会、脾俞等穴。

六、腹痛

（一）阴寒腹痛

外感寒邪，传于胃肠；或过饮冷水，采食冰冻草料，阴冷直中胃肠而引起腹痛。证见鼻寒耳冷，口唇发凉，甚或肌肉寒颤；起卧不安，肠鸣如雷，连绵不断，粪便稀软带水。饮食废绝，口内湿滑，口温较低，口色青白，脉象沉迟。本病治则为温中散寒、和血顺气；方剂用橘皮散或桂心散加减，或针姜芽、分水、三江、蹄头、脾俞等穴。

（二）湿热腹痛

暑月炎天，劳役过重，役后乘热急喂草料，或草料霉烂，谷气料毒凝于肠中，郁而化热，损伤肠络，使肠中气血瘀滞而引起腹痛。证见体温升高，耳鼻、四肢发热，精神不振，食欲减退，口渴喜饮；粪便稀溏，或荡泻无度，泻粪黏腻恶臭，混有黏液或带有脓血，尿短赤；腹痛不安；口色红黄，舌苔黄腻，脉象洪数。本病治则为清热燥湿、行郁导滞；方剂用郁金散加减，或针后海、后三里、尾根、大椎、带脉、尾本等穴。

（三）血瘀腹痛

产前营养不良，产时又失血过多，气血虚弱，致使产后宫内瘀血排泄不尽，或部分胎衣滞留其间而引起腹痛；或产后失于护理，风寒乘虚侵袭，或饮冷水冻食，血被寒凝，而致腹痛。证见气血虚者，神疲力乏，舌质淡红，脉虚细无力。腹痛者，蹲腰踏地，回头顾腹，不时起卧，食欲减少，恶露不尽，口色青，脉沉紧或沉涩。本病治则为产后腹痛宜补血活血、化瘀止痛，血瘀性腹痛宜活血祛瘀、行气止痛；方剂用生化汤或血府逐瘀汤加减。

（四）食滞腹痛

饲料因各种原因停滞胃腑，不能化导，阻碍气机而引起腹痛，多于食后1～2小时突然发病。见不时时卧，前肢刨地，顾腹打尾，卧地滚转。本病治则为消积导滞、宽中理气；方剂用不宜灌服大量药物，可根据情况选用曲蘖散或醋香附汤，或针三江、姜芽、分水、蹄头、关元俞等穴。

（五）肝旺痛泻

肝气郁滞，失于疏泄，导致肝脾不和而发病。证见食欲减退，间歇性腹痛，肠音旺盛，频排稀软粪便；神疲乏力，口腔干燥，耳鼻温热或寒热往来；口色红黄，苔薄黄，脉弦。本病治则为疏肝健脾，方剂用痛泻要方或逍遥散加减。

（六）粪结腹痛

饲养管理不当，天气骤变，或脾胃素虚，致使草料停滞胃肠，聚粪成结，阻碍胃肠气机而发病。证见腹痛起卧；粪干少或不通，肠音不整；口内干燥，舌苔黄厚，脉象沉实。前结一般在采食后数小时内突然发病；中结发病较突然；后结一般发病缓慢，起卧腹痛症状较轻，但不断有排粪姿势。本病治则为破结通下；方剂用大承气汤或当归苁蓉汤加减，或针三江、姜牙、分水、蹄头、后海等穴，或电针双侧关元俞穴。

思考题

1. 阴阳的相互关系是什么?
2. 五行的生克制化关系是什么?
3. 五脏与六腑的生理功能特点及其相互关系是什么?
4. 察口色的内容及常见病色的意义是什么?
5. 中兽医学的八纲指什么?表证与里证的特点是什么?
6. 中药四气五味的概念是什么?
7. 六淫的性质及其致病特性是什么?
8. 解表药的作用和适应症有哪些?
9. 补虚方的作用是什么,常用的补虚方有哪些?
10. 发热的临床常见类型及辨证论治特点有哪些?

实验实习指导

实验实习指导一　家畜内科常见病部分

实验一　反刍动物瘤胃臌气疾病的诊治

目的要求

（1）掌握反刍动物瘤胃臌气疾病的检查方法，识别瘤胃臌气病的主要症状。

（2）正确收集瘤胃臌气病的临床症状资料，能与其他前胃疾病的症状进行鉴别。

（3）明确瘤胃臌气病的治疗原则，拟定治疗方案并实施治疗。

材料设备

（1）反刍动物瘤胃臌气病羊（或牛）一个或录像片。

（2）听诊器、体温计、叩诊器及常用保定用具。

（3）准备治疗此病例的相应药品和给药用具等。

内容方法

（1）看瘤胃臌气疾病微课视频或录像。

（2）对病畜进行问诊登记。

（3）学生自己对病例进行病史调查、临床检查，并记录。

（4）确立初步诊断，提出治疗原则和治疗方案。

（5）开一个完整的治疗处方。

（6）学生自己写出一份完整的实验报告。

注意事项

（1）在有条件的地方，去附近的养殖场、动物医院或兽医站预约实验病例，亦可用录像代替。

（2）在写实验报告的时候，必须阐明对该病例确诊的报告，即指出对该病例的诊断要点和相关前胃疾病的鉴别诊断要点。

（3）在写实验报告时，最好写明治疗过程和治疗效果。

实验二　禽钙缺乏症的诊治

目的要求

（1）掌握禽钙缺乏症的临床检查方法，识别禽钙缺乏症的主要症状。

（2）掌握禽钙缺乏症的治疗原则。

材料设备

（1）软皮蛋、软壳蛋、病例鸡。

（2）镊子、手术剪、胶桶、塑料袋、瓷盘、橡胶手套、2% 来苏尔、帽、口罩、一次性手术衣等。

（3）治疗此病例的相应药品。

内容方法

（1）看禽钙缺乏症微课视频或录像。

（2）学生自己对病例进行问诊、病史调查，并记录。

（3）学生自己对病例进行全面的临床检查，并记录。

（4）在临床诊断的基础上，提出治疗原则和治疗方案。

（5）开一个完整的治疗处方。

（6）学生自己写出一份完整的实验报告。

注意事项

（1）去附近的养殖场、动物医院或兽医站预约实验病例，亦可用录像代替。

（2）在写实验报告的时候，必须阐明对该病例确诊的报告，并指出对该病例的诊断要点。

（3）在写实验报告时，要写明治疗过程和治疗效果，以验证诊断的准确性。

实验三　有机磷农药中毒的诊治

目的要求

（1）掌握有机磷农药中毒的发病机理和主要的临床表现。

（2）掌握有机磷农药中毒的诊断。

（3）掌握有机磷农药中毒的治疗原则及治疗方法。

（4）能写出完整的治疗方案和处方。

材料设备

（1）有机磷农药中毒的病例（兔子）一个或录像片。

（2）听诊器、体温计、叩诊器、注射用具及常用保定用具。

（3）有机磷药品（敌百虫）、治疗此病例的相应药品（如氯磷定、解磷定、阿托品等）和给药用具等。

内容方法

（1）看有机磷农药中毒微课视频或录像。

（2）对病畜进行问诊登记。

（3）学生自己对病例进行病史调查，并记录。

（4）学生自己对病例进行全面的临床检查，并记录，主要观察病畜的精神状态、运动行为、瞳孔变化、粪便的变化、肌肉的痉挛等情况；以及测定体温、脉搏和观察呼吸的变化，并记录。

（5）确立初步诊断，拟定治疗原则和治疗方案，并按照方案实施治疗。

（6）开一个完整的治疗处方。

（7）学生自己写出一份完整的实验报告。

注意事项

（1）如果没有现成的病例，可用 5% 敌百虫给兔子（或豚鼠）口服或肌肉注射。

（2）指出对该病的诊断依据。

（3）在写实验报告时，要对抢救前后的临床表现进行对比分析。

实验实习指导二　家畜外科常见病部分

实验一　外科打结和缝合法

目的要求

了解并掌握外科临床上常用的打结法和缝合法的操作要领及操作技术，以便能对动物的损伤性疾病，如创伤、骨折等采取必要的施救措施，以利于病畜的进一步治疗。

材料设备

（1）动物：犬、猫、马或牛。

（2）设备：外科镊子、外科剪、缝针、敷料钳、止血钳、脱脂棉、卷轴绷带、缝合线、细绳等。

内容方法

一、打结法

打结是外科最基本的操作技术之一，如果能熟练地、准确无误地打结，则能迅速地进行止血缝合。

（一）结的种类

外科临床常用的结有平结、外科结、三叠结。在打结过程中常出现的错误有：假结和滑结（见正文图 2–1）。在操作中应予充分注意。

（二）打结的方法

常用的打结方法有单手打结法（见图 1）、双手打结法（见图 2）和器械打结法（见图 3）。

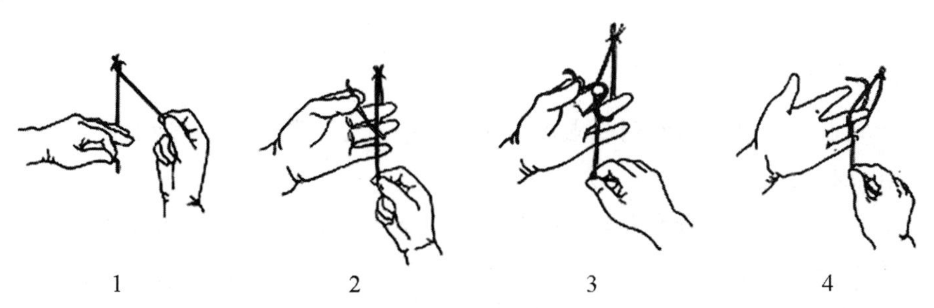

图 1　左手单手打结法

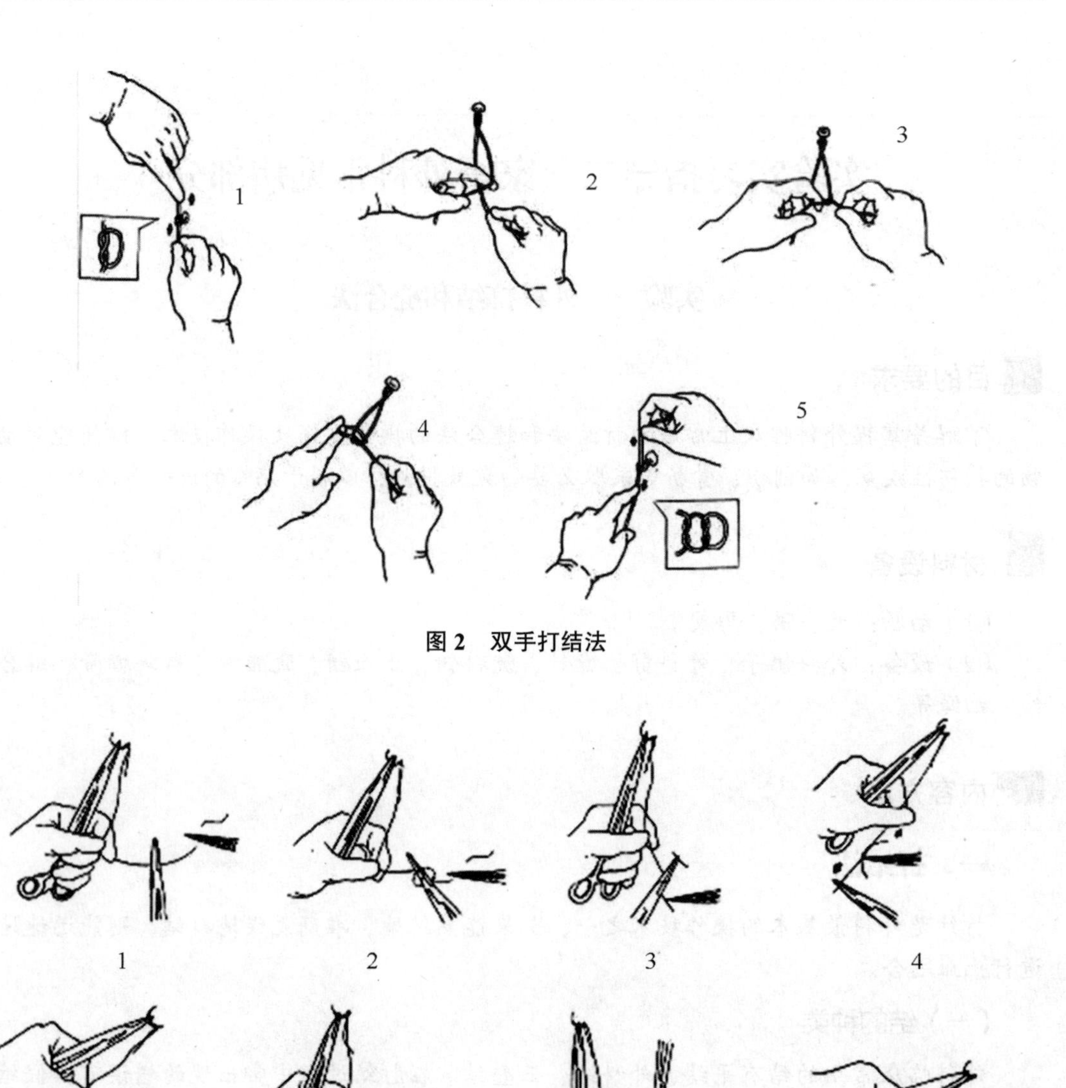

图 2　双手打结法

图 3　器械打结法

（三）打结的注意事项

（1）打结收紧线时必须做到三点成一线（两手用力点与结点），切不可向上提起，否则会使结扎点撕脱或线结松脱。

（2）无论是打平结、外科结还是三叠结时，前后手的方向必须相反，即两手前后交叉拉紧，否则即成滑结。

（3）打结时两手必须用力均匀，若只拉紧一根线，则即使两手交叉打结，仍然会形成滑结。

（4）单手打结时，切不可用同一操作方法进行两次连续动作（即第一结和第二结方向不能相同），否则即形成假结。

二、缝合法

常用的缝合方法有对接缝合、外翻缝合和减张缝合 3 种。其中最常用的对接缝合法又分为单纯间断缝合、单纯连续缝合和十字缝合。

1. 单纯间断缝合

单纯间断缝合又称为结节缝合，用于皮肤、皮下组织、筋膜、黏膜、血管、神经、胃肠道缝合（见图 4）。

2. 单纯连续缝合

单纯连续缝合是指第一针和最后一针打结操作同单纯间断缝合。其用于皮肤、皮下组织、筋膜、血管、胃肠道缝合（见图 5）。

3. 十字缝合

十字缝合用于张力较大的皮肤的缝合或皮肤的“十”字形切口（见图 6）。

图 4 单纯间断缝合法

图 5 单纯连续缝合法

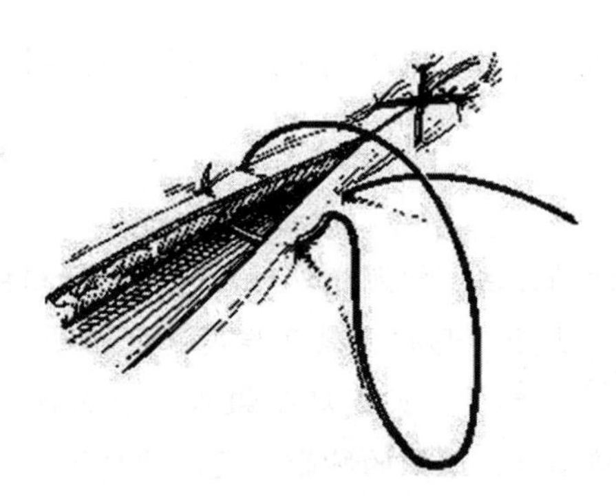

图 6 十字缝合法

作业

对单手打结法和器械打结法和3种缝合法分别拍摄一张照片，以及提交一份实验报告。

实验二　新鲜创的检查与治疗

目的要求

（1）掌握创伤的检查方法，认识新鲜创的临床特征。

（2）熟悉新鲜创的治疗方法。

材料设备

（1）动物：患有新鲜创的动物一头。

（2）器材：听诊器、体温计、毛剪、剃刀、手术刀、外科镊子、探针、灭菌纱布、卷轴绷带、缝针、缝线、持针钳和注射器等。

（3）药品：酒精棉、碘酊棉、0.1%新洁尔灭、生理盐水、青霉素、磺胺粉等。

内容方法

一、创伤检查

创伤检查的主要目的是确定创伤的性质，决定治疗措施。检查步骤如下。

（一）病史调查

着重了解创伤发生的时间、致伤的种类、受伤当时的情况、是否已进行治疗及治疗方法等。

（二）一般检查

检查病畜的体温、呼吸、脉搏，观察可视黏膜的颜色和整体精神状态，检查受伤器官的机能障碍情况等。

（三）局部检查

运用视诊、触诊和探诊的方法，按照先外后内的顺序仔细检查伤部。

（1）视诊创伤的部位、大小、形状、裂开程度、方向等，观察创缘、创壁及创面是否平整，有无出血、血块、异物、挫灭或坏死组织、分泌物等，触诊周围皮肤的温度、敏感度、紧张度、弹性及移动性，组织的肿胀程度及硬度等。

（2）着重检查出血情况，组织挫灭情况以及创道内有无异物存留。

二、创伤的治疗

（一）治疗原则

治疗原则为及时止血、消除污物、尽早实施清创术，力争一期愈合。

（二）治疗步骤和方法

1. 止血

根据出血的种类、性质及程度采用适当的止血方法，尽早彻底止血。

2. 清洁创围

以灭菌纱布覆盖创口后，在创围进行剃毛、冲洗和消毒。

3. 清创术

以手术方法修整创缘、创面，使其平整便于对合；扩大创口以消除创囊；除去创内异物、血块及挫灭组织，然后以生理盐水反复冲洗，直至干净为止，并用灭菌纱布吸干残留药液。对浅在性未受污染又无挫灭组织的创伤则不必进行器械处理。

4. 缝合及包扎

外科处理彻底且创面整齐的新鲜创应密闭缝合，包扎绷带。如果组织损伤严重，创伤较大，则缝合时创口下角应留有排液孔，并放置纱布条或引流管进行引流。损伤严重且污染也严重的创伤，虽经外科处理，仍有发展成为感染的可能时，可采用假缝合或暂时采取开放疗法。清创后，创内撒青霉素粉。

作业

对新鲜创伤处理前、缝合及包扎后各拍摄一张照片，以及提交一份实验报告。

实验实习指导三　家畜产科常见病部分

实验一　超声妊娠诊断方法

目的要求

通过实验训练，使学生能够熟悉B型超声妊娠诊断技术，掌握超声探测的基本方法，可以根据特征性二维断层声图像准确诊断妊娠与否。

实验原理

B型超声诊断法又称B超。该法可以将回声信号以光点明暗形式显示出来，光点可反映各组织层面的反射，由点、线到面构成探查部位的二维断层声像图。妊娠过程中发育的孕囊和胎体不断增大。在对子宫进行超声探查时，孕囊的液体部分在声像图中显示黑色暗区，胎体致密组织呈现明亮图像。妊娠诊断时可以通过探查跳动的胎儿心脏亮点、胎儿骨骼或者孕囊暗区做出判定。

材料设备

（1）妊娠28～40天的猪、羊或犬。

（2）B型超声仪，包括3.5 MHz扇形腹部探扫探头和5.0 MHz矩形探头、耦合剂、剪毛剪、卫生纸。

内容方法

1. 猪的超声妊娠诊断

探查部位一般在一侧下腹部及乳房上方，向骨盆口呈45度斜向对侧上方进行。未孕子宫呈若亮反射，呈不规则圆形，位于膀胱前方或者前下方，但一般探查不到。这也是区别未孕与早孕的初步依据。妊娠子宫位于膀胱的前下方，配种后18天即可探查到不规则的圆形孕囊暗区，22天暗区增大，28天可在孕囊暗区探查到胎体反射和胎心跳动。B超妊娠确诊率在97%左右。

2. 羊的超声妊娠诊断

探查部位在两侧乳房上方或直前方，朝骨盆入口进行定点探查。妊娠19天即可在子宫中探查到孕囊声像图，28天后可在子宫内较清楚地探查到孕囊暗区和胎体反射光斑。

根据孕囊和胎体的观察结果可以准确做出判断。

3. 狗的超声妊娠诊断

探查部位为腹底壁或两侧腹壁。配种 20 天后用 5.0 MHz 矩形探头可探查到圆形或椭圆形孕囊暗区，直径为 10～20 mm。配种 25 天后可在孕囊区出现强回声的胎体明亮结构。因此，在配种 25～28 天后可依据特征性孕囊和胎体反射图形做出妊娠与否的准确诊断。B 超妊娠准确率可达 98%～100%。

作业

用文字描述 B 型超声探查时所观察到的妊娠检查结果，并根据观察结果做出妊娠与否的诊断，完成实验报告。

实验二　奶牛产科疾病调查

调查目的

（1）了解奶牛场奶牛产科疾病的发病情况。

（2）了解奶牛场繁殖管理工作。

（3）初步掌握奶牛场常见产科疾病的临床诊治方法。

调查内容

（1）适繁母牛产科疾病的种类、头数（次）及发病率。

（2）围产期产科疾病的种类、头数及发病率。

（3）前后两年围产期产科疾病逐月发病的头数和发病率。

（4）导致母牛不孕或淘汰的产科疾病的种类及发病率。

调查方法

（1）查阅近两年产科病例记录、分娩母牛的产犊记录及不孕症资料，包括淘汰的牛，咨询有关围产期奶牛管理的规章制度。

（2）制定相关表格。

（3）听取兽医及繁殖技术人员的情况介绍。

（4）现场见习产科病例诊治。

资料统计分析

（1）各类产科疾病的发病率（见表 1）。

（2）围产期疾病的逐月发病情况（见表2）。

（3）不孕症的发病情况。

说明

（1）产科疾病种类：根据被调查奶牛场牛群的发病情况确定。

（2）围产期疾病：主要统计产科疾病，包括流产、阴道脱出、难产、胎盘滞留、子宫脱出、产后感染、产后子宫松弛和复旧不全。

表1　奶牛场主要产科疾病发病率统计表

病　名	头　数	发病率	备　注

资料来源：章孝荣．兽医产科学．北京：中国农业大学出版社，2011．

表2　奶牛围产期主要产科疾病逐月统计表

月份	分娩母牛头数	流产		阴道脱出		难产		生产瘫痪		胎盘滞留		子宫脱出		产后感染		子宫松迟		备注
		头数	发病率	头数	发病率	头数	发病率	头数	发病率	头数	发病率	头数	发病率	头数	发病率	头数	发病率	
1																		
2																		
3																		
4																		
5																		
6																		
7																		
8																		

续表

月份	分娩母牛头数	流产		阴道脱出		难产		生产瘫痪		胎盘滞留		子宫脱出		产后感染		子宫松迟		备注
		头数	发病率	头数	发病率	头数	发病率	头数	发病率	头数	发病率	头数	发病率	头数	发病率	头数	发病率	
9																		
10																		
11																		
12																		
合计																		

资料来源：章孝荣．兽医产科学．北京：中国农业大学出版社，2011．

作业

根据调查及分析统计结果，写出一篇调查报告。

实验实习指导四　畜禽常见传染病部分

实验一　消毒

目的要求

掌握畜舍、用具、地面土壤的消毒方法。

材料设备

（1）消毒器械：常用的有喷雾器和火焰喷灯。

（2）常用消毒剂：二氯异氰尿酸钠（优氯净）、百毒杀、碘伏、过氧乙酸、火碱、漂白粉、高锰酸钾和福尔马林等。

内容方法

1. 畜舍、用具的消毒

畜舍、用具的消毒分两个步骤进行。第一步是先进行机械清扫，清扫前用清水或消毒液喷洒，以免灰尘及病原体飞扬。污物按粪便消毒法处理，水泥地面的畜舍再用清水冲洗。第二步是采用化学消毒液进行消毒。消毒液的用量一般是畜舍内每平方米面积用 1 L 药液。消毒时，先地面、后墙壁，先由离门远的地方开始，喷完墙壁后再喷天花板，最后再开门窗通风，并用清水刷洗饲槽，将消毒药味除去。还可采用化学药物熏蒸的方法进行消毒，一般每立方米空间用福尔马林 14 ~ 42 mL、高锰酸钾 7 ~ 21 g。熏蒸消毒时，室温不应低 15 ℃，相对湿度为 60% ~ 80%。密闭门窗 12 小时后方可将门窗打开通风。

2. 地面土壤的消毒

首先除去表土，清除粪便和垃圾。小面积的地面土壤，可用消毒液喷洒进行消毒。大面积的土壤采取翻地的方法进行消毒，在翻地的同时可撒上干漂白粉，一般传染病时用量为 0.5 kg/m^3，芽胞菌类传染病时用量为 5 kg/m^3，漂白粉与土混合后加水湿润压平。

作业

提交一份实验报告。

实验二　免疫接种

目的要求

掌握免疫接种的常用方法。

材料设备

（1）动物：马、牛、羊、猪、鸡及鸭若干。

（2）材料：生理盐水（当作疫苗）、2 mL 注射器、酒精棉球、滴管等。

内容方法

免疫接种的方法很多，主要有注射免疫法、滴鼻点眼法等。

1. 注射免疫法

注射免疫法包括皮下接种法和肌肉接种法两种方法，注射前应用酒精棉球消毒。

（1）皮下接种法。对马、牛等大家畜进行皮下接种时一律采用颈侧部位，猪在耳根后方，家禽在胸部、大腿内侧。皮下接种的优点是操作简单，吸收较快；缺点是疫苗用量较多，反应较大。大部分常用的疫苗和免疫血清，一般均采用皮下接种法。

（2）肌肉接种法。对马、牛、羊、猪进行肌肉接种时，一律采用臀部和颈部两个部位；鸡可在胸肌部接种。目前采用肌肉接种的疫苗仅有猪瘟弱毒疫苗、牛肺疫弱毒疫苗及免疫血清。该法的优点是药液吸收快，注射方法也较简便；缺点是在一个部位不能大量注射。

2. 滴鼻点眼法

对家禽还可通过滴鼻、点眼的方法进行免疫接种。操作时将家禽适当保定，用滴管吸取稀释后的疫苗溶液，准确滴入其眼内或鼻内，以达到免疫目的。滴鼻点眼法一般只用于活疫苗。

临床上免疫剂量参照疫苗的说明书。本实验操作时注射 1 mL。

作业

提交一份实验报告。

实验三　鸡新城疫的临床诊断

目的要求

掌握鸡新城疫的临床诊断要点。

材料设备

（1）动物：患新城疫的病鸡、死鸡各一只。

（2）材料：常规解剖器械一套，口罩，乳胶手套一双，消毒液。

内容方法

1. 流行特点

鸡发生典型新城疫时，发病率和病死率都很高，病程多在5天以内。

2. 临床症状

典型鸡新城疫主要出现发热，食欲减退或废绝，精神萎靡，呼吸困难，伸头、张口呼吸，嗉囊积液，腹泻；产蛋鸡产蛋量下降，软皮蛋明显增多；病程较长的病鸡出现翅、腿麻痹，头颈歪斜，仰头做“观星”状，以及伏地旋转等神经症状。

3. 剖检变化

解剖前戴口罩和手套，死鸡用消毒液浸泡消毒，按病理剖检程序进行剖检。典型鸡新城疫的特征性病变是全身呈出血性败血变化，剖检见腺胃乳头出血，盲肠扁桃体和肠黏膜呈枣核状出血及纤维素性坏死点；产蛋母鸡的卵泡充血，有时卵黄掉入腹腔引起卵黄性腹膜炎。剖检后，要对病鸡、死鸡进行消毒处理、然后深埋，对解剖器械进行消毒液浸泡处理，对用过的口罩、乳胶手套进行消毒处理。

典型新城疫根据以上流行特点、临床症状与剖检变化等一般可以确诊。需要指出的是，对于缺少典型症状和剖检变化的非典型病例，必须进行实验室诊断。

作业

提交一份实验报告。

实验实习指导五　家畜常见寄生虫病部分

实验一　蠕虫卵形态观察

目的要求

通过观察各种蠕虫卵，能够区别吸虫、绦虫、线虫和棘头虫卵，并能识别主要吸虫、绦虫和线虫卵。

材料设备

各种蠕虫卵形态图，收集好的各种蠕虫卵，以及显微镜、幻灯机、载玻片等。

内容方法

教师通过幻灯片带领学生观察各种蠕虫卵的形态结构特征。学生分组镜检各种蠕虫卵。

作业

（1）绘制几种主要蠕虫卵的形态结构模式图。

（2）描述吸虫、绦虫、线虫和棘头虫卵的鉴别要点。

（参考资料见二维码）

实验二　蠕虫病粪便检查法（一）

目的要求

掌握被检粪便材料的采集、保存和寄送方法，掌握漂浮法和沉淀法的操作技术及适用范围。

材料设备

（1）各种粪便的采集：学生自己采样。

（2）显微镜、饱和盐水、自制金属环、吸管、牙签或棉签、载玻片和盖玻片、尼龙或金属网筛、试管、搅拌棒、100～200 mL 烧杯、离心机等。

内容方法

先介绍粪便的采集、保存和寄送方法。学生分组进行粪便的检查。

作业

试述所操作的虫卵检查方法，并给出所检查粪便的结果。要求写出有或无虫卵。如有虫卵，是属于吸虫卵、绦虫卵、线虫卵，还是棘头虫卵，或写出具体的虫卵的名称。

（参考资料见二维码）

实验三　蠕虫病粪便检查法（二）

目的要求

掌握并会根据实际情况选择使用不同的粪便虫卵的计数方法，并具有对寄生虫感染强度和药物驱虫效果判断的基本能力。掌握显微镜测微尺的使用方法。

材料设备

（1）采集的多种动物的粪便。

（2）显微镜、麦克马斯特计数板、饱和盐水、烧杯100～200 mL、氢氧化钠、天平、铁架台、玻璃漏斗、尼龙或金属网筛、容量瓶（60 mL）、玻璃珠、搅拌棒、载玻片和盖玻片、金属环、吸管、移液管、接物和接目测微尺、40 ℃温水、25 mL和50 mL量筒、计数器等。

内容方法

先介绍麦克马斯特氏法、斯陶尔氏法、漏斗幼虫分离法和虫卵大小测量方法。学生分组进行各种方法的练习。此次实验可分两次完成。

作业

简述麦克马斯特氏法，并给出所检查粪便中的虫卵数。简述斯陶尔氏法，并给出所计虫卵数结果。回答漏斗幼虫分离法适用于何种寄生虫的检查，简述该法的操作步骤，并给出所检查的结果。用测微尺测量任一种虫卵的大小，写出详细步骤和结果。

（参考资料见二维码）

实验实习指导六　中兽医部分

实验一　中兽医诊断技术实践

目的要求

（1）掌握中兽医“四诊”的基本内容。

（2）熟悉各种动物的“四诊”方法。

（3）了解“六淫”致病的临床特点。

材料设备

（1）实验动物。

（2）乳胶手套、保定绳。

（3）热水、冰盐水。

内容方法

（1）望诊（精神、形体、被毛、动态、眼、耳、鼻、口唇、躯干、四肢、粪尿、察口色）。

（2）闻诊（叫声、呼吸声、咳嗽、口气、鼻气、粪、尿、乳汁）。

（3）问诊（发病及诊疗经过、饲养管理和使役、动物来源、既往病史、配种和胎产）。

（4）切诊（切脉，摸热凉、胸腹、肿胀）。

（5）复制寒邪、热邪致病模型，观察实验动物临床表现特征。

注意事项

（1）做好动物保定，以免医者被其伤害。

（2）不同动物的生活习性、解剖结构和生理特征不同，需要熟悉其相关特点。

（3）“四诊”之间相互联系、相互补充，不是孤立的，不可相互取代，注重“四诊合参”。

（4）规范操作，认真观察、记录。

实验二　针灸基本技术

目的要求

（1）掌握针灸针具的合理选择和正确使用方法。

（2）掌握针灸基本操作技术和各种运针手法。

（3）了解常用穴位的定位方法。

材料设备

（1）针灸针具。

（2）动物经络穴位模型。

（3）实验动物。

（4）酒精棉球、乳胶手套、保定绳。

内容方法

（1）教师示范各类针具的使用方法。

（2）教师示范常用穴位的定位方法，并指导学生操作实践。

（3）教师示范针灸基本操作技术，并指导学生操作实践。

（4）根据实验内容，撰写实验报告。

注意事项

（1）针刺前注意对针具的消毒，避免因针刺引起感染。

（2）对面部、胸背部、颈部等针刺时，应注意掌握深度和角度，避免直刺，以防误伤重要脏器。

（3）对有出血性疾病的动物，或损伤后不易止血者，不宜针刺。

（4）动物过度紧张时，不宜针刺。

（5）年老体弱的动物针刺时，手法宜轻。

（6）针灸前，做好动物保定，以免医者被其伤害，或者被针具伤害。

参考文献 REFERENCES

[1] 李铁拴. 兽医学. 北京: 中国农业科技出版社，2001.
[2] 史秋梅，刘英群. 畜禽疾病防治. 石家庄: 河北科学技术出版社，2009.
[3] 段得贤. 家畜内科学. 北京: 中国农业科技出版社，2000.
[4] 张中文. 动物常见病防治. 北京: 中央广播电视大学出版社，2006.
[5] 王洪斌. 兽医外科学. 5 版. 北京: 中国农业出版社，2015.
[6] 中国农业大学. 家畜外科手术学. 3 版. 北京: 中国农业出版社，2001.
[7] 佛萨姆，海得郎. 小动物外科学. 2 版. 北京: 中国农业大学出版社，2008.
[8] 李建基，刘云. 兽医外科及外科手术学. 北京: 中国农业出版社，2014.
[9] 张中文. 动物常见病防治. 北京: 中央广播电视大学出版社，2006.
[10] 章孝荣. 兽医产科学. 北京: 中国农业大学出版社，2011.
[11] 赵辉元. 畜禽寄生虫与防制学. 长春: 吉林科学技术出版社，1996.
[12] 孔繁瑶. 家畜寄生虫学. 2 版. 北京: 中国农业出版社，1997.
[13] 赵辉元. 人兽共患寄生虫病学. 延吉: 东北朝鲜民族教育出版社，1998.
[14] 索勋，李国清. 鸡球虫病学. 北京: 中国农业大学出版社，1998.
[15] 蒋金书. 动物原虫病学. 北京: 中国农业大学出版社，2000.
[16] 汪明. 兽医寄生虫学. 3 版. 北京: 中国农业出版社，2003.
[17] 李祥瑞. 动物寄生虫病彩色图谱. 北京: 中国农业出版社，2004.
[18] 朱兴全. 小动物寄生虫病学. 北京: 中国农业科学技术出版社，2006.
[19] 李国清. 兽医寄生虫学: 双语版. 北京: 中国农业大学出版社，2006.
[20] 聂奎. 动物寄生虫病学. 重庆: 重庆大学出版社，2007.
[21] 殷国荣，叶彬. 医学寄生虫学实验指导. 2 版. 北京: 科学出版社，2007.
[22] 宋铭忻，张龙现. 兽医寄生虫学. 北京: 科学出版社，2009.
[23] 周晓农. 人兽共患寄生虫病. 北京: 人民卫生出版社，2009.
[24] 卢静. 实验动物寄生虫学. 北京: 中国农业大学出版社，2010.

[25] 沈继龙. 临床寄生虫学检验. 4 版. 北京：人民卫生出版社，2012.
[26] 江斌. 畜禽寄生虫病诊治图谱. 福州：福建科学技术出版社，2012.
[27] 秦建华，张龙现. 动物寄生虫病学. 北京：中国农业大学出版社，2013.
[28] 秦建华. 动物寄生虫病学实验教程. 2 版. 北京：中国农业大学出版社，2015.
[29] 刘娟，黄庆洲. 2016 年执业兽医资格考试（兽医全科类）考点解析及考前冲刺练习题. 北京：中国农业出版社，2016.
[30] 中国兽医协会. 2016 年执业兽医资格考试应试指南（兽医全科类）：下册. 北京：中国农业出版社，2016.
[31] 殷光文. 兽医寄生虫学学习精要. 北京：中国农业出版社，2019.
[32] 北京农业大学. 中兽医学. 2 版. 北京：中国农业出版社，1999.
[33] 中国农业科学院中兽医研究所. 中兽医治疗学. 北京：农业出版社，1963.
[34] 赵婵娟，张森. 中兽医基础与临床. 北京：北京师范大学出版社，2019.
[35] 汪德刚. 中兽医基础与临床. 北京：中国农业大学出版社，2005.